Photoshop 风光摄影后期必修5项核心技法

完善构图 + 瑕疵修补 + 局部精修 + 影调调整 + 色彩处理

龙飞 编著

人民邮电出版社
北京

图书在版编目（CIP）数据

Photoshop风光摄影后期必修5项核心技法 : 完善构图+瑕疵修补+局部精修+影调调整+色彩处理 / 龙飞编著. -- 北京 : 人民邮电出版社, 2017.2
ISBN 978-7-115-44451-6

Ⅰ. ①P… Ⅱ. ①龙… Ⅲ. ①图象处理软件 Ⅳ. ①TP391.413

中国版本图书馆CIP数据核字(2016)第310106号

内 容 提 要

本书是一本全面揭密风光数码照片后期处理的专著，精讲了17大技术专题，内容包括风光照片处理基础入门、5项核心修炼技术简介、打造绚丽的晚霞、增加风景照片的意境、雪花飞舞的隆冬美景、展现城市地标的沧桑感、打造缤纷的烟花盛景、突显宏伟壮观的大桥、烟雾朦胧的湖光山色、富有光影韵律的建筑、娇艳欲滴的花朵、清雅幽静的水乡古镇、展现深远的高空航拍等。本书编排思路由浅入深，循序渐进，旨在帮助读者快速精通风光数码照片的后期处理技法，使读者借助后期处理进一步提升风光照片的美感，发挥无限的创意。

本书结构清晰、语言简洁，适合数码摄影、平面设计和照片修饰等领域各层次的用户阅读，也可作为各类培训学校和大专院校的学习教材或辅导用书。无论是专业人员，还是普通爱好者，都可以通过本书迅速提高风光数码照片处理水平。

◆ 编　　著　龙　飞
责任编辑　张　贞
责任印制　周昇亮
◆ 人民邮电出版社出版发行　　北京市丰台区成寿寺路 11 号
邮编　100164　　电子邮件　315@ptpress.com.cn
网址　http://www.ptpress.com.cn
北京盛通印刷股份有限公司印刷
◆ 开本：787×1092　1/16
印张：17　　　　2017 年 2 月第 1 版
字数：414 千字　　　　2017 年 2 月北京第 1 次印刷

定价：69.80 元（附光盘）

读者服务热线：(010)81055296　印装质量热线：(010)81055316
反盗版热线：(010)81055315
广告经营许可证：京东工商广字第 8052 号

实例导读

本书针对风光照片后期处理的技术要点，全方位对各个核心技法要点进行了介绍。我们先来对书中的主要实例体例结构进行大致了解，让读者在学习的过程中快捷、轻松地掌握风光照片的后期处理和操作技术。

原始照片

原素材图像在拍摄时因为天气和拍摄时间的影响，色彩异常暗淡，且层次不分明，主体不够突出。

完善构图

主要运用Adobe Camera Raw中的裁剪工具对画面进行裁剪，完善照片的构图，更好地表达主题。

瑕疵修补

拍摄时因为镜头不干净，或者画面不够简洁，会影响到RAW格式的风光数码照片的美观，此时可以使用污点去除工具将照片中的污点去掉。

局部精修

直接拍摄的效果往往显得天空、地面、水面很平均，缺乏纵深感。要想让画面局部产生空间感，需要让平面由近及远、由深到浅渐变，这种渐变效果可以使用Adobe Camera Raw中的渐变滤镜工具来实现。

影调调整

通过使用Adobe Camera Raw中的“色调”选项、“色调曲线”调整等功能来对RAW格式照片中的光影进行有针对性的调整，让整个照片的影调显得更加自然通透。

色彩处理

在调整色彩的过程中，首先在“HSL/灰度”面板中设置各选项参数，再运用“色彩平衡”命令和“照片滤镜”调整图层使照片整体色彩更加完美。

前言

要想得到完美的风光摄影作品，拍得好只是成功的第一步，修片也好才能锦上添花。本书最主要的特点就是将Photoshop风光照片后期复杂的过程浓缩为最重要、最精华的5项核心技法：完善构图+瑕疵修补+局部精修+影调调整+色彩处理。重要的是，这些技术不是“初学者的技术”，而是顶级专家在Photoshop中编辑图像时使用的技术，而本书深入浅出，用平实的语言将它们表述得非常直接、简单，使您可以像专家一样处理每张风光照片。

本书的所有案例风格一致，都是从未调整的初始照片开始，并应用这5项核心技法对其进行处理。通过重复应用这5项核心技法，您将在不知不觉中掌握它们，并学会照片后期处理的工作流程。学习完本书，对于今后要处理的每幅风光照片，您都能明确该从何处入手、采用哪些技术以及正确的处理顺序。

本书特色

5大
照片后期核心技法

在风光照片后期处理过程中，合理地安排工作流程，可以避免出现混乱。因此，选择一款适合的图像处理软件是非常重要的。针对摄影后期，使用最多的就是功能强大的Photoshop。本书针对后期处理的5项核心技法“完善构图+瑕疵修补+局部精修+影调调整+色彩处理”进行重点讲解，您可以很容易地把这些技法应用于每幅照片。

17大
技术专题精讲

本书专讲了17大技术专题，包括风光照片处理基础入门、5项核心修炼技术简介、打造绚丽的晚霞、增加风景照片的意境、雪花飞舞的隆冬美景、展现城市地标的沧桑感、打造缤纷的烟花盛景、突显宏伟壮观的大桥等内容，由浅入深，循序渐进，让读者能在掌握基本风光照片处理技巧的同时能与实际应用联系，通过大型实例的演练，提升综合运用能力。

10多个
精辟实例演练

本书通过10多个实例来讲解Photoshop风光照片后期必修5项核心技法的相关操作技巧，帮助读者在实战演练中逐步掌握使用软件的核心技能。通过本书的学习，读者可以打造出精美摄影作品，达到专业大师水准。与同类书相比，读者可省去学无用理论的时间，通过大量案例掌握实用技能，让学习更高效。

40多个
专家指点放送

作者在编写时将平时工作中总结的Photoshop照片后期的各方面实战技巧、设计经验等毫无保留地奉献给读者，不仅大大丰富和提高了本书的含金量，更方便读者提升软件的实战技巧与经验，从而大大提高读者学习与工作效率，让读者学有所成。

240多分钟
视频操作演示

书中的重点实例，全部录制了带语音讲解的演示视频，共计240多分钟，重现了书中经典实例的操作。读者可以结合书本，也可以独立观看视频演示，像看电影一样进行学习，迅速上手进行实战，是一本不可多得的后期工具书。

130多个
素材效果文件

本书配套DVD光盘内包含书中案例的素材文件、效果文件和教学视频，读者可以结合书、视频和练习文件，最大程度地提高学习效率。

1100多张
图片全程图解

本书采用1100多张图片，对软件的技术、实例的讲解、效果的展示，进行了全程式的图解。这种用实例讲述各种类型风光数码照片的艺术化后期处理方法和思路，通俗易懂，有助于读者快速领会，完成自己的艺术作品。

联系作者

本书由龙飞编著。苏高、徐必闻、黄建波、王甜康等人提供了精彩素材和帮助，在此表示感谢。由于作者知识水平有限，书中难免有错误和疏漏之处，恳请广大读者批评指正。联系微信号：157075539。

编　者

目录

视频位置：光盘 \ 视频 \ 第 3 章 \ 第 3 章　打造绚丽的晚霞 .mp4

技术掌握：完善构图、瑕疵修补、局部精修、影调调整、色彩处理

第4章　增加风景照片的意境 / 75

视频位置：光盘 \ 视频 \ 第 4 章 \ 第 4 章　增加风景照片的意境 .mp4

技术掌握：完善构图、局部精修、影调调整、色彩处理

第5章　雪花飞舞的隆冬美景 / 87

视频位置：光盘 \ 视频 \ 第 5 章 \ 第 5 章　雪花飞舞的隆冬美景 .mp4

技术掌握：瑕疵修补、局部精修、影调调整、色彩处理

第6章　展现城市地标的沧桑感 / 101

视频位置：光盘 \ 视频 \ 第 6 章 \ 第 6 章　展现城市地标的沧桑感 .mp4

技术掌握：完善构图、影调调整、色彩处理

第7章　打造缤纷的烟花盛景 / 113

视频位置：光盘 \ 视频 \ 第 7 章 \ 第 7 章　打造缤纷的烟花盛景 .mp4

技术掌握：完善构图、瑕疵修补、影调调整、色彩处理

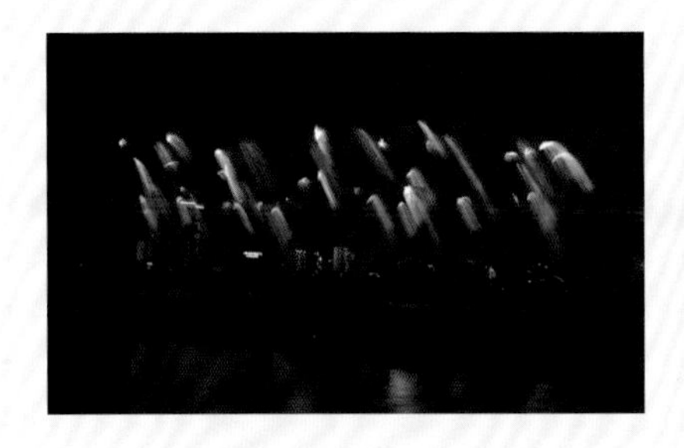

第8章　突显宏伟壮观的大桥 / 126

视频位置：光盘 \ 视频 \ 第 8 章 \ 第 8 章　突显宏伟壮观的大桥 .mp4

技术掌握：局部精修、影调调整、色彩处理

第9章　烟雾朦胧的湖光山色 / 140

视频位置：光盘 \ 视频 \ 第 9 章 \ 第 9 章　烟雾朦胧的湖光山色 .mp4

技术掌握：完善构图、局部精修、影调调整、色彩处理

第10章　富有光影韵律的建筑 / 153

视频位置：光盘 \ 视频 \ 第 10 章 \ 第 10 章　富有光影韵律的建筑 .mp4

技术掌握：影调调整、色彩处理

第11章　娇艳欲滴的花朵 / 163

视频位置：光盘 \ 视频 \ 第 11 章 \ 第 11 章　娇艳欲滴的花朵 .mp4

技术掌握：局部精修、影调调整、色彩处理

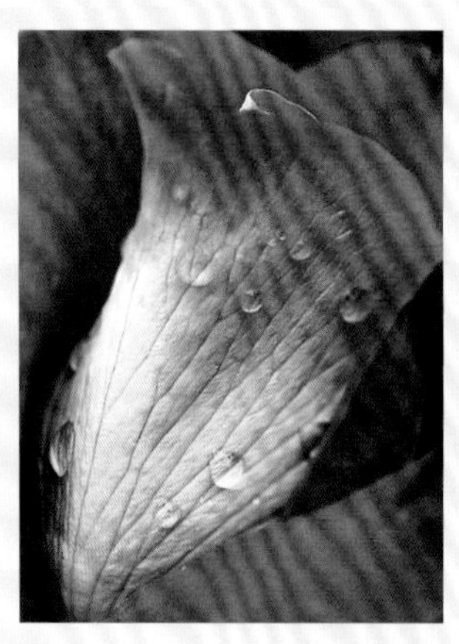

第12章　清雅幽静的水乡古镇 / 176

视频位置：光盘 \ 视频 \ 第 12 章 \ 第 12 章　清雅幽静的水乡古镇 .mp4

技术掌握：完善构图、局部精修、影调调整、色彩处理

第13章　残阳如血的落日余晖 / 194

视频位置：光盘 \ 视频 \ 第 13 章 \ 第 13 章　残阳如血的落日余晖 .mp4
技术掌握：完善构图、影调调整、色彩处理

第14章　制作层次分明的山峦 / 209

视频位置：光盘 \ 视频 \ 第 14 章 \ 第 14 章　制作层次分明的山峦 .mp4
技术掌握：完善构图、局部精修、影调调整、色彩处理

第15章　通明透亮的竹林小道 / 227

视频位置：光盘 \ 视频 \ 第 15 章 \ 第 15 章　通明透亮的竹林小道 .mp4
技术掌握：瑕疵修补、影调调整、色彩处理

第16章　天空中飞舞的热气球 / 244

视频位置：光盘 \ 视频 \ 第 16 章 \ 第 16 章　天空中飞舞的热气球 .mp4

技术掌握：影调调整、色彩处理

第17章　展现深远的高空航拍 / 260

视频位置：光盘 \ 视频 \ 第 17 章 \ 第 17 章　展现深远的高空航拍 .mp4

技术掌握：完善构图、瑕疵修补、局部精修、影调调整、色彩处理

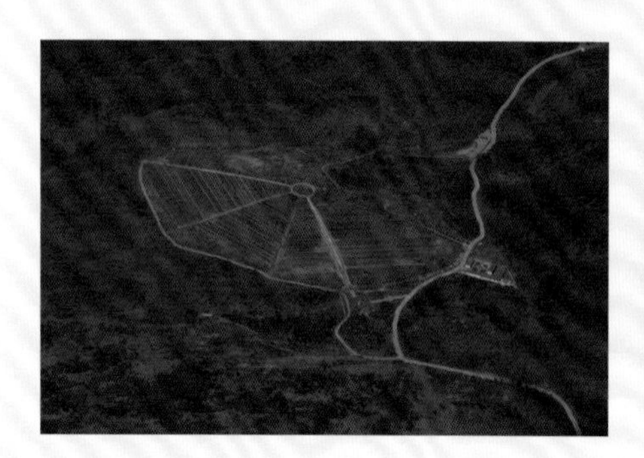

第1章

风光照片处理基础入门

《论语 · 雍也篇》中曾说道：“智者乐水，仁者乐山”，“天人合一”从古至今都是中国艺术的哲学中心思想，因此喜爱自然风光摄影的人群在摄影爱好者中占具相当大的比重。自然风光摄影就是组合和取舍各种美丽的自然或人文景观的作品，具有很强的时代意义和文化价值。

另外，照片的后期处理赋予了风光照片无限的创意和想象空间，我们可以利用软件来提高摄影作品的美感，甚至是创造美感。其中，Photoshop就是最常用的风光照片后期处理软件。

本章知识提要

- 风光照片拍摄中常见问题的解决方法
- Photoshop风光数码照片的处理基础

1.1 风光照片拍摄中常见问题的解决方法

对于喜欢摄影的人来说，掌握一定的风光摄影技巧，用摄影记录旅行的过程，记录旅途中的精美风光，以及途中所发生的不寻常的事和见到的不寻常的人，这些都可以作为永久的珍藏。

当然，要拍摄出一张好的风光照片也不是非常容易的事情，摄影者通常会遇到诸如构图、光线、器材等方面的问题。本节主要介绍拍摄风光照片时一些常见问题的解决方法，帮助用户迈出第一步。

1.1.1 拍摄风光照片的基本构图原则

风光是很多摄影者喜欢拍摄的题材，很多新手在面对漂亮的景色时，只能拍出平淡无奇的照片，着实可惜。

对于拍摄风光类题材来说，首先需要掌握基本的构图原则，这是拍到好照片的关键所在。

1. 突出主体：主要表现什么

任何一幅风光摄影题材的数码照片，都会有一个被摄主体。这个被摄主体既可以是单个的景物，也可以是多个景物。如图1-1所示，莲花是这张照片中的单个被摄主体；如图1-2所示，照片中的被摄主体包括两个景物。

图1-1 单个被摄主体

图1-2 两个被摄主体

拍摄风光照片除了要突出拍摄主体外，还必须要有好的前景和背景。

如图1-3所示，在拍摄这张照片时，摄影者在画面右上角精心选择树枝作为前景，不仅可以使画面的空间深度感得到增强，还弥补了单调天空背景区域的不足之处。

图1-3 采用合适的前景可以加深空间深度感，使画面更加生动有趣

2. 视觉平衡：画面稳定协调

对于风光摄影题材的照片来说，其构图的核心要点是平衡。视觉平衡的照片可以带给观者稳定、协调的感觉。

如图1-4所示，摄影者站在中轴线的位置，并采用上下对称平衡的构图方式拍摄了这张照片，使画面显得更加大气。

图1-4　对称的构图手法

3. 虚实相映：增强空间纵深感

虚实相映是一种重要的摄影艺术表现手段，主要是利用相机镜头的成像规律，使照片中的被摄主体与背景间呈现虚实相生的效果，加强画面的动感或空间感。

如图1-5所示，照片中的“实”主要是表现被摄对象手中的花；照片中的“虚”主要是表现被摄对象的陪体，即绿色的背景画面，利用这些虚幻的景物来衬托主体，进一步加深画面的意境。

图1-5　虚实相映的构图手法

1.1.2　拍摄风光照片的光影控制技巧

摄影是一种光与影相结合的艺术作品，没有光的世界将是漆黑一片，摄影和后期都无从谈起。因此，在拍摄风光题材的数码照片时，摄影者必须掌握一些特殊的用光技巧。

1. 抓住最佳的拍摄光线

对于风光摄影来说，最佳的光线质量是明亮且柔和的光线，在这种光线下通常比较容易获得不错的色彩和成像效果。

图1-6为在多云天气下拍摄的城市风光照片，这种气候下的光线柔和而明亮，可以捕获到最佳的色彩和细节。

图1-6　多云时的光线拍摄的城市风光

专家提醒

在直射的阳光环境下拍照时，可以使用白纸、白色的纱巾遮挡强烈的光线，过滤光线使其更加柔和。此外，这样拍摄的照片不但可以获得最佳的色彩，而且还能保留景物本身的细节层次。

2. 抓住最佳的拍摄时机

在晴天时，日出和日落的前后半小时是非常适合拍摄的，这些时间段的光线呈现出一种特殊的“金黄色”，能够轻松获得最佳的色彩、细节层次和成像质量。

图1-7为在日落时分拍摄的湖光山色画面。

图1-7　金黄色的光线为画面带来了迷人的光影效果

当然，用户也可以通过软件对照片进行后期调整，通过调整色温和饱和度参数，使画面呈现出金黄色或橙红色效果，如图1-8所示。

图1-8　通过后期调整加强画面的光影效果

3. 侧光与逆光的运用

光线从侧面照射到被摄主体时，通常会在背光面形成阴影，这样不但可以突出画面的立体感，而且还可以掩盖主体的一些缺陷。

如图1-9所示，利用侧光拍摄雪中飞驰而过的汽车，可以形成强烈的明暗反差，增强画面立体感。

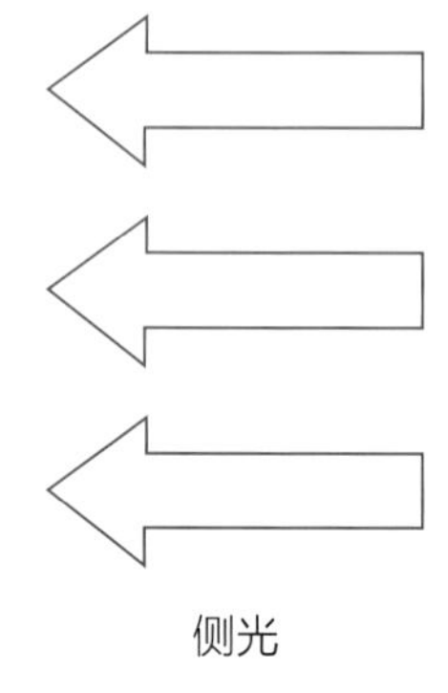

图1-9　运用侧光表现汽车

逆光是用相机对着光源的方向拍摄，多用来拍摄剪影，可以使主体的轮廓更加明朗。图1−10为采用侧逆光拍摄的树林，能够在画面中呈现出十分明显的明暗对比关系，可以衬托主体边缘的明亮区域，使画面的层次显得更加丰富。

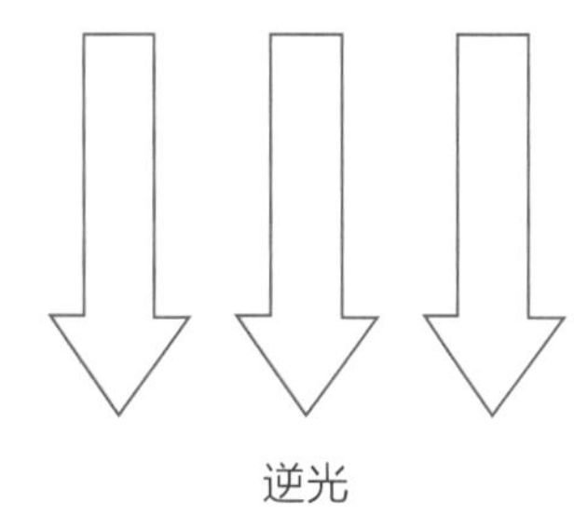

图1−10　采用逆光拍摄的树林

4. 用反光板改善光线

在户外拍摄风景照片时，可以适当利用反光板、柔光板等道具来辅助摄影，改善环境中的光线效果。图1−11为使用反光板辅助拍摄的效果对比。

图1−11　使用反光板辅助拍摄的效果对比

1.1.3　拍摄风光照片时必备的器材

我们可以从数码单反相机镜头中看到完全不一样的世界，这就是摄影器材拍出的画面与人眼直接观看风光不同的原因。下面介绍几种常用的风光摄影专业镜头，用户可以用这些镜头快速获取精美的风光照片效果，同时，对于后期处理来说，也更容易获得优秀的底片。

1. 广角镜头

广角镜头的焦距通常都比较短，视角较宽，而且其景深很大，非常适合拍摄建筑、风景等较大场景，如图1−12所示。

广角镜头最主要的特点是视野宽阔、景深小，可以使前景呈现出一种夸张的状态，同时表现出景物的远近感，增强画面的感染力，如图1−13所示。

图1-12　广角镜头

图1-13　广角镜头拍摄的风光照片效果

2. 鱼眼镜头

鱼眼镜头其实是超广角镜头中的一种特殊镜头，由于它的前镜片直径很短且呈抛物状向镜头前部凸出，看上去和鱼的眼睛非常像，因此俗称“鱼眼镜头”，如图1-14所示。

人们在实际生活中看见的景物通常是有规则的固定形态，而鱼眼镜头可以拍摄更加宽广的画幅。使用鱼眼镜头拍摄的画面与人们眼中的真实景象存在很大的差别，如图1-15所示。

图1-14　鱼眼镜头

图1-15　鱼眼镜头拍摄的风光照片效果

3. 微距镜头

我们有时候想要拍清楚一朵花或者一只虫子，但只要相机一靠近，它就变得模糊了，此时就需要使用微距镜头来完成拍摄，如图1-16所示。

微距镜头可以拍摄十分细微的物体，对极近距离的被摄物体实现正确对焦，同时拥有更好的虚化背景效果，如图1-17所示。

微距镜头：微距摄影其实就好比是一种放大摄影，其放大率直接影响着微距拍摄的效果。

图1-16　微距镜头

图1-17　微距镜头拍摄的风光照片效果

4. 长焦镜头

长焦镜头的焦距长、视角小，在底片上成像大，适合拍摄远处的景物，解决普通远景拍摄不清楚的问题，如图1-18所示。

装配长焦镜头的相机可以在同一距离上拍出比标准镜头更大的画面，适合于拍摄远处的对象，如图1-19所示。

长焦镜头：景深范围较小，可以更有效地虚化背景，突出对焦主体，而且被摄主体与照相机一般相距比较远，在透视方面出现的变形较小。

图1-18　长焦镜头

图1-19　长焦镜头拍摄的风光照片效果

1.2　Photoshop风光数码照片的处理基础

上面介绍了一些基本的风光数码照片拍摄技巧，当然要想拍摄出一张好的风光照片，只了解这些技巧是远远不够的，读者还需要掌握一定的后期处理方法，使用Photoshop软件对风光数码照片进行色彩和影调的调整，为其添加一定的意境和气氛。

本节主要介绍Photoshop风光数码照片的一些基本处理技巧，如调整风景照片的尺寸和分辨率、选择工具、调色命令、图层和蒙版、RAW照片的调整等内容。

1.2.1 什么样的风光照片需要后期处理

喜欢摄影的人都希望拍出漂亮的风景照片，使其更接近和忠实于自然的形态。不过直接拍摄往往艰难达到摄影者最初的想法，这时候就需要对照片进行后期处理。

从图1-20这两幅图中可以看出，经过后期处理的照片拍摄到的影像更能清晰地表现出拍摄场景的色彩、光影和层次，增强了画面的观赏性，可见后期是摄影中不可或缺的重要部分。

图1-20 原始照片与经过后期处理的效果对比

那么，什么样的风光照片需要后期处理呢？下面笔者总结了一些需要进行后期处理的照片特点。

1. 构图不够完美

对于摄影者来说，完美的构图是其首要的追求目标。但是，即使是非常专业的摄影师，都不敢保证一定可以获得完美的构图。这是由于在拍摄照片时，我们往往很难找准照片的最佳拍摄位置，再加上镜头的限制以及瞬间把握的失误，从而失去最佳的构图时机。

当风光照片构图不佳时，后期的弥补办法就是进行二次构图，即去除照片中多余的元素或画面，让裁剪后的图像更加突出主体，如图1-21所示。

图1-21 对照片进行重新构图

2. 画面存在瑕疵

在户外拍摄风景的过程中，由于各种不确定因素的影响，经常会将多余的图像纳入到画面中。此时，用户可以通过后期处理修复照片中的瑕疵，利用Adobe Camera Raw中的污点去除工具或者Photoshop中的修复工具组就可以轻松实现操作，用临近的图像对目标区域的图像进行复制，制作出以假乱真的修复效果，让画面整体更加和谐、整洁。

图1-22的左图中包含了两个轮船，导致画面的主体不够突出。在后期处理中对其进行处理，让画面更加整洁。

图1-22　去除瑕疵图像

3. 细节不够完善

对于一些局部细节效果不理想，或者聚焦效果不佳的照片，可以在后期中对局部的图像区域进行单独调整，例如，利用Photoshop中的选区工具配合其他的调整命令，以及Adobe Camera Raw中的渐变滤镜工具、调整画笔工具和径向滤镜工具等为照片的部分区域进行单独调整，使照片添加的色彩和影调更加自然，营造出特殊的画面效果。

如图1-23左图所示，照片的主体对象不够突出，使用Adobe Camera Raw中的径向滤镜工具对照片的局部进行修饰，为照片添加暗角效果，得到如右图所示的效果。

图1-23　修饰照片局部

4. 光影不合理

照片的曝光是摄影最基本的技术要点之一，曝光是否正确、光影控制是否恰当将直接影响照片的质量。在拍摄照片的过程中，由于天气、环境光和时间等因素的干扰，拍摄出来的照片往往会存在一些光影问题，如曝光不当、逆光拍摄、照片灰暗或闪光灯过强等。要修复这些问题，就需要对照片的光影进行调整，使画面呈现出更加清晰、明亮的效果，如图1-24所示。

图1-24　校正照片的曝光

5. 色彩不够理想

对于一些色彩不理想的照片，可以通过Photoshop对照片的特定或者全图的颜色进行调整，如增强照片的饱和度、提高特定颜色的亮度等。

色彩是照片画面表现的要素之一，不同颜色的照片会给人不同的视觉感受。Photoshop具有强大的色调调整功能，除了可以对照片进行整体颜色的调整以外，还能对照片中特定颜色的饱和度、色相和亮度进行独立调节，使照片焕发出别样的风采，如图1-25所示。

图1-25　调整图像的色彩效果

1.2.2　调整风光照片的尺寸和分辨率

对于风光照片后期处理来说，分辨率是一个非常重要的参数，它指的是单位长度上像素的数目，通常用“像素/英寸”或“像素/厘米”表示。每英寸的像素越多，分辨率越高，则图像印刷出来的质量就越好；反之，每英寸的像素越少，分辨率越低，印刷出来的图像质量就越差，如图1–26所示。

图1–26　不同分辨率的照片效果

在风光照片后期处理前，用户可以根据需要调整图片的尺寸和分辨率，以获得最佳的画面尺寸，满足不同的应用需求。在调整风光照片的尺寸和分辨率时，一定要注意文档的宽度值、高度值与分辨率值之间的关系，否则改变大小后图像的效果质量也会受到影响。

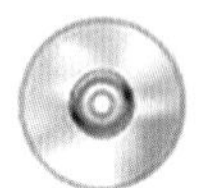

素材文件	光盘\素材\第1章\1.2.2.jpg
效果文件	光盘\效果\第1章\1.2.2.jpg
视频文件	光盘\视频\第1章\1.2.2　调整风景照片的尺寸和分辨率.mp4

步骤 1　单击“文件”|“打开”命令，打开一幅素材图像，如图1–27所示。

步骤 2　单击“图像”|“图像大小”命令，弹出“图像大小”对话框，可以看到照片本身的图像大小、尺寸、宽度、高度、分辨率等参数，如图1–28所示。

图1–27　打开素材图像

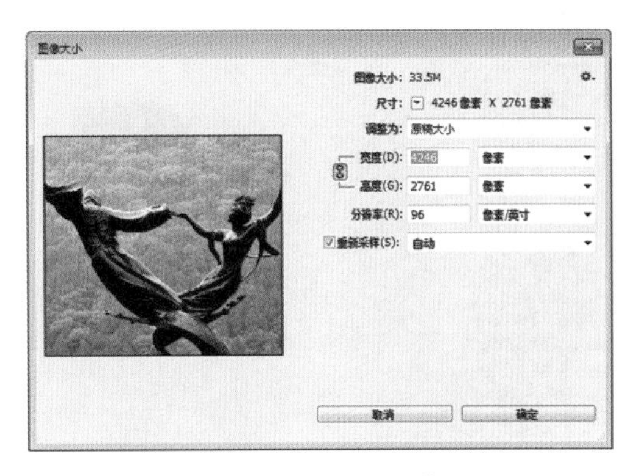

图1–28　弹出“图像大小”对话框

步骤 3　在“图像大小”对话框中，设置“宽度”为800像素，“分辨率”为300像素/英寸，单击“确定”按钮，如图1–29所示。

步骤 4　执行上述操作后，即可调整图像的分辨率，如图1–30所示。

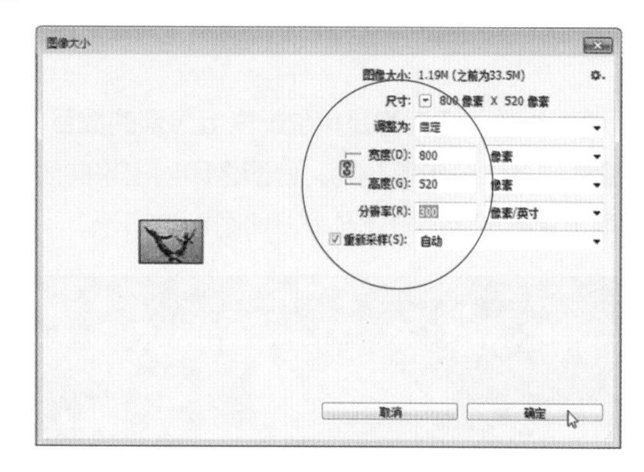

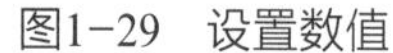
图1-29　设置数值

图1-30　调整图像分辨率

1.2.3　选择工具和命令的使用

处理风光照片的时候，经常需要选择一定的范围，这在Photoshop中叫做“创建选区”，对应的工具叫“选择工具”或者“选择命令”。

例如，在处理风光照片的局部色彩时，经常会运用到“色彩范围”选择命令，既通过风光照片图像中的颜色变化关系来创建选择区域，根据画面中所选取色彩的相似程度，提取图像中其他相似的色彩区域，最终生成一个颜色选区。

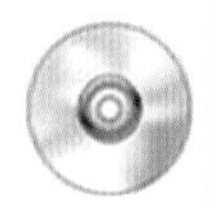

素材文件	光盘\素材\第1章\1.2.3.jpg
效果文件	光盘\效果\第1章\1.2.3.jpg
视频文件	光盘\视频\第1章\1.2.3　选择工具和命令的使用.mp4

步骤 1　单击“文件”|“打开”命令，打开一幅素材图像，如图1-31所示。

步骤 2　单击“选择”|“色彩范围”命令，弹出“色彩范围”对话框，设置“颜色容差”为80，如图1-32所示。

图1-31　打开素材图像

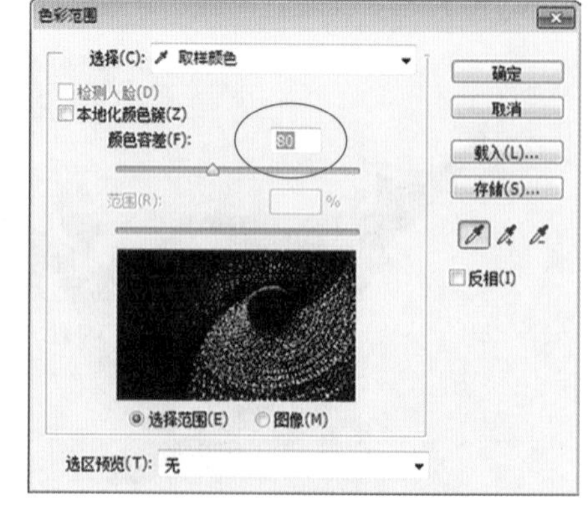

图1-32　设置各选项

步骤 3　单击“色彩范围”对话框中的“添加到取样”按钮，将鼠标指针拖曳至绿色图像中，并多次单击鼠标左键，效果如图1-33所示。

步骤 4　单击“确定”按钮，即可选中图像编辑窗口中的绿色区域图像，此时图像编辑窗口中的图像显示如图1-34所示。

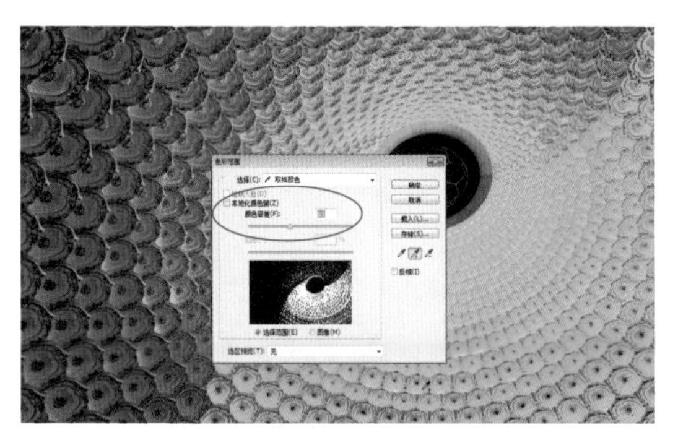

图1-33　取样“色彩范围”后效果

图1-34　创建选区

步骤 5　单击“图像”|“调整”|“色相/饱和度”命令，弹出“色相/饱和度”对话框，设置“色相”为−100，如图1−35所示。

步骤 6　单击“确定”按钮，即可调整图像的色调，按【Ctrl+D】组合键取消选区，效果如图1−36所示。

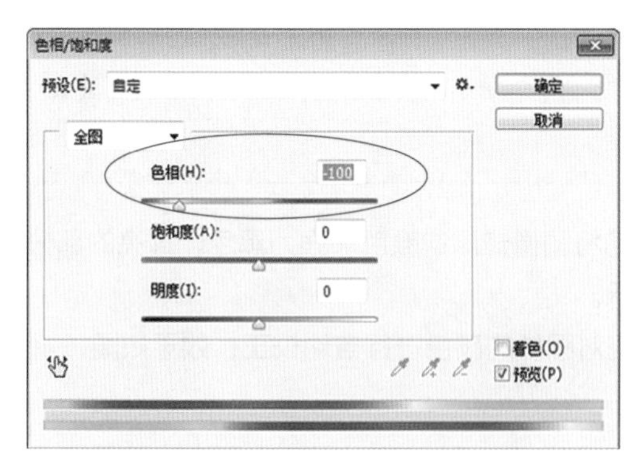

图1−35　设置“色相”参数

图1−36　最终效果

专家提醒

在编辑风光图像的过程中，若图像中的元素过多或者需要对整幅图像进行调整，则可以通过“全部”命令对图像进行调整。

1.2.4　调色命令的运用

对于风光照片后期来说，调整图像色彩是一项非常重要的内容。Photoshop CC提供了较为完美的色彩调整功能，它们可以查看图像的颜色分布、转换图像颜色模式、识别色域范围外的颜色、自动校正图像色彩/色调以及图像色彩的基本调整等。

例如，用户若只是简单调整风光照片的色彩，则可以通过自动颜色、自动色调等命令来实现。

素材文件	光盘\素材\第1章\1.2.4.jpg
效果文件	光盘\效果\第1章\1.2.4.jpg
视频文件	光盘\视频\第1章\1.2.4　调色命令的运用.mp4

步骤 1　单击“文件”|“打开”命令，打开一幅素材图像，如图1−37所示。

步骤 2　单击“图像”|“自动色调”命令，可以自动识别图像中的实际阴影、中间调和高光，从而自动更正图像的颜色，效果如图1-38所示。

图1-37　打开素材图像

图1-38　自动调整图像色调

专家提醒

在Photoshop CC中，“自动色调”命令对于色调丰富的风光照片后期处理相当有用，而对于色调单一或色彩不丰富的图像几乎不起作用。除了使用命令外，用户还可以按【Ctrl+Shift+L】组合键自动调整图像色调。

步骤 3　单击“图像”|“自动对比度”命令，自动将图像最深的颜色加强为黑色，最亮的部分加强为白色，以增强图像的对比度，效果如图1-39所示。

步骤 4　单击“图像”|“自动颜色”命令，让系统对图像的颜色进行自动校正，效果如图1-40所示。

图1-39　自动调整图像对比度

图1-40　自动调整图像颜色

专家提醒

按【Ctrl+Shift+B】组合键也可以自动地校正颜色。如果风光照片中有偏色或者饱和度过高的现象，均可以使用该命令进行自动调整。

1.2.5　图层和蒙版的应用

图层和蒙版都是Photoshop的核心功能。

◆ 图层：管理风光照片的图层时，用户可以更改图层的“不透明度”“混合模式”以及创建图层样式等，打造特殊效果，为风光照片后期的编辑操作带来了极大的便利。

◆ 蒙版：在编辑风光照片时，运用图层蒙版可以在不破坏图像的情况下，随意显示或隐藏相应的图层区域，为用户反复编辑图像提供便利。

素材文件	光盘\素材\第1章\1.2.5.psd
效果文件	光盘\效果\第1章\1.2.5.psd、1.2.5.jpg
视频文件	光盘\视频\第1章\1.2.5　图层和蒙版的应用.mp4

步骤 1　单击“文件”|“打开”命令，打开一幅素材图像，如图1-41所示。

步骤 2　选取工具箱中的自定形状工具，如图1-42所示。

图1-41　打开素材图像

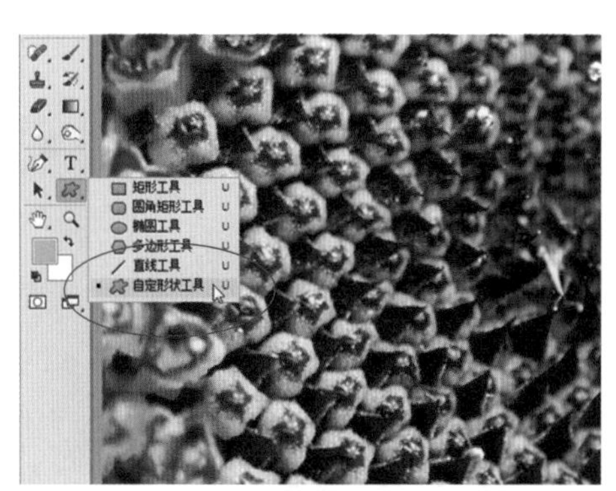

图1-42　选取自定形状工具

步骤 3　在工具属性栏中，单击“选择工具模式”按钮，在弹出的列表框中选择“路径”选项，如图1-43所示。

步骤 4　单击“点按可打开‘自定形状’拾色器”按钮，在弹出的下拉列表框中选择“网格”选项，如图1-44所示。

图1-43　选择“路径”选项

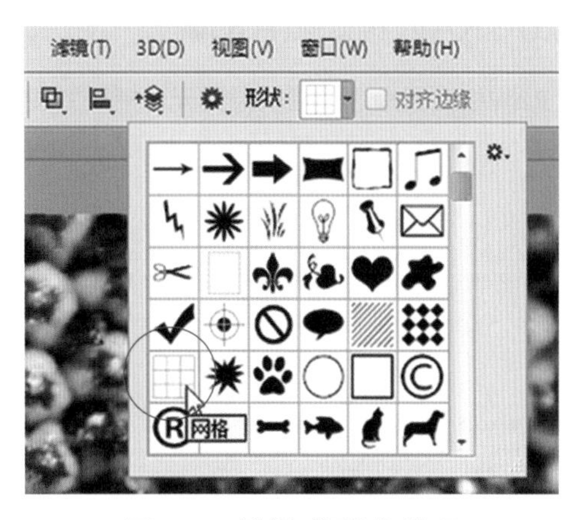

图1-44　选择“网格”选项

步骤 5　在图像编辑窗口中的合适位置绘制一个网格路径，如图1-45所示。

步骤 6　单击“图层”|“矢量蒙版”|“当前路径”命令，如图1-46所示。

步骤 7　执行上述操作后，即可创建矢量蒙版，并隐藏路径，效果如图1-47所示。

步骤 8　在“图层”面板中，即可查看到基于当前路径创建的矢量蒙版，如图1-48所示。

图1-45　绘制网格路径

图1-46　单击“当前路径”命令

图1-47　隐藏路径

图1-48　创建的矢量蒙版

1.2.6　RAW格式照片的调整

RAW格式是指通过相机感光元件捕获的没有经过任何处理的原始文件信息，如图1-49所示。

图1-49　RAW格式照片文件

表1-1中介绍了一些常见机型的Raw格式文件扩展名。

表1-1　常见机型的Raw格式文件扩展名

相机品牌	扩展名	相机品牌	扩展名
佳能（Canon）	.CRA或.CR2	富士（Fujifilm）	.RAF
尼康（Nikon）	.NET	美能达（MINOLTA）	.MRW
索尼（Sony）	.SRF	欧林巴斯（OLYMPUS）	.ORF
柯达（Kodak）	.DCR	Adobe	.DNG

Adobe Camera Raw是Photoshop用户首选的RAW转换工具，我们在Photoshop中打开RAW格式文件时，系统会自动弹出Adobe Camera Raw插件，如图1-50所示。在Adobe Camera Raw插件中打开RAW格式影像后，Camera Raw对话框的顶部会显示拍摄该影像所用的相机名称和影像文件信息。

在Adobe Camera Raw中，用户可以对照片进行明暗调节、增强反差、锐化降噪，获得合理的明暗影调分布，使一幅普通的照片瞬间增色，如图1-51所示。

图1-50　自动弹出Adobe Camera Raw插件

图1-51　利用Adobe Camera Raw调整照片

素材文件	光盘\素材\第1章\1.2.6.NEF
效果文件	光盘\效果\第1章\1.2.6.NEF、1.2.5.jpg
视频文件	光盘\视频\第1章\1.2.6　RAW照片的调整.mp4

步骤 1　单击“文件”|“打开”命令，打开一幅RAW格式的素材图像，弹出Camera Raw对话框，如图1-52所示。

步骤 2　展开“基本”面板，设置“白平衡”为“自动”，调整照片的白平衡，如图1-53所示。

步骤 3　在“基本”面板中，设置“曝光”为1、“对比度”为20、“高光”为8、“阴影”为2、“白色”为27、“黑色”为3，更改照片的影调对比，效果如图1-54所示。

步骤 4　在“基本”面板中，设置“清晰度”为15、“自然饱和度”为58、“饱和度”为15，使照片的整体更加清晰靓丽，效果如图1-55所示。

步骤 5　展开“色调曲线”面板，切换至“参数”选项卡，设置“高光”为13、“亮调”为68、“暗调”为11、“阴影”为-18，效果如图1-56所示。

步骤 6　单击“打开图像”按钮，即可在Photoshop中打开图像文件，如图1-57所示。

图1-52　打开素材图像

图1-53　校正照片白平衡

图1-54　校正基本影调

图1-55　增加照片色彩

图1-56　运用曲线校正影调

图1-57　在Photoshop中打开图像文件

使用Photoshop转换RAW格式文件时，Photoshop的版本需要不断的升级，才可以显示出最新型号的相机拍摄的照片。启动Adobe Photoshop CC软件，选择需要进行转换的RAW格式文件并在Adobe Camera Raw窗口中打开，单击“存储图像”按钮，如图1-58所示。执行操作后，即可弹出“存储选项”对话框，单击“格式”右侧的下拉按钮，在弹出的下拉列表中即可选择需要的格式，如图1-59所示。

图1-58　单击“存储图像”按钮

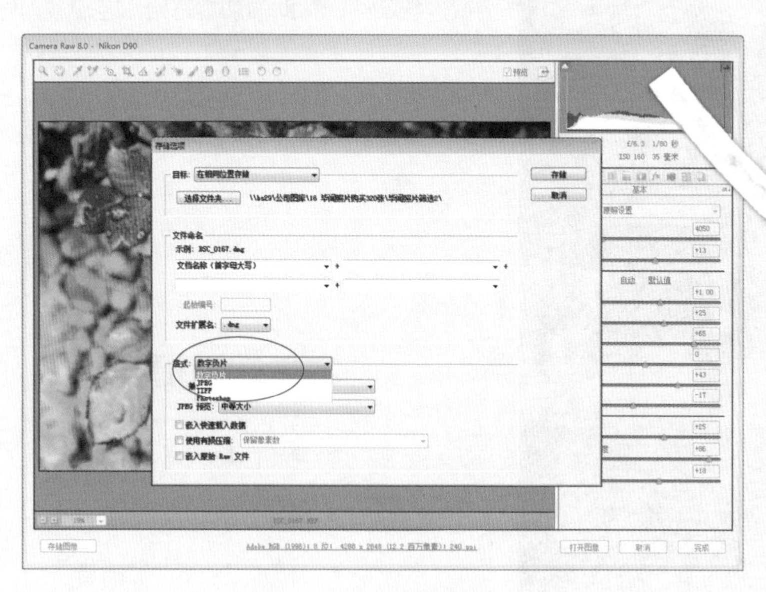

图1-59　选择需要的格式

第2章

5 项核心修炼技术简介

本章主要介绍Photoshop风光照片后期处理的5项核心修炼技术，包括完善构图、瑕疵修补、局部精修、影调调整和色彩处理，笔者分别从目的出发，从功能出发，从问题出发，从工作项目出发，对5项技术知识进行阐述，帮助你从零开始，轻松成为修图全能手。

本章知识提要

- 核心1：完善构图
- 核心2：瑕疵修补
- 核心3：局部精修
- 核心4：影调调整
- 核心5：色彩处理

2.1 核心1：完善构图

在风光摄影中，构图是“因人而异”的，每个人都有自己的独特想法和独到眼光，当然你也可以在后期去完善构图。用户可以通过Photoshop的裁剪工具、标尺工具、旋转工具、“变换”命令、“镜头校正”命令等操作，调整风光数码照片的构图，以此来突出主题，准确表达作者的情感，并让照片更美观、更具视觉冲击力。

2.1.1 修改照片大小和比例——裁剪工具

在Photoshop CC中，使用裁剪工具可以对风光照片进行裁剪，修改照片大小和比例。利用裁剪工具可以将普通比例的风光照片快速调整为全景风光照片。

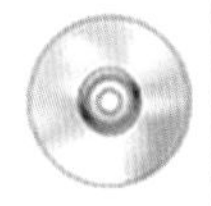

素材文件	光盘\素材\第2章\2.1.1.jpg
效果文件	光盘\效果\第2章\2.1.1.jpg
视频文件	光盘\视频\第2章\2.1.1 修改照片大小和比例——裁剪工具.mp4

步骤 1 单击“文件”|“打开”命令，打开一幅素材图像，如图2-1所示。

步骤 2 选取工具箱中的裁剪工具，在图像边缘会显示一个裁剪控制框，如图2-2所示。

图2-1 打开素材图像

图2-2 显示变换控制框

步骤 3 将鼠标光标拖曳至图像顶部，当鼠标呈↕形状时拖曳并控制裁剪区域大小，如图2-3所示。

步骤 4 用同样的方法调整裁剪控制框下方的控制柄，对图像下方进行适当裁剪，如图2-4所示。

图2-3 调整裁剪区域大小

图2-4 调整裁剪区域大小

专家提醒

在裁剪控制框中，可以对裁剪区域进行适当调整，将鼠标指针移动至控制框四周的8个控制点上，当指针呈双向箭头↔形状时，单击鼠标左键并拖曳，即可放大或缩小裁剪区域；将鼠标指针移动至控制框外，当指针呈⤴形状时，可对其裁剪区域进行旋转。

步骤5　按【Enter】键确认，即可完成照片的裁剪，效果如图2-5所示。

图2-5　完成照片的裁剪

2.1.2　自动调正并裁剪照片——标尺工具

在拍摄风光照片，尤其是海景和建筑时，保持水平的地平线相当重要，但有时还是会出现倾斜的情况。对于地平线或者建筑物歪斜的照片，用户可以利用Photoshop中的标尺工具进行快速调整。

素材文件	光盘\素材\第2章\2.1.2.jpg
效果文件	光盘\效果\第2章\2.1.2.jpg、2.1.2.psd
视频文件	光盘\视频\第2章\2.1.2　自动调正并裁剪照片——标尺工具.mp4

步骤1　单击“文件”|“打开”命令，打开一幅素材图像，如图2-6所示。

步骤2　选取工具箱中的标尺工具，如图2-7所示。

图2-6　打开素材图像

图2-7　选取“标尺工具”

步骤3　在图像编辑窗口中单击鼠标左键，确认起始位置，如图2-8所示。

步骤4　按住鼠标不放的同时向右拖曳至合适位置，释放鼠标左键，确认测量长度，如图2-9所示。

图2-8　确认起始位置

图2-9　确认测量长度

步骤 5　在工具属性栏中单击“拉直图层”按钮，如图2-10所示。

步骤 6　执行上述操作后即可拉直图层，如图2-11所示。

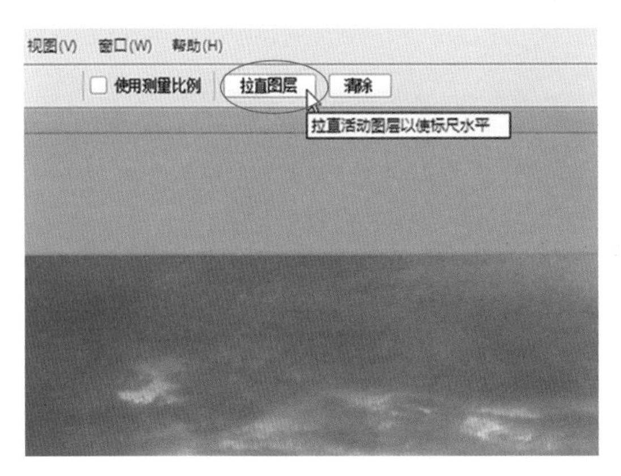

图2-10　单击“拉直图层”按钮

图2-11　拉直图层

步骤 7　选取工具箱中的裁剪工具，创建一个适当大小的裁剪框，如图2-12所示。

步骤 8　执行操作后，按【Enter】键确认，即可裁剪图像，效果如图2-13所示。

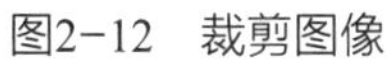

图2-12　裁剪图像

图2-13　图像效果

2.1.3　校正倾斜的风景照片——“变换”命令

在拍摄风光照片时，由于各种因素的影响，通常很难一次性获得理想的构图效果，此时可在后期处理时，利用Photoshop的“变换命令”旋转照片并剪裁照片等手段，对画面构图进行二次艺术加工，校正倾斜的风景照片。

专家提醒

当用户拍摄的风光照片出现了水平或垂直方向的颠倒、倾斜时，可以通过Photoshop对图像进行水平或垂直翻转操作。改变图像角度后，用户可以将所有图层合并，并使用修补工具适当修复图像边缘，改变照片的构图。

素材文件	光盘\素材\第2章\2.1.3.jpg
效果文件	光盘\效果\第2章\2.1.3.psd、2.1.3.jpg
视频文件	光盘\视频\第2章\2.1.3　扶正倾斜的风景照片——“变换”命令.mp4

步骤 1　单击“文件”|“打开”命令，打开一幅素材图像，如图2-14所示。

步骤 2　按【Ctrl+J】组合键，复制“背景”图层，得到“图层1”，单击“编辑”|“变换”|“旋转”命令，如图2-15所示。

图2-14　打开素材图像

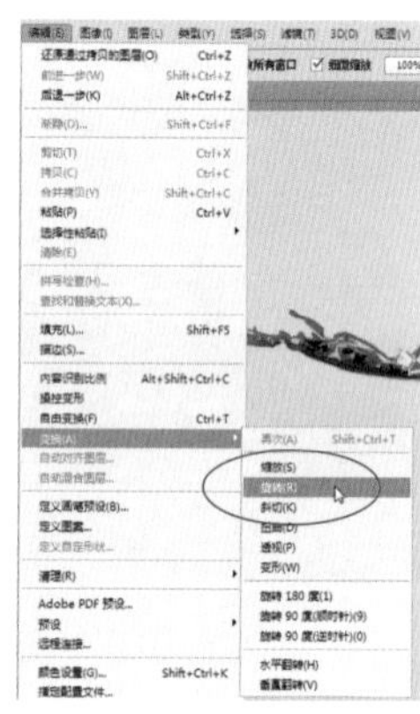

图2-15　单击“旋转”命令

步骤 3　调出变换控制框，将鼠标移至变换控制框右上方的控制柄处，单击鼠标左键并逆时针旋转至合适位置，释放鼠标，如图2-16所示。

步骤 4　执行操作后，在图像内双击鼠标左键，即可完成图像的旋转，如图2-17所示。

图2-16　旋转图像

图2-17　完成图像的旋转

步骤 5　隐藏“背景”图层，选取工具箱中的裁剪工具，创建一个适当大小的裁剪框，如图2-18所示。

步骤 6　执行操作后，按【Enter】键确认，即可裁剪图像，效果如图2-19所示。

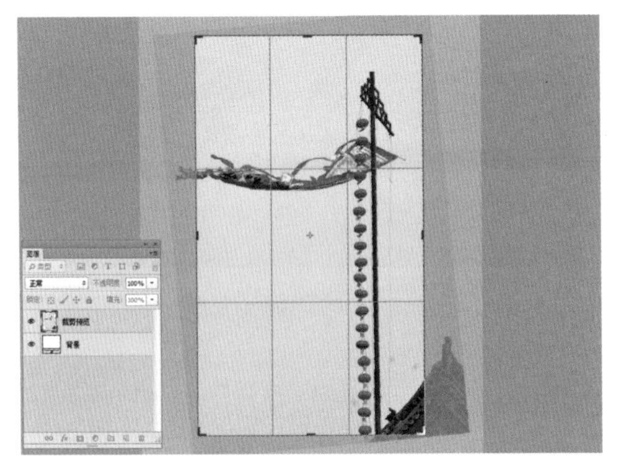

图2-18　裁剪图像

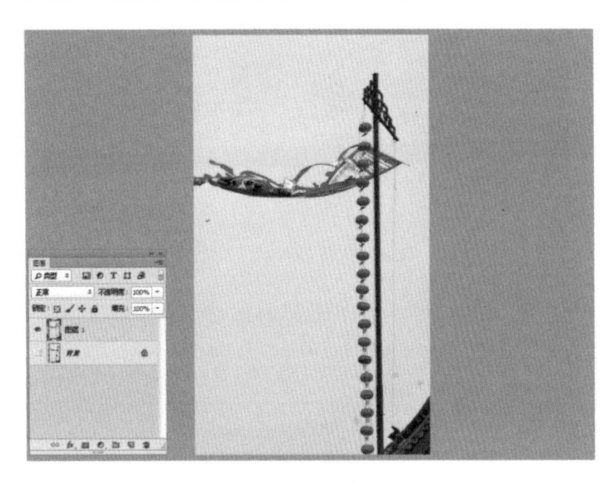

图2-19　图像效果

2.1.4　修复变形的风景照片——“镜头校正”命令

Photoshop CC的中“镜头校正”滤镜可以对失真或倾斜的风光数码照片进行校正，还可以对调整图像的扭曲、色差、晕影和变换等问题，使图像恢复至正常状态。

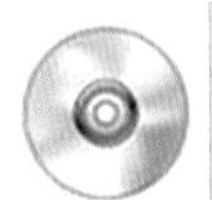

素材文件	光盘\素材\第2章\2.1.4.jpg
效果文件	光盘\效果\第2章\2.1.4.jpg
视频文件	光盘\视频\第2章\2.1.4　修复变形的风景照片——“镜头校正”命令.mp4

步骤 1　单击“文件”|“打开”命令，打开一幅素材图像，如图2-20所示。

步骤 2　单击“滤镜”|“镜头校正”命令，弹出“镜头校正”对话框，如图2-21所示。

图2-20　打开素材图像

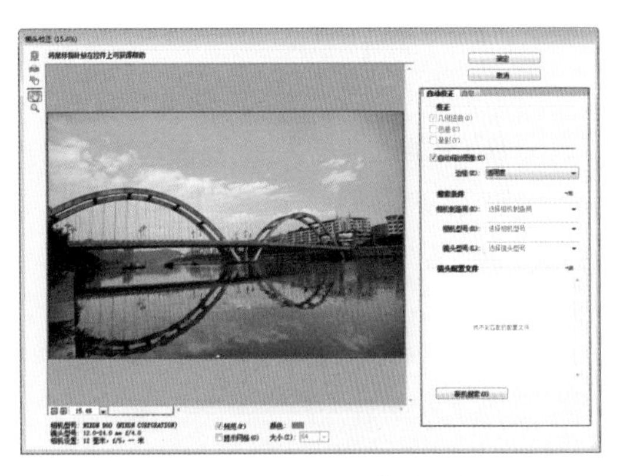

图2-21　“镜头校正”对话框

步骤 3　单击“自定”标签切换至“自定”选项卡，在“几何扭曲”选项区中设置“移去扭曲”为5，如图2-22所示。

步骤 4　单击“确定”按钮，即可校正镜头变形，效果如图2-23所示。

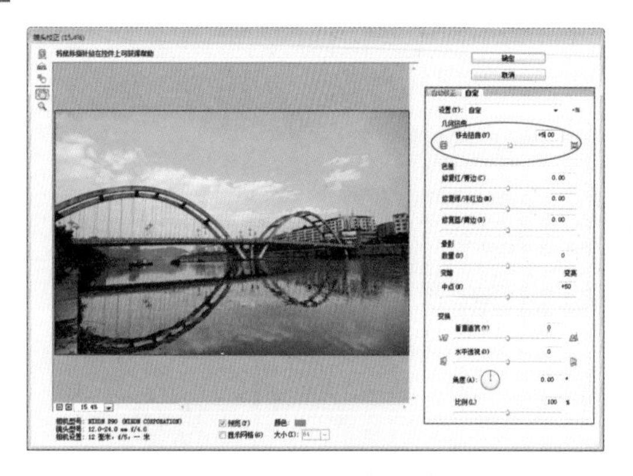
图2-22　设置参数值

图2-23　校正镜头变形

镜头校正相对应的快捷键为【Shift+Ctrl+R】。

2.2　核心2：瑕疵修补

摄影师在拍摄风光照片时可能因为摄影技术或相机的使用问题，又或者拍摄对象本身有一定的瑕疵，使得拍摄出的照片出现杂物、污点等异常情况，此时需要运用合理的工具和方法对照片进行修正。

2.2.1　去除风景照片中多余的人物——仿制图章工具

使用仿制图章工具，可以对风光照片中的元素进行近似克隆的操作，例如通过复制照片中人物周围的像素来去除风景照片中多余的人物。

素材文件	光盘\素材\第2章\2.2.1.jpg
效果文件	光盘\效果\第2章\2.2.1.jpg
视频文件	光盘\视频\第2章\2.2.1　去除风景照片中多余的人物——仿制图章工具.mp4

步骤 1　单击“文件”|“打开”命令，打开一幅素材图像，如图2-24所示。

步骤 2　选取工具箱中的仿制图章工具，如图2-25所示。

图2-24　打开素材图像

图2-25　选取“仿制图章工具”

步骤 3　将鼠标指针移至图像窗口中的适当位置，按住【Alt】键的同时单击鼠标左键，进行取样，如图2-26所示。

步骤 4　释放【Alt】键，将鼠标指针移至人物图像上，单击鼠标左键并拖曳，即可对样本对象进行复制，效果如图2-27所示。

图2-26　进行取样

图2-27　最终效果

2.2.2　消除风景照片中的拍摄日期——污点修复画笔工具

本实例照片在拍摄时加入了拍摄日期，用户可以在后期利用Photoshop中的污点修复画笔工具快速消除该日期。污点修复画笔工具可以自动进行像素的取样，用户只需在风光照片中有杂色或污渍的地方单击鼠标左键并拖曳，进行涂抹即可修复图像。

素材文件	光盘\素材\第2章\2.2.2.jpg
效果文件	光盘\效果\第2章\2.2.2.jpg
视频文件	光盘\视频\第2章\2.2.2　消除风景照片中的拍摄日期——污点修复画笔工具.mp4

步骤 1　单击“文件”|“打开”命令，打开一幅素材图像，如图2-28所示。

步骤 2　选取工具箱中的污点修复画笔工具，如图2-29所示。

图2-28　打开素材图像

图2-29　选取“污点修复画笔工具”

步骤 3　移动鼠标至图像编辑窗口中的合适位置，单击鼠标左键并拖曳，对图像进行涂抹，鼠标涂抹过的区域呈黑色，如图2-30所示。

步骤 4　释放鼠标左键，即可使用污点修复画笔工具修复图像，效果如图2-31所示。

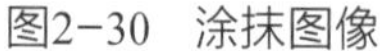
图2-30　涂抹图像

图2-31　最终效果

2.2.3　快速去除风景区中多余的杂物——修补工具

本实例的照片中有一个十分明显的杂物，用户可以在后期通过修补工具用其他区域或图案中的像素来修复选区内的杂物图像。修补工具能够将样本像素的纹理、光照和阴影与原像素进行匹配。

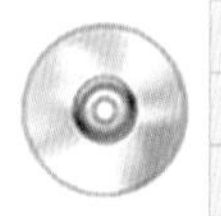

素材文件	光盘\素材\第2章\2.2.3.jpg
效果文件	光盘\效果\第2章\2.2.3.jpg
视频文件	光盘\视频\第2章\2.2.3　快速去除风景区中多余的杂物——修补工具.mp4

步骤 1　单击“文件”|“打开”命令，打开一幅素材图像，如图2-32所示。

步骤 2　选取工具箱中的修补工具，如图2-33所示。

图2-32　打开素材图像

图2-33　选取“修补工具”

步骤 3　移动鼠标至图像编辑窗口中，在需要修补的位置单击鼠标左键并拖曳，创建一个选区，如图2-34所示。

步骤 4　单击鼠标左键并拖曳选区至图像颜色相近的位置，如图2-35所示。

步骤 5　释放鼠标左键，即可完成修补操作，如图2-36所示。

步骤 6　单击“选择”|“取消选择”命令，取消选区，效果如图2-37所示。

图2-34　创建选区

图2-35　拖曳选区

图2-36　完成修补操作

图2-37　最终效果

2.3　核心3：局部精修

用户有时并不希望对风光照片进行全局调整，而只想针对照片的特定区域进行校正。例如，在风景照片中增强蓝天的显示效果。通过使用Photoshop CC，用户可以十分方便地对照片中的细节进行优化，获得更高品质的影像。

2.3.1　更改局部区域的效果——调整画笔工具

在拍摄自然风光时，最重要的表现方式就是色彩，不同的色彩可以向人们呈现出别样的视觉效果。Photoshop CC不仅可以对照片整体进行颜色调整，还可以通过调整画笔工具更改特定区域的颜色。

本案例是一张湖边拍摄的风景照片，画面的天空部分过亮，导致天空的细节缺失，在后期处理中运用调整画笔工具加深天空的蓝色，恢复天空的细节。

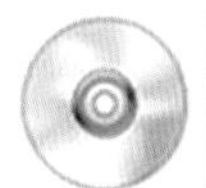

素材文件	光盘\素材\第2章\2.3.1.jpg
效果文件	光盘\效果\第2章\2.3.1.jpg
视频文件	光盘\视频\第2章\2.3.1　更改特定区域颜色——调整画笔工具.mp4

步骤 1　单击“文件”|“打开”命令，打开一幅素材图像，如图2-38所示。

步骤 2　单击“滤镜”|“Camera Raw滤镜”命令，弹出“Camera Raw”对话框，如图2-39所示。

图2-38　打开素材图像

图2-39　弹出“Camera Raw”对话框

步骤 3　在工具栏上选取调整画笔工具，在右侧的“调整画笔”选项面板中设置“大小”为10、“羽化”为50、“浓度”为100，选中“自动蒙版”与“显示蒙版”复选框，在图像的天空区域进行涂抹，如图2-40所示。

步骤 4　在“调整画笔”选项面板中单击“颜色”右侧的颜色选择框，在弹出的“拾色器”对话框中设置“色相”为255、“饱和度”为100，如图2-41所示。

图2-40　创建蒙版区域

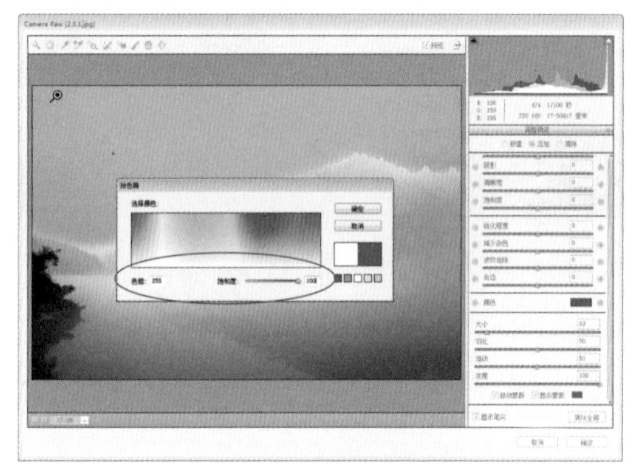
图2-41　设置颜色

步骤 5　单击“确定”按钮，并取消选中“显示蒙版”复选框，设置“色温”为-81、“曝光”为-0.3，如图2-42所示。

步骤 6　单击“确定”按钮，即可完成局部图像的调整，加深天空区域的蓝色，效果如图2-43所示。

图2-42　设置参数值

图2-43　图像效果

2.3.2 对画面局部进行渐变调整——渐变滤镜工具

直接拍摄的画面效果往往显得天空、地面、水面很平淡，缺乏纵深感。要想让画面产生空间感，就需要让平面由近及远、由深到浅渐变，这种渐变效果可以使用Adobe Camera Raw中的渐变滤镜工具来实现。

本案例是一张拍摄角度较大的湖光山色照片，画面的整体色彩暗淡，缺少层次感，后期处理中通过使用渐变滤镜工具不仅可以让画面产生空间感，还可以修正照片的偏色，为其添加非常丰富的色彩，提升照片的视觉冲击力。

素材文件	光盘\素材\第2章\2.3.2.jpg
效果文件	光盘\效果\第2章\2.3.2.jpg
视频文件	光盘\视频\第2章\2.3.2　对画面局部进行渐变调整——渐变滤镜工具.mp4

步骤 1　单击“文件”|“打开”命令，打开一幅素材图像，如图2-44所示。

步骤 2　首先通过加强天空的景深效果加强照片的空间感，单击“滤镜”|“Camera Raw滤镜”命令，弹出“Camera Raw”对话框，如图2-45所示。

图2-44　打开素材图像

图2-45　弹出“Camera Raw”对话框

步骤 3　运用渐变滤镜工具在天空位置由上至下拖曳鼠标创建渐变区域，如图2-46所示。

步骤 4　在“渐变滤镜”面板中设置“色温”为-98、“色调”为51、“对比度”为100、“曝光”为-1、“清晰度”为68、“饱和度”为100，调整画面的影调效果，如图2-47所示。

图2-46　创建渐变区域

图2-47　调整画面的影调效果

要在Adobe Camera Raw中进行局部校正，可以使用渐变滤镜工具进行颜色和色调调整。“渐变滤镜”工具的控件面板中，包含了曝光、亮度、对比度、饱和度、透明、锐化程度和颜色。“渐变滤镜”工具不但可以对画面局部进行调整，而且其调整效果是渐变的。

步骤 5　单击“确定”按钮，完成图像的编辑，最终效果如图2-48所示。

图2-48　最终效果

2.3.3　改变环境突出主体——添加暗角

本案例是一张动物的特写照片，虽然画面采用虚化背景的拍摄手法，但整体感觉十分平淡，缺少层次感，导致主体不够突出。在后期处理时运用径向滤镜工具使照片的四周出现暗角，通过暗化背景来突出“猫”这个主体图像，层次感更加强烈。

在“Camera Raw”对话框中使用径向滤镜工具，可以快速为照片添加暗角效果。用户可以通过径向滤镜工具自定义椭圆选框，然后将局部校正应用到这些区域，在选框区域的内部或外部应用校正。用户还可以在一张图像上放置多个径向滤镜，并为每个径向滤镜应用一套不同的调整。

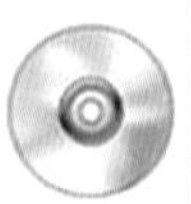

素材文件	光盘\素材\第2章\2.3.3.jpg
效果文件	光盘\效果\第2章\2.3.3.jpg
视频文件	光盘\视频\第2章\2.3.3　改变环境突出主体——添加暗角.mp4

步骤 1　单击“文件”|“打开”命令，打开一幅素材图像，如图2-49所示。

步骤 2　单击“滤镜”|“Camera Raw滤镜”命令，弹出“Camera Raw”对话框，如图2-50所示。

步骤 3　展开“基本”面板，设置“对比度”为32，增加照片的明暗对比，效果如图2-51所示。

步骤 4　在“基本”面板中设置“清晰度”为23、“自然饱和度”为28、“饱和度”为12，增强照片色彩，效果如图2-52所示。

图2-49　打开素材图像

图2-50　弹出“Camera Raw”对话框

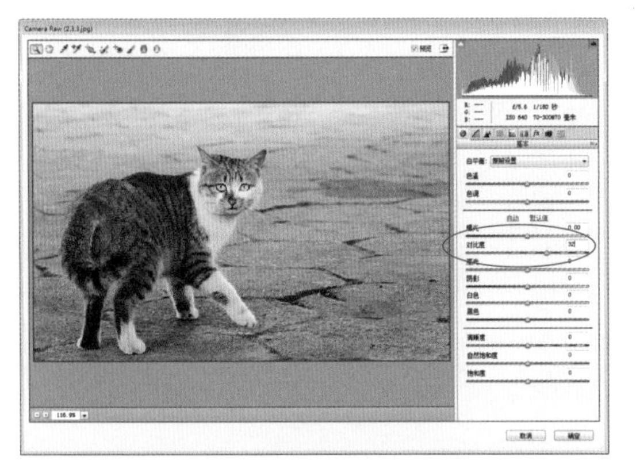

图2-51　增加照片的明暗对比

图2-52　增强照片色彩

步骤 5　在工具栏上选取径向滤镜工具，设置“曝光度”为-1.66，使用径向滤镜工具在图像上绘制一个椭圆形状，如图2-53所示。

步骤 6　单击“确定”按钮，即可为照片添加暗角效果，效果如图2-54所示。

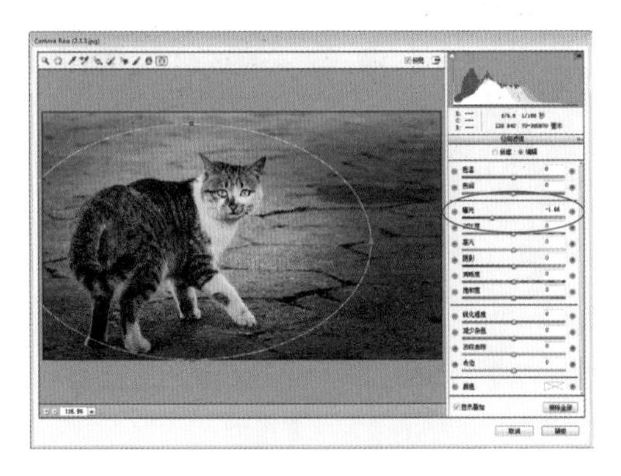

图2-53　绘制一个椭圆形状

图2-54　最终效果

2.3.4　虚化杂乱的背景——图层蒙版

在拍摄风光数码照片时，都会选择一个被摄主体为照片的中心。有时，主体在背景的映衬下会失去原有的靓丽，所以本实例通过虚化背景来让主体更突出。

素材文件	光盘\素材\第2章\2.3.4.jpg
效果文件	光盘\效果\第2章\2.3.4.jpg、2.3.4.psd
视频文件	光盘\视频\第2章\2.3.4　虚化杂乱的背景——图层蒙版.mp4

步骤 1　单击“文件”|“打开”命令，打开一幅素材图像，如图2-55所示。

步骤 2　单击菜单栏中的“图层”|“复制图层”命令，弹出“复制图层”对话框，保持默认设置，单击“确定”按钮，即可复制图层，如图2-56所示。

图2-55　打开素材图像

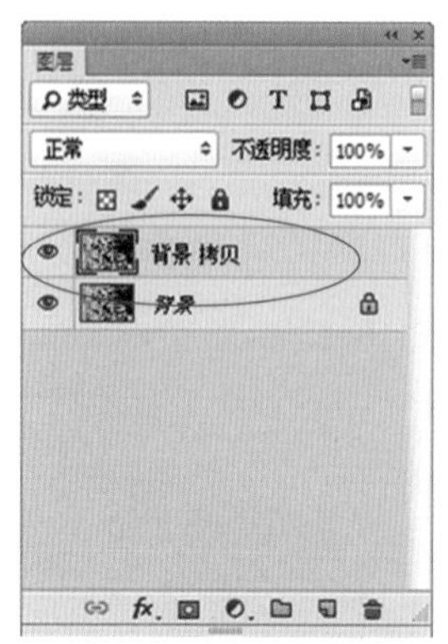

图2-56　复制“背景”图层

步骤 3　单击菜单栏中的“滤镜”|“模糊”|“高斯模糊”命令，弹出“高斯模糊”对话框，设置“半径”为20像素，如图2-57所示。

步骤 4　单击“确定”按钮，即可应用“高斯模糊”滤镜，使图像整体变模糊，效果如图2-58所示。

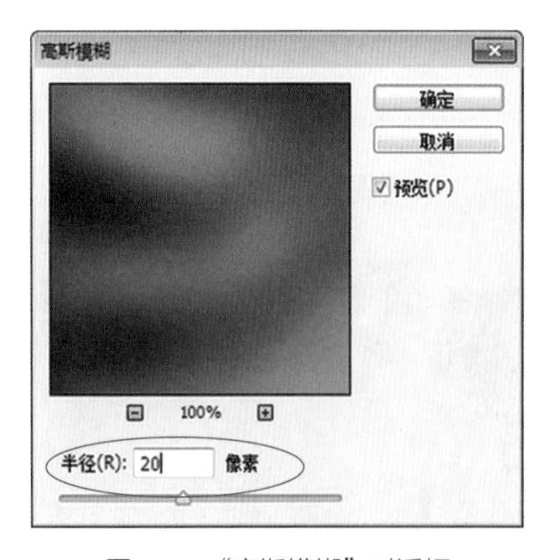

图2-57　“高斯模糊”对话框

图2-58　使图像整体变模糊

步骤 5　单击菜单栏中的“图层”|“图层蒙版”|“显示全部”命令，此时“背景 拷贝”图层添加了一个图层蒙版，如图2-59所示。

步骤 6　选取画笔工具，在工具属性栏上单击“点按可打开‘画笔预设’选取器”按钮，展开选取器，设置“大小”为500像素，如图2-60所示。

步骤 7　确认前景色为黑色，在雕塑头像处单击鼠标左键，对图像进行适当地涂抹，让头像区域变得清晰，效果如图2-61所示。

步骤 8　参照步骤6～7的操作方法，适当调整画笔的大小和不透明度，再对图像进行适当地涂抹，效果如图2-62所示。

图2-59　添加图层蒙版

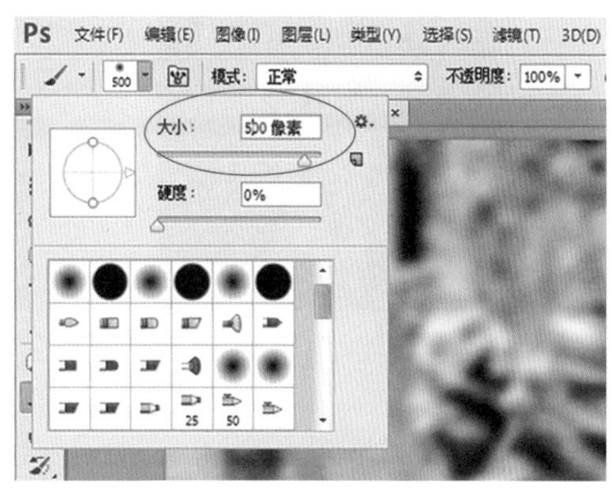

图2-60　设置画笔属性

图2-61　涂抹头像区域

图2-62　最终效果

2.3.5　对指定区域进行润色——海绵工具

在本实例中，运用Photoshop CC中的海绵工具，可以精确地更改风光照片中局部图像的色彩饱和度，加强画面中花朵主体的层次感，使主体得到突出。

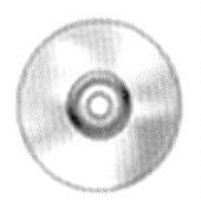

素材文件	光盘\素材\第2章\2.3.5.jpg
效果文件	光盘\效果\第2章\2.3.5.jpg
视频文件	光盘\视频\第2章\2.3.5　对指定区域进行润色——海绵工具.mp4

步骤 1　单击“文件”|“打开”命令，打开一幅素材图像，如图2-63所示。

步骤 2　选取工具箱中的海绵工具，如图2-64所示。

步骤 3　在海绵工具属性栏中，设置“模式”为“加色”、“流量”为80%，如图2-65所示。

步骤 4　在图像编辑窗口中涂抹花朵表面，即可调整图像的局部饱和度，效果如图2-66所示。

图2-63　打开素材图像

图2-64　选取“海绵工具”

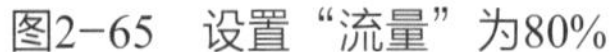

图2-65　设置“流量”为80%

图2-66　最终效果

2.3.6　增加深浅区域的对比度——加深工具和减淡工具

在本实例中，主要运用加深工具和减淡工具增加照片中深浅区域的对比度。

使用加深工具可使图像中被操作的区域变暗，使用减淡工具可以加亮图像的局部，通过提高图像选区的亮度来校正曝光。

素材文件	光盘\素材\第2章\2.3.6.jpg
效果文件	光盘\效果\第2章\2.3.6.jpg
视频文件	光盘\视频\第2章\2.3.6　增加深浅区域的对比度——加深工具和减淡工具.mp4

步骤 1　单击“文件”|“打开”命令，打开一幅素材图像，如图2-67所示。

步骤 2　选取工具箱中的加深工具，在工具属性栏中设置“画笔”为“柔边圆”、“大小”为500像素、“曝光度”为50%，在“范围”列表框中选择“中间调”选项，如图2-68所示。

步骤 3　在图像编辑窗口中涂抹背景区域的图像，即可调暗图像，效果如图2-69所示。

步骤 4　选取工具箱中的减淡工具，在工具属性栏中设置“范围”为“中间调”“曝光度”为

50%，选中“保护色调”复选框，如图2-70所示。

图2-67　打开素材图像

图2-68　选择“中间调”选项

图2-69　调暗背景图像

图2-70　设置工具属性

步骤 5　在图像编辑窗口中涂抹中间的主体图像，如图2-71所示。

步骤 6　执行操作后，即可提高图像的亮度，效果如图2-72所示。

图2-71　涂抹主体图像

图2-72　最终效果

2.4　核心4：影调调整

对于风光摄影照片来说，良好的影调分布能够体现光线的美感。用户可以在后期通过Photoshop中的“亮度/对比度”命令、“曝光度”命令、“色阶”命令、“曲线”命令等，以及RAW格式照片光线的基本设置以及亮度和对比度的控制方法来对照片进行影调调整。

2.4.1 快速调整图像明暗——“基本”面板

本实例选用的是一张曝光不足的RAW格式照片，从直方图上可以看出其右侧有所欠缺，意味着原图稍微曝光不足，画面缺少高光内容。

用户可以在后期运用Adobe Camera Raw的自动调整功能，对照片的影调进行设置，恢复照片正确的曝光。

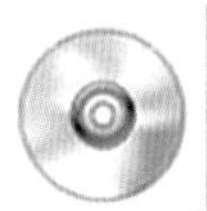

素材文件	光盘\素材\第2章\2.4.1.CR2
效果文件	光盘\效果\第2章\2.4.1.CR2、2.4.1.jpg
视频文件	光盘\视频\第2章\2.4.1 快速调整图像明暗——“基本”面板.mp4

步骤 1 单击“文件”|“打开”命令，打开一幅RAW格式的素材图像，弹出Camera Raw对话框，如图2-73所示。

步骤 2 展开右侧的“基本”面板，单击“自动”按钮，自动校正照片影调，如图2-74所示。

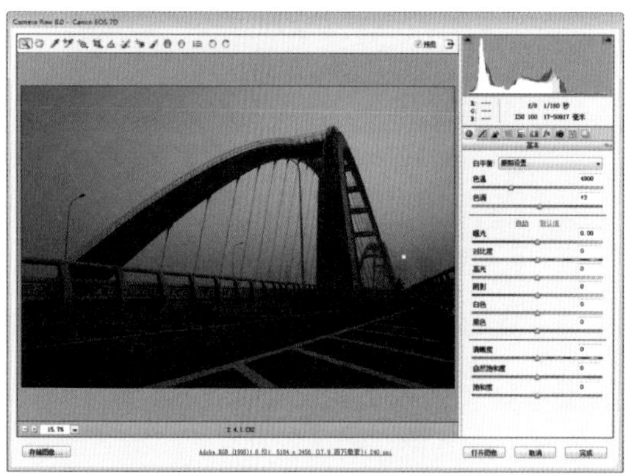

图2-73 打开素材图像

图2-74 自动校正照片影调

步骤 3 在下方的色调控制选项下，设置“对比度”为28，提高画面的对比度，如图2-75所示。

步骤 4 设置“清晰度”为20、“自然饱和度”为80，即可增加画面的色彩强度，加强效果，如图2-76所示。

图2-75 提高画面的对比度

图2-76 增加画面的色彩强度

2.4.2 还原风景照片的亮度——“亮度/对比度”命令

在本实例中，照片整体偏暗，需要在后期使用“亮度/对比度”命对图像的亮度进行简单调整。该操作可以针对图像的每个像素进行同样的调整，非常方便、快捷。

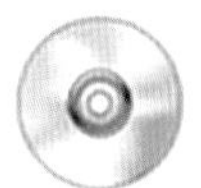

素材文件	光盘\素材\第2章\2.4.2.jpg
效果文件	光盘\效果\第2章\2.4.2.jpg
视频文件	光盘\视频\第2章\2.4.2 还原风景照片的亮度——“亮度/对比度”命令.mp4

步骤 1 单击“文件”|“打开”命令，打开一幅素材图像，如图2-77所示。

步骤 2 在菜单栏中单击“图像”|“调整”|“亮度/对比度”命令，如图2-78所示。

图2-77 打开素材图像

图2-78 单击“亮度/对比度”命令

步骤 3 弹出“亮度/对比度”对话框，设置“亮度”为56、“对比度”为21，如图2-79所示。

步骤 4 单击“确定”按钮，即可初步调整图像亮度，效果如图2-80所示。

图2-79 设置参数

图2-80 调整图像亮度

2.4.3 局部的明暗处理——“色阶”命令

在本实例中，照片的暗调、中间调与亮调等分布不是很明显，需要在后期运用“色阶”命令将每个通道中最亮和最暗的像素定义为白色和黑色，按比例重新分配中间像素值，从而校正图像的色调范围和色彩平衡。

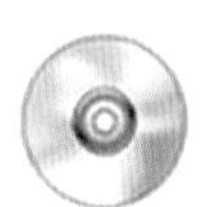

素材文件	光盘\素材\第2章\2.4.3.jpg
效果文件	光盘\效果\第2章\2.4.3.psd、2.4.3.jpg
视频文件	光盘\视频\第2章\2.4.3 局部的明暗处理——“色阶”命令.mp4

步骤 1　单击“文件”|“打开”命令，打开一幅素材图像，如图2-81所示。

步骤 2　在“图层”面板底部单击“创建新的填充或调整图层”按钮，在弹出的列表框中选择“色阶”选项，新建“色阶1”调整图层，展开“色阶”属性面板，如图2-82所示。

图2-81　打开素材图像

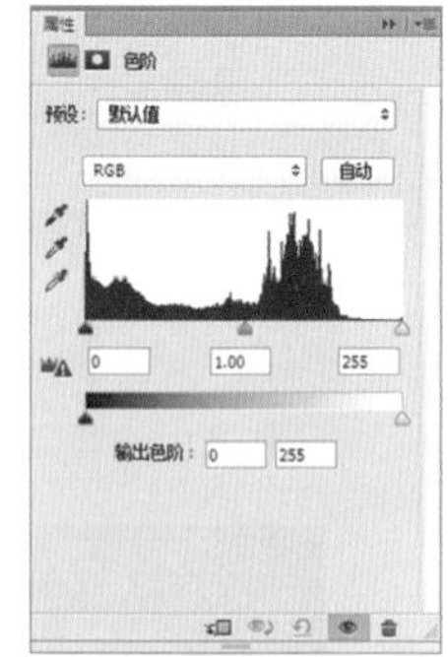

图2-82　新建“色阶1”调整图层

步骤 3　在RGB通道设置“输入色阶”各参数值分别为0、0.8、205，效果如图2-83所示。

步骤 4　在“通道”列表框中选择“红”选项，设置“输入色阶”各参数值分别为0、0.66、207，效果如图2-84所示。

图2-83　设置RGB通道效果

图2-84　设置“红”通道效果

步骤 5　在“通道”列表框中选择“蓝”选项，设置“输入色阶”各参数值分别为0、0.9、221，效果如图2-85所示。

步骤 6　执行操作后，即可调整照片的影调，效果如图2-86所示。

图2-85　设置“蓝”通道效果

图2-86　最终效果

2.4.4 单个通道的明暗调整——“曲线”命令

在本实例中，从直方图上可以看出，像素全部集中在左侧阴影段，说明画面中大部分为阴影和中间调内容，需要进行提亮。在后期使用“曲线”命令可以调整图像的明暗对比，用户可以在曲线上添加多个曲线控制点，再分别拖曳曲线点位置，以控制画面的明暗效果。

素材文件	光盘\素材\第2章\2.4.4.jpg
效果文件	光盘\效果\第2章\2.4.4.jpg
视频文件	光盘\视频\第2章\2.4.4　单个通道的明暗调整——“曲线”命令.mp4

步骤 1　单击“文件”|“打开”命令，打开一幅素材图像，并展开“直方图”面板，如图2-87所示。

步骤 2　在菜单栏中单击“图像”|“调整”|“曲线”命令，弹出“曲线”对话框，在网格中单击鼠标左键，建立坐标点，设置“输出”为252、“输入”为193，如图2-88所示。

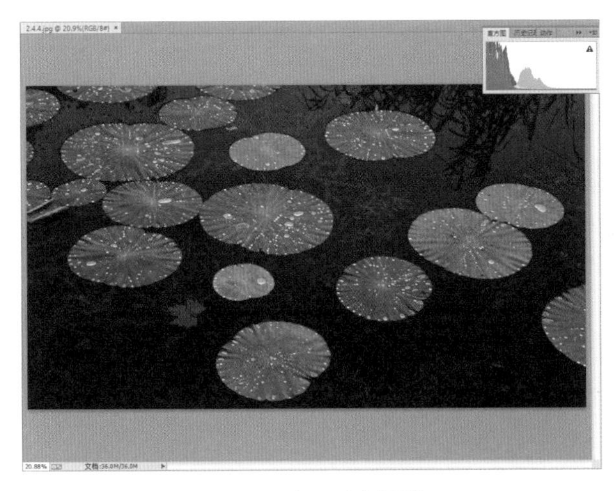

图2-87　打开素材图像

图2-88　建立坐标点

步骤 3　在曲线上再添加一个坐标点，设置“输出”为80、“输入”为28，如图2-89所示。

步骤 4　单击“确定”按钮，即可调整图像影调，效果如图2-90所示。

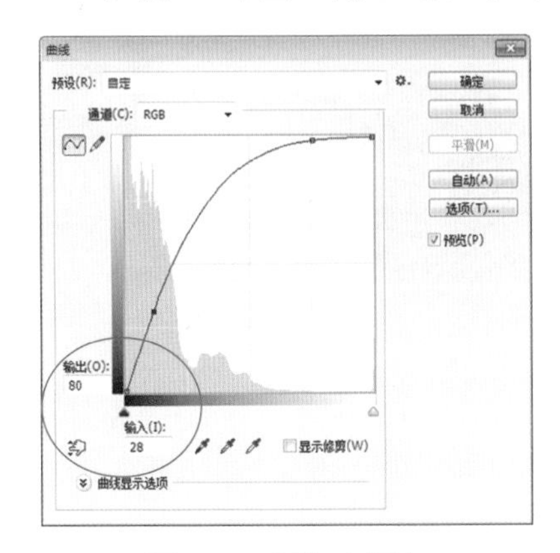

图2-89　添加坐标点

图2-90　调整图像影调

2.4.5 修正曝光过度的风景照——“曝光度”命令

在本实例中，照片因曝光过度而导致图像偏白，在后期可以运用“曝光度”命令来调整图像的曝光度，使图像曝光达到正常。

素材文件	光盘\素材\第2章\2.4.5.jpg
效果文件	光盘\效果\第2章\2.4.5.jpg
视频文件	光盘\视频\第2章\2.4.5 修正曝光过度的风景照——“曝光度”命令.mp4

步骤 1 单击“文件”|“打开”命令，打开一幅素材图像，如图2-91所示。

步骤 2 在菜单栏中单击“图像”|“调整”|“曝光度”命令，如图2-92所示。

步骤 3 执行上述操作后，即可弹出“曝光度”对话框，设置“曝光度”为2.28，如图2-93所示。

步骤 4 单击“确定”按钮，即可调整图像曝光度，效果如图2-94所示。

图2-91 打开素材图像

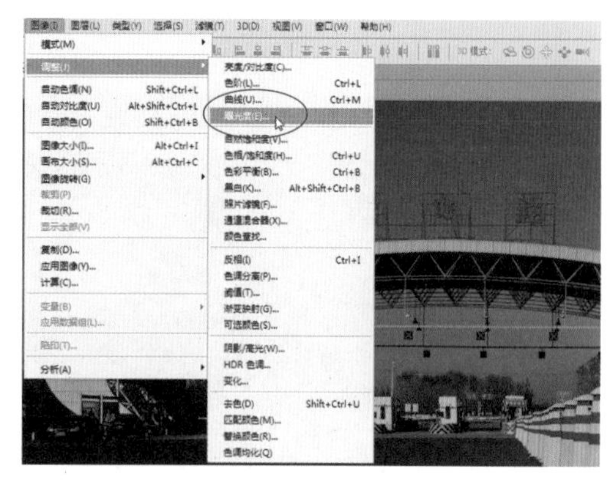

图2-92 单击“曝光度”命令

图2-93 设置“曝光度”参数

图2-94 调整图像曝光度

2.5 核心5：色彩处理

颜色可以产生对比效果，使照片看起来更加绚丽，让毫无生气的照片充满活力，同时也能激发人的感情。对风光照片进行光影处理后，用户可以根据自身的需要对照片中的某些色彩进行替换，或匹配其他喜欢的颜色等操作，使照片充满独特的色彩情调。

2.5.1　展现色彩饱满的风景照——饱和度调整

本实例选用了一张色彩暗淡的风光照片，其不仅看起来没有层次感，而且不能清楚地表现原本的色彩。通过Adobe Camera Raw中的饱和度调整功能，可以恢复画面的艳丽色彩，让原本暗淡无光的照片重现生机，增强画面的艺术感染力。

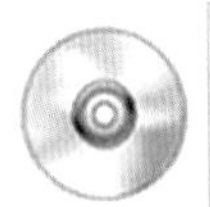

素材文件	光盘\素材\第2章\2.5.1.CR2
效果文件	光盘\效果\第2章\2.5.1.jpg
视频文件	光盘\视频\第2章\2.5.1　展现色彩饱满的风景照——饱和度调整.mp4

步骤 1　单击“文件”|“打开”命令，在Camera Raw对话框中打开一张RAW格式照片，如图2-95所示。

步骤 2　展开“基本”面板，设置“色温”为6300，改变照片的白平衡，如图2-96所示。

图2-95　打开素材图像

图2-96　改变照片的白平衡

步骤 3　在“基本”面板中，单击“自动”按钮，自动调整画面影调，如图2-97所示。

步骤 4　在“基本”面板中，设置“清晰度”为38、“自然饱和度”为70、“饱和度”为25，增强照片的色彩效果，如图2-98所示。

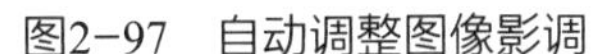

图2-97　自动调整图像影调

图2-98　增强照片的色彩效果

2.5.2　使照片呈现最佳色彩——HSL调整

本实例利用Adobe Camera Raw中的“HSL/灰度”面板，不仅可以调整风光照片的颜色饱和度，还可以通过调整“色相”“饱和度”“明度”选项卡的单个颜色像素，使照片呈现最佳色彩。

素材文件	光盘\素材\第2章\2.5.2.CR2
效果文件	光盘\效果\第2章\2.5.2.jpg
视频文件	光盘\视频\第2章\2.5.2　使照片呈现最佳色彩——HSL调整.mp4

步骤 1　单击“文件”|“打开”命令，在Camera Raw对话框中打开一张RAW格式的照片，如图2-99所示。

步骤 2　在“基本”面板中单击“自动”按钮，并设置“清晰度”为18、“自然饱和度”为80、“饱和度”为11，校正图像的基本影调，如图2-100所示。

步骤 3　切换至“HSL/灰度”面板，切换至“色相”选项卡，调整单个颜色的图像色相，设置“黄色”为100、“绿色”为30，将黄色和绿色的图像向右偏移，效果如图2-101所示。

步骤 4　在“色相”选项卡中设置“紫色”为-67，效果如图2-102所示。

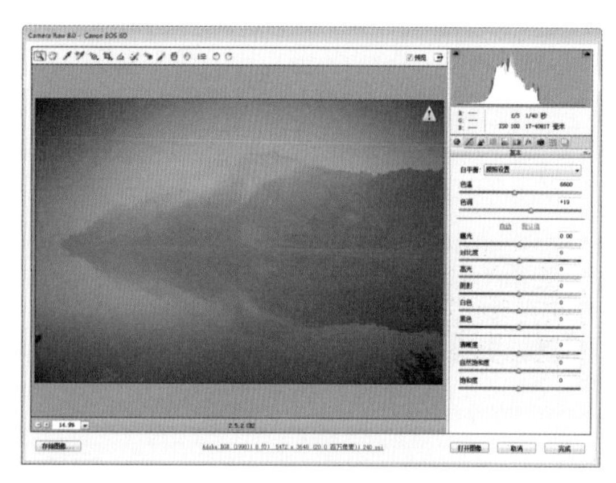

图2-99　打开素材图像

图2-100　校正图像的基本影调

图2-101　调整单个颜色色相

图2-102　设置“紫色”色相

步骤 5　切换至“饱和度”选项卡，调整单个颜色的饱和度，设置“绿色”为25、“浅绿色”为28、“蓝色”为31，效果如图2-103所示。

步骤 6　切换至“分离色调”面板，在“高光”选项区中设置“色相”为228、“饱和度”为50，改善画面色彩，效果如图2-104所示。

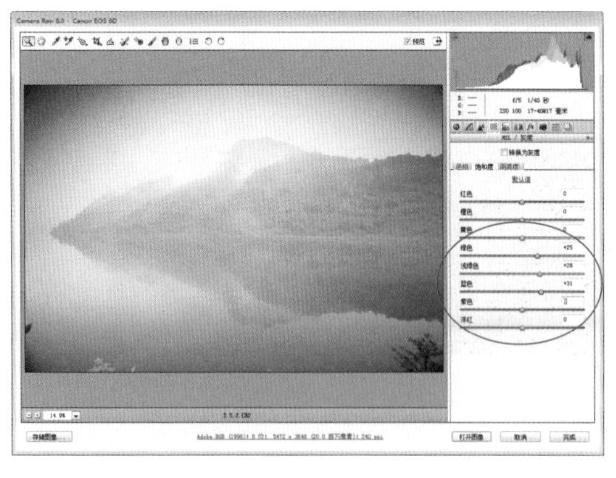

图2-103　调整单个颜色的饱和度

图2-104　改善画面色彩

2.5.3　色彩浓度的调整——“色相/饱和度”命令

本案例中的画面整体色相偏黄，在后期处理中运用“色相/饱和度”命令来增加画面的“色相”参数和“饱和度”参数，增加画面中的绿色部分，使色彩更加真实。

素材文件	光盘\素材\第2章\2.5.3.jpg
效果文件	光盘\效果\第2章\2.5.3.jpg
视频文件	光盘\视频\第2章\2.5.3　色彩浓度的调整——“色相/饱和度”命令.mp4

步骤 1　单击“文件”|“打开”命令，打开一幅素材图像，如图2-105所示。

步骤 2　在菜单栏中单击“图像”|“调整”|“色相/饱和度”命令，如图2-106所示。

图2-105　打开素材图像

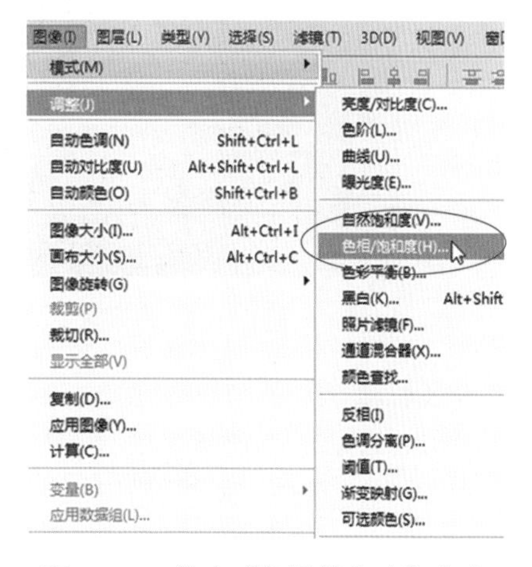

图2-106　单击“色相/饱和度”命令

步骤 3　执行上述操作后，即可弹出“色相/饱和度”对话框，设置“色相”为16、“饱和度”为30，如图2-107所示。

步骤 4　单击“确定”按钮，即可调整图像色相，效果如图2-108所示。

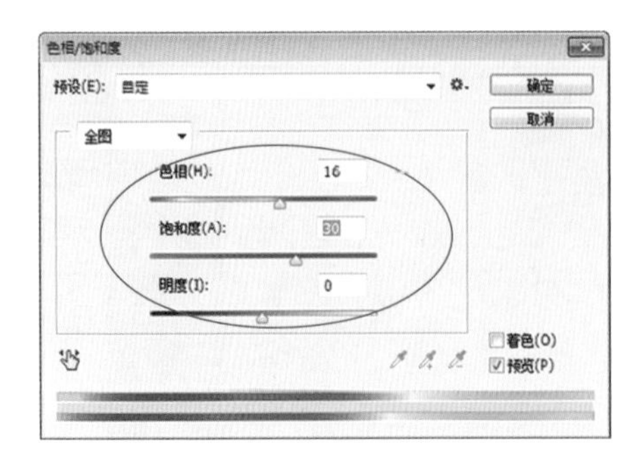

图2-107　设置各参数

图2-108　调整图像色相

2.5.4　调整图像的颜色——“色彩平衡”命令

本案例中的画面整体感觉偏黄，可以看到照片中的绿色叶子、红色花朵等部分仿佛都蒙着一层黄色，后期时需要通过“色彩平衡”命令来恢复画面色彩。

素材文件	光盘\素材\第2章\2.5.4.jpg
效果文件	光盘\效果\第2章\2.5.4.jpg
视频文件	光盘\视频\第2章\2.5.4　调整图像的颜色——“色彩平衡”命令.mp4

步骤 1　单击“文件”|“打开”命令，打开一幅素材图像，如图2-109所示。

步骤 2　在菜单栏中单击“图像”|“调整”|“色彩平衡”命令，如图2-110所示。

图2-109　打开素材图像

图2-110　单击“色彩平衡”对话框

步骤 3　执行上述操作后，即可弹出“色彩平衡”对话框，设置“色阶”参数值分别为-15、10、72，如图2-111所示。

步骤 4　单击“确定”按钮，即可调整图像偏色，效果如图2-112所示。

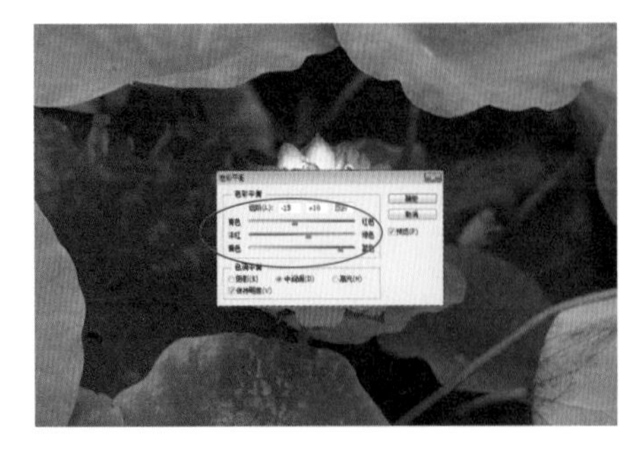

图2-111　设置各参数

图2-112　调整偏色后的图像

2.5.5 画面冷暖调的改变——“照片滤镜”命令

本实例使用“照片滤镜”命令，为风光照片模仿镜头前面加彩色滤镜的效果，以便调整镜头传输的色彩平衡和色温。

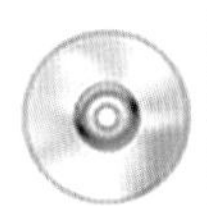

素材文件	光盘\素材\第2章\2.5.5.jpg
效果文件	光盘\效果\第2章\2.5.5.jpg
视频文件	光盘\视频\第2章\2.5.5 画面冷暖调的改变——“照片滤镜”命令.mp4

步骤 1 单击“文件”|“打开”命令，打开一幅素材图像，如图2-113所示。

步骤 2 在菜单栏中单击“图像”|“调整”|“照片滤镜”命令，如图2-114所示。

图2-113 打开素材图像

图2-114 单击“照片滤镜”命令

步骤 3 执行上述操作后，即可弹出“照片滤镜”对话框，选中“滤镜”单选按钮，在列表框中选择“加温滤镜（81）”选项，如图2-115所示。

步骤 4 设置“浓度”为88%，如图2-116所示。

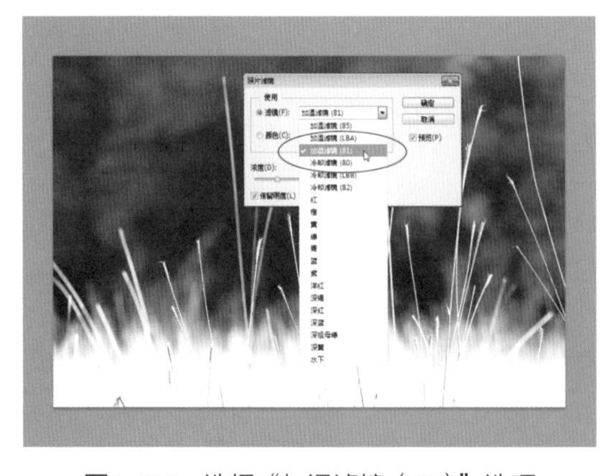

图2-115 选择“加温滤镜（81）”选项

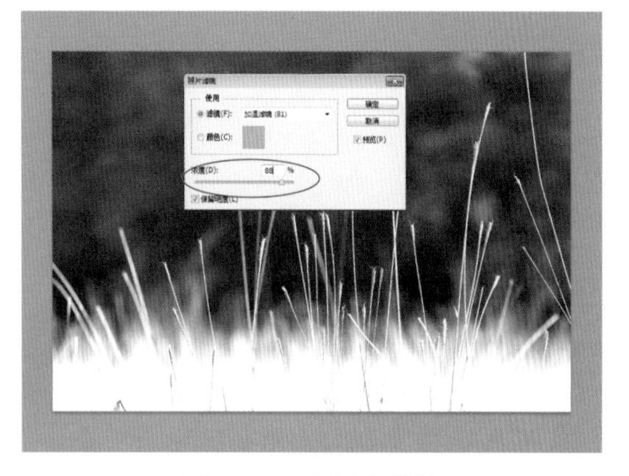

图2-116 设置参数值

步骤 5 单击“确定”按钮，即可过滤图像色调，如图2-117所示。

步骤 6 在菜单栏中单击“编辑”|“渐隐照片滤镜”命令，如图2-118所示。

步骤 7 弹出“渐隐”对话框，设置“不透明度”为80%，如图2-119所示。

步骤 8 单击“确定”按钮，即可渐隐照片滤镜，效果如图2-120所示。

图2-117　过滤图像色调

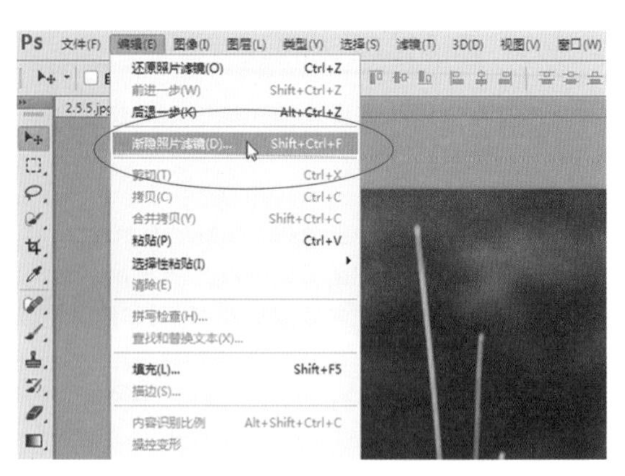

图2-118　单击“渐隐照片滤镜”命令

图2-119　设置参数值

图2-120　渐隐照片滤镜

第3章

打造绚丽的晚霞

俗话说“最美不过夕阳红”，要想捕捉落日熔金般迷人的色彩，建议用户最好采用RAW格式进行拍摄，并通过后期对照片的白平衡、色调以及高光和暗部的色彩进行精细调整，获得完美的色彩效果。

本章知识提要

- 核心1：完善构图
- 核心2：瑕疵修补
- 核心3：局部精修
- 核心4：影调调整
- 核心5：色彩处理

本实例的原素材图像在拍摄时由于天气和拍摄时间的影响，照片的色彩异常暗淡，且层次不分明。在后期时运用Photoshop对画面色彩和影调进行调整，即可展现色彩明艳、画面清晰的绚丽晚霞风光。本实例最终效果如图3-1所示。

图3-1　实例效果

5项核心技法　完善构图　瑕疵修补　局部精修　影调调整　色彩处理

素材文件	光盘\素材\第3章\打造绚丽的晚霞.CR2
效果文件	光盘\效果\第3章\打造绚丽的晚霞.psd、打造绚丽的晚霞.jpg
视频文件	光盘\视频\第3章\第3章　打造绚丽的晚霞.mp4

◆ 核心 1：完善构图

关键技术 | 裁剪工具

实例解析 | 下面主要运用Adobe Camera Raw中的裁剪工具，对画面进行裁剪，完善照片的构图。

步骤 1 单击“文件”|“打开”命令，在Camera Raw对话框中打开一张RAW格式的照片，如图3-2所示。

步骤 2 选取工具栏中的裁剪工具，如图3-3所示。

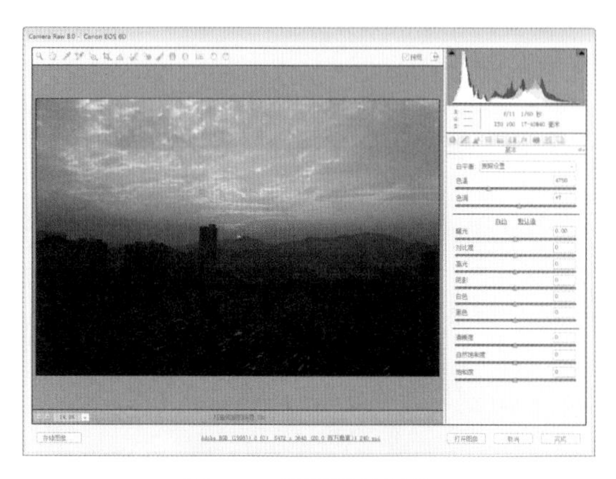

图3-2 打开素材图像

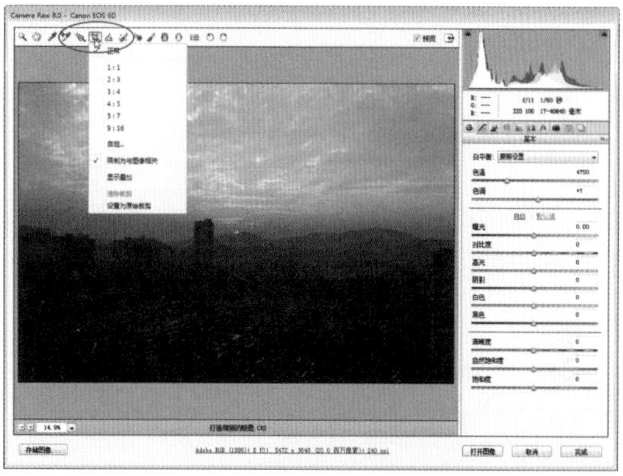

图3-3 选取裁剪工具

步骤 3 拖曳鼠标，在图像上创建一个合适大小的裁剪框，如图3-4所示。

步骤 4 按【Enter】键即可确认图像的裁剪，裁剪框以外的区域被裁剪，对照片进行二次构图，效果如图3-5所示。

图3-4 创建一个合适大小的裁剪框

图3-5 对照片进行二次构图

◆ 核心 2：瑕疵修补

关键技术 | 污点去除工具

实例解析 | 很多RAW格式的数码照片因为拍摄时镜头不干净，或者画面不够简洁，继而影响到照片的美观，此时可以使用污点去除工具将照片中的污点去掉。

步骤 1 选取工具栏中的污点去除工具，如图3-6所示。

步骤 2 在右侧的“污点去除工具”面板中设置“大小”为10，如图3-7所示。

图3-6　选取污点去除工具

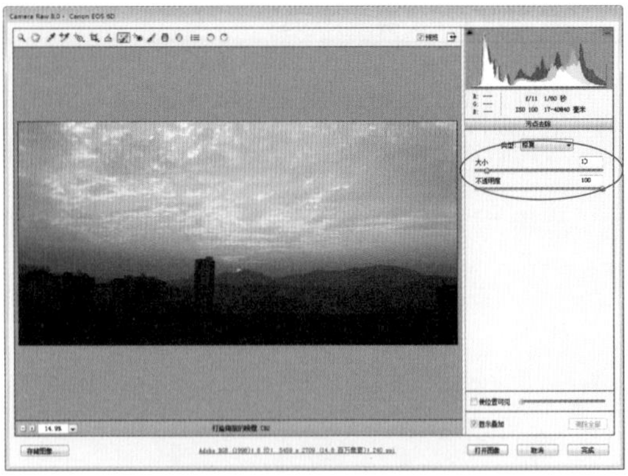

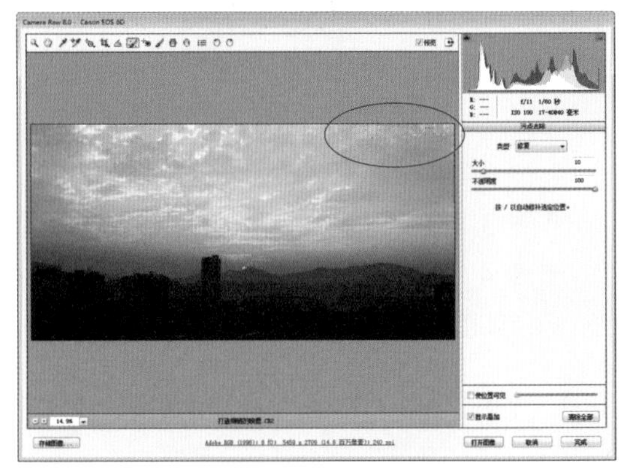
图3-7　设置“大小”参数

步骤3　在图像编辑窗口中多余景物的位置单击鼠标左键，照片中会出现两个圆圈，红色的圆圈代表修复位置，绿色代表修复取样位置，如图3-8所示。

步骤4　运用相同的操作方法，修复其他区域的污点，效果如图3-9所示。

图3-8　修复污点

图3-9　修复其他区域的污点

◆ 核心3：局部精修

关键技术 | 渐变滤镜工具

实例解析 | 直接拍摄的画面往往显得天空、地面、水面很平均，缺乏纵深感。要想让画面局部产生空间感，就要让平面由近及远、由深到浅渐变，这种渐变效果可以通过Adobe Camera Raw中的渐变滤镜工具来实现。

步骤1　在Camera Raw对话框中，选取工具栏上的渐变滤镜工具，如图3-10所示。

步骤2　在图像预览窗口中，由上至下拖曳鼠标创建渐变区域，如图3-11所示。

步骤3　在右侧的“渐变滤镜”面板中，设置“色温”为-32、“色调”为29，调整天空区域的白平衡，效果如图3-12所示。

步骤4　在“渐变滤镜”面板中，设置“曝光”为-0.5、“对比度”为59、“饱和度”为18，效果如图3-13所示。

步骤5　单击“颜色”右侧的颜色选择框，在弹出的“拾色器”对话框中设置“色相”为250、“饱和度”为100，如图3-14所示。

步骤 6　单击“确定”按钮，加深天空区域的蓝色，效果如图3-15所示。

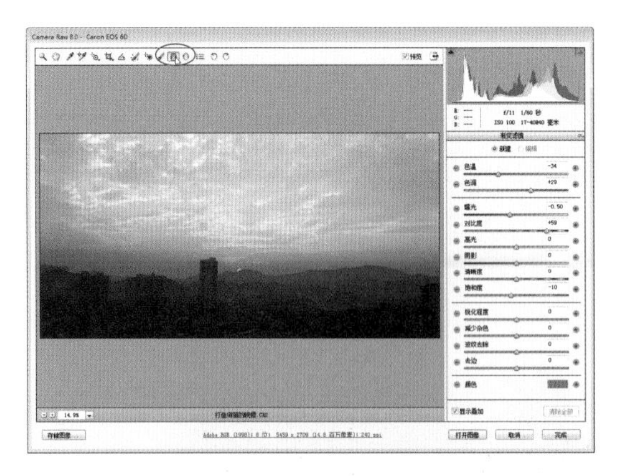

图3-10　选取渐变滤镜工具

图3-11　创建渐变区域

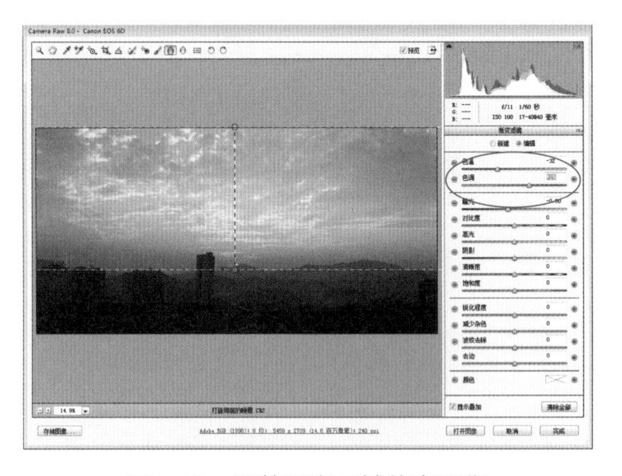

图3-12　调整天空区域的白平衡

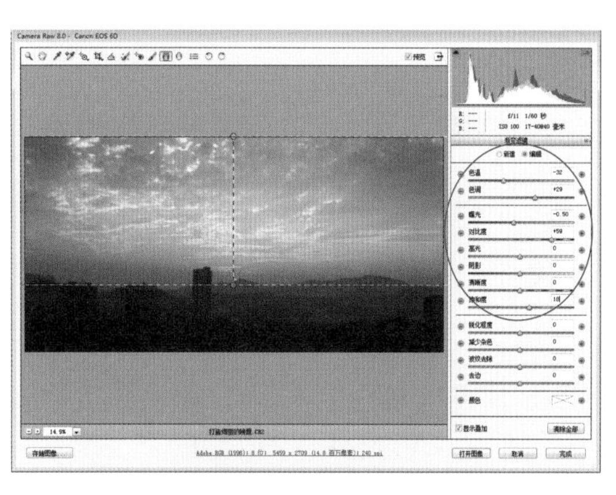

图3-13　调整局部图像的影调和色调

在图像中添加一个渐变滤镜效果后，用户还可以在“渐变滤镜”选项区中选中“新建”单选按钮，继续创建渐变滤镜。添加渐变滤镜后，设置相应的参数，即可改变渐变滤镜效果。

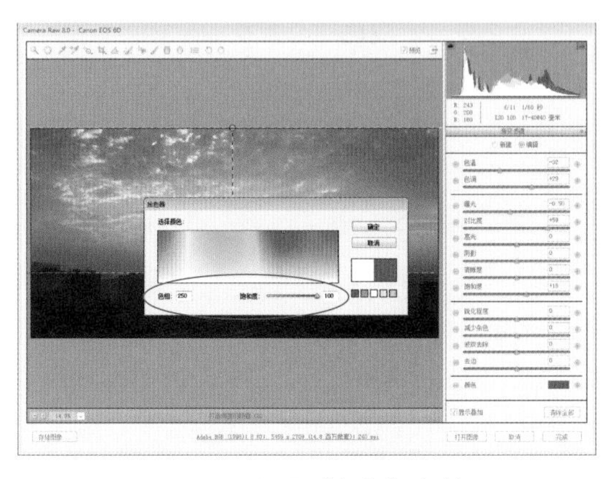

图3-14　设置“颜色”参数

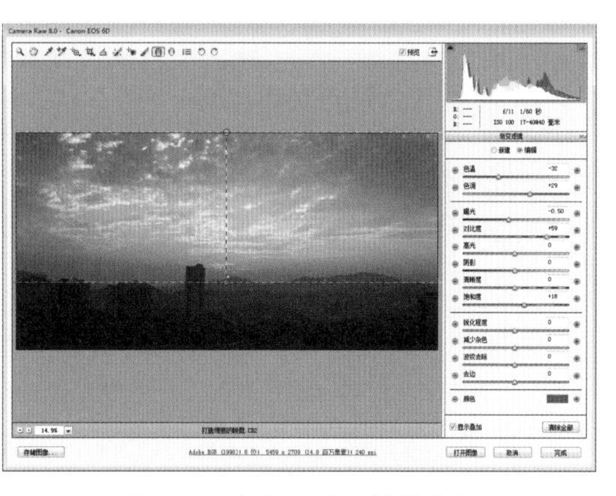

图3-15　加深天空区域的蓝色

步骤 7　选中“新建”单选按钮，在图像的适当位置由下至上拖曳鼠标创建渐变区域，如图3-16所示。

步骤 8　在右侧的“渐变滤镜”面板中，设置“色温”为-34、“色调”为29，调整地面区域的白平衡，效果如图3-17所示。

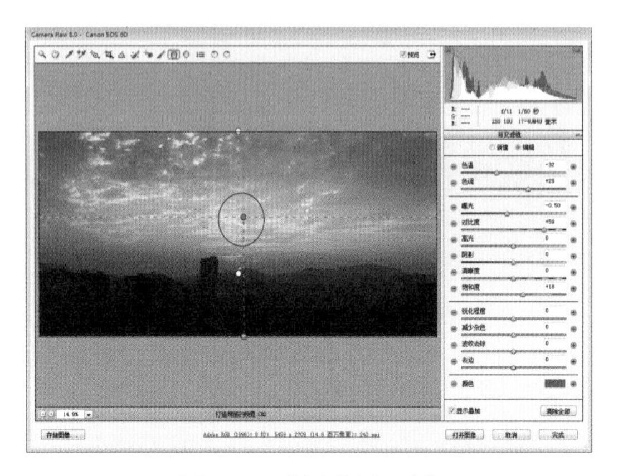

图3-16　创建渐变区域

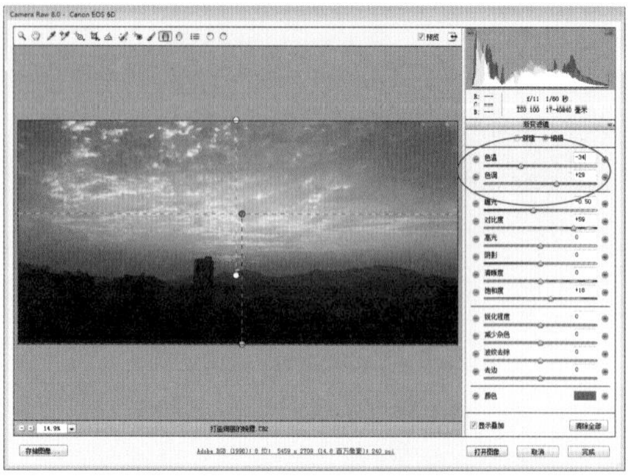

图3-17　调整地面区域的白平衡

步骤 9　单击“颜色”右侧的颜色选择框，在弹出的“拾色器”对话框中设置“色相”为300、“饱和度”为100，如图3-18所示。

步骤 10　单击“确定”按钮，为地面区域添加渐变色，效果如图3-19所示。

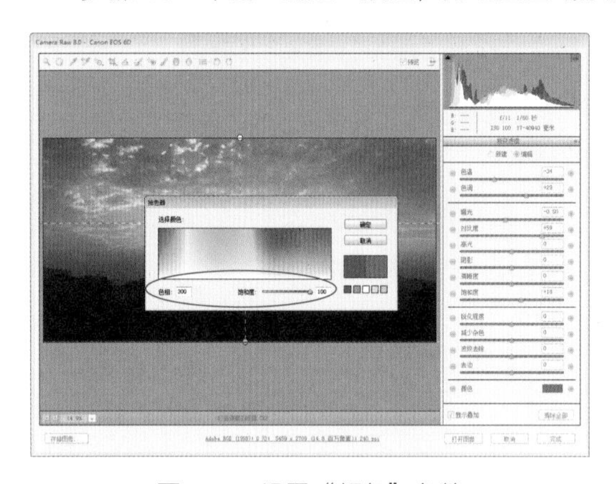

图3-18　设置“颜色”参数

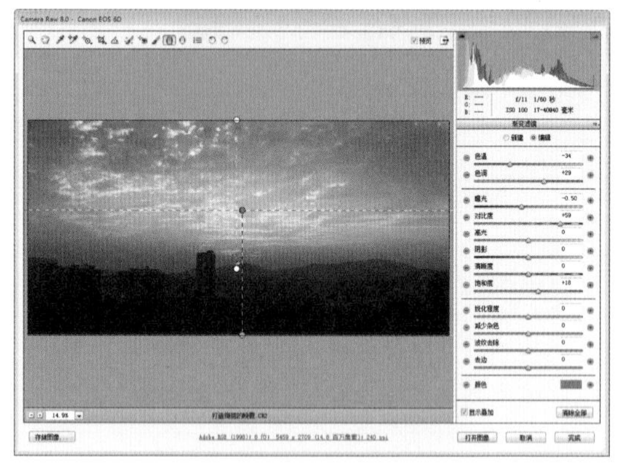

图3-19　为地面区域添加渐变色

◆ 核心 4：影调调整

关键技术｜色调选项、“色调曲线”调整

实例解析｜单击并拖曳“色调曲线”中的“高光”“亮调”“暗调”或“阴影”滑块，精细地设置夕阳风光照片的影调。

步骤 1　在Camera Raw对话框中选取工具栏上的抓手工具，运用渐变滤镜效果，如图3-20所示。

步骤 2　将“曝光”滑块调节至0.4，提亮建筑物和云层，但这样做也会导致部分天空曝光过度，效果如图3-21所示。

图3-20　运用渐变滤镜效果

图3-21　提亮建筑物和云层

步骤 3　将“高光”滑块调节至-76，使图像中的高光区域变暗，并恢复“模糊化”的高光细节，效果如图3-22所示。

步骤 4　将“阴影”滑块调节至70，使图像中的阴影区域变亮，调整后建筑物以及山峰区域变得更加通透，效果如图3-23所示。

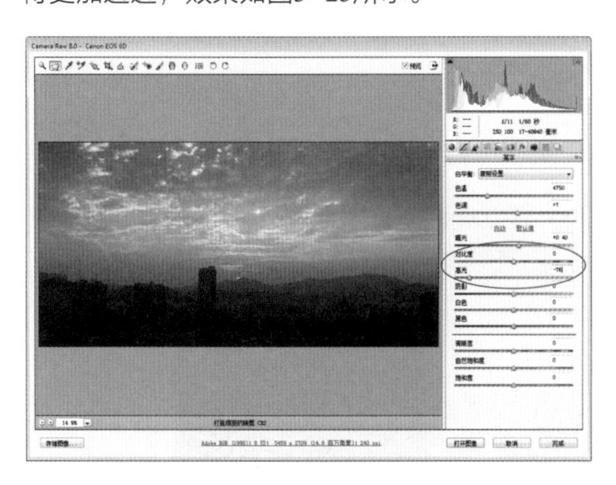

图3-22　压暗高光区域

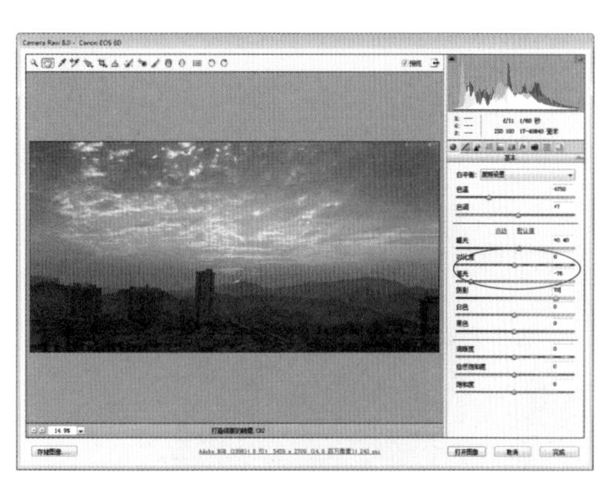

图3-23　提亮阴影区域

步骤 5　将“白色”滑块调节至-18，减少高光剪切，恢复照片的亮部细节，效果如图3-24所示。

步骤 6　将“黑色”滑块调节至-20，增加黑色色阶剪切，即可使图像暗部变得更暗，反而可以更加突出地平线中的夕阳颜色，效果如图3-25所示。

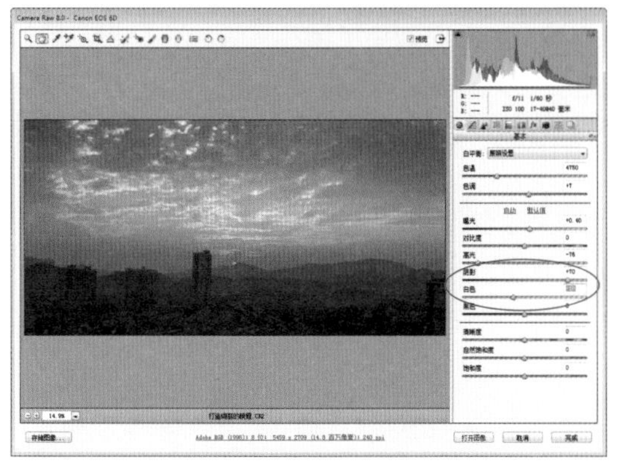

图3-24　减少高光剪切

图3-25　增加黑色色阶剪切

步骤 7　将“对比度”滑块调节至28，增加天空与地面的光影对比，此时画面中的中间色调到暗色调的图像区域会变得更暗，而中间调到亮色调的图像区域会变得更亮，效果如图3-26所示。

步骤 8　单击“色调曲线”按钮，展开“色调曲线”面板，如图3-27所示。

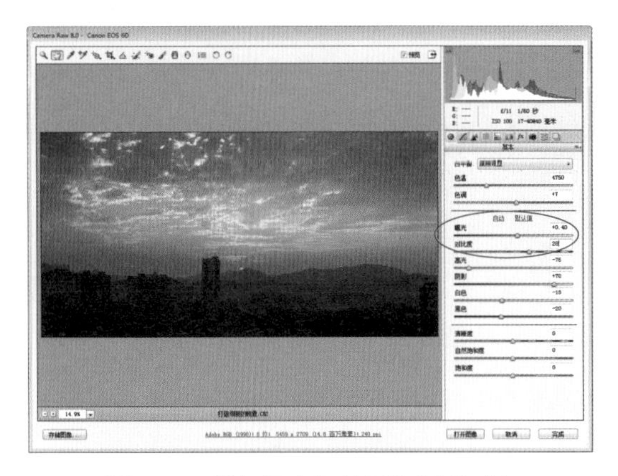

图3-26　增加天空与地面的光影对比

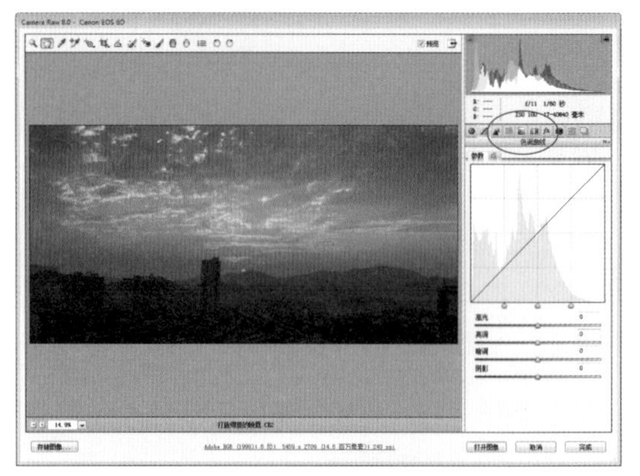

图3-27　展开“色调曲线”面板

步骤 9　在“色调曲线”面板中，将“高光”滑块调节至28，加强风光数码照片的高光亮度，效果如图3-28所示。

步骤 10　将“亮调”滑块调节至18，图像中较亮的部分变得更亮，效果如图3-29所示。

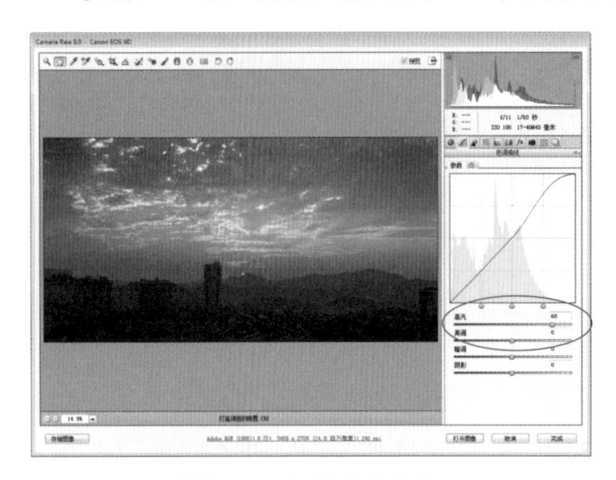

图3-28　加强高光亮度

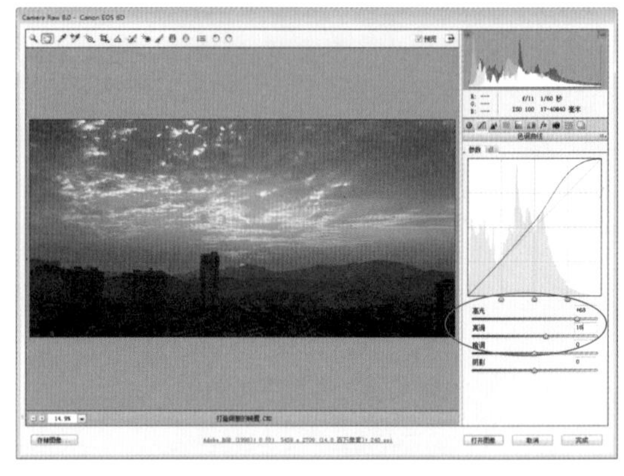

图3-29　设置“亮调”参数

步骤 11　将“暗调”滑块调节至-17，图像中的地面部分变得更暗，效果如图3-30所示。

步骤 12　将“阴影”滑块调节至-20，使图像中地面和云层的阴影部分更暗，效果如图3-31所示。

步骤 13　切换至“点”选项卡，在RGB通道中，设置“曲线”为“强对比度”，控制图像反差，效果如图3-32所示。

步骤 14　设置“通道”为“蓝色”，为曲线添加一个坐标点，设置“输入”和“输出”分别为67、121，效果如图3-33所示。

步骤 15　为曲线添加一个坐标点，设置“输入”和“输出”分别为215、190，精准控制蓝色通道的影调，效果如图3-34所示。

步骤 16　设置“通道”为“红色”，为曲线添加一个坐标点，设置“输入”和“输出”分别为50、36，效果如图3-35所示。

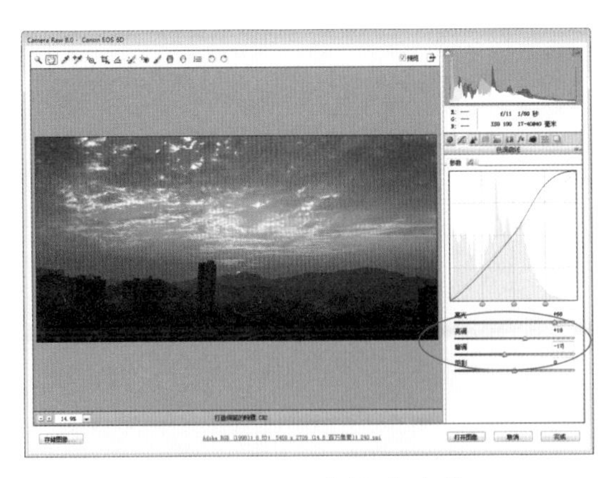

图3-30　设置“暗调”参数

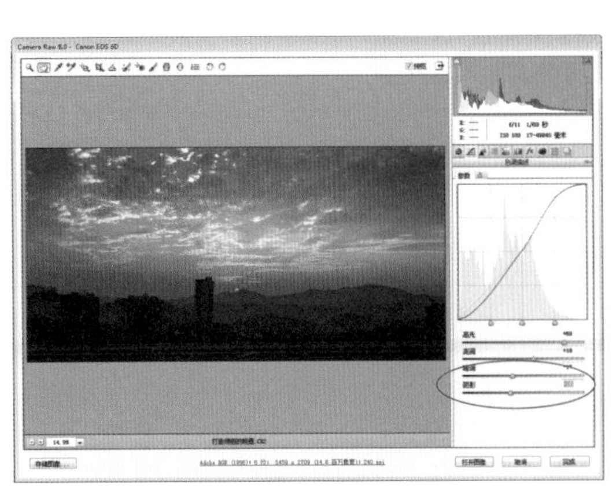

图3-31　设置“阴影”参数

图3-32　控制图像反差

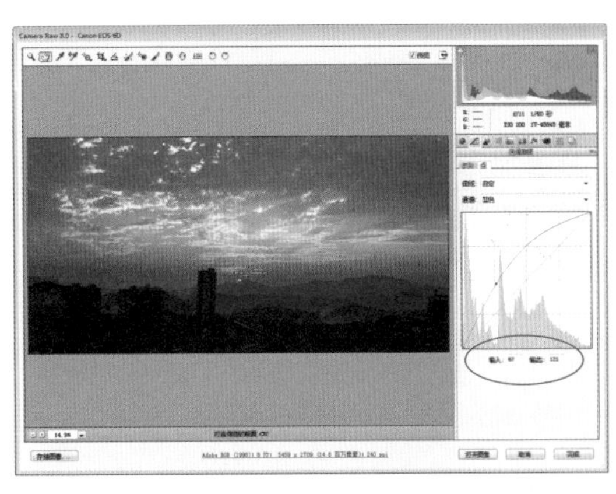

图3-33　添加一个坐标点

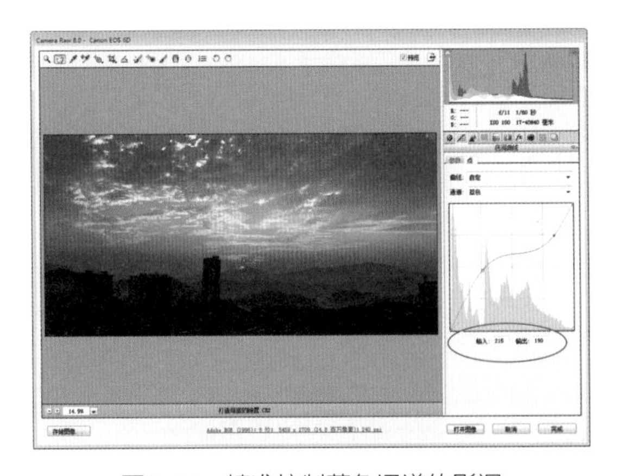

图3-34　精准控制蓝色通道的影调

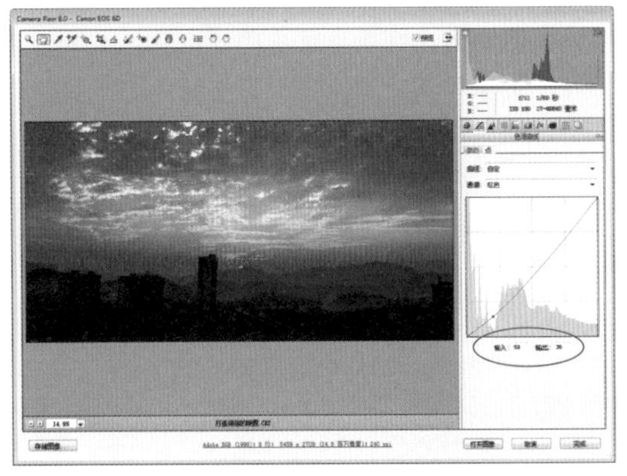

图3-35　添加“红色”通道坐标点

步骤 17　为曲线添加一个坐标点，设置“输入”和“输出”分别为216、220，精准控制红色通道的影调，效果如图3-36所示。

步骤 18　设置“通道”为“绿色”，为曲线添加一个坐标点，设置“输入”和“输出”分别为88、93，效果如图3-37所示。

专家提醒

“色调曲线”面板中的控制滑块可以对图像的影调和色调进行微调。色调曲线的更改表示对图像色调范围所做的更改：

◆ 水平轴表示图像的原始色调值，左侧为黑色，向右侧逐渐变亮；

◆ 垂直轴表示更改色调值，底部为黑色，向上逐渐变为白色。

单击“色调曲线”按钮，切换至“色调曲线”面板。通过设置“参数”选项卡中的“高光”“亮调”“暗调”或“阴影”选项来调整图像中特定色调范围值。

切换至“点”选项卡，在该选项区中可以通过单击并拖曳曲线上的滑块来设置曲线的形状，从而调整图像的影调。

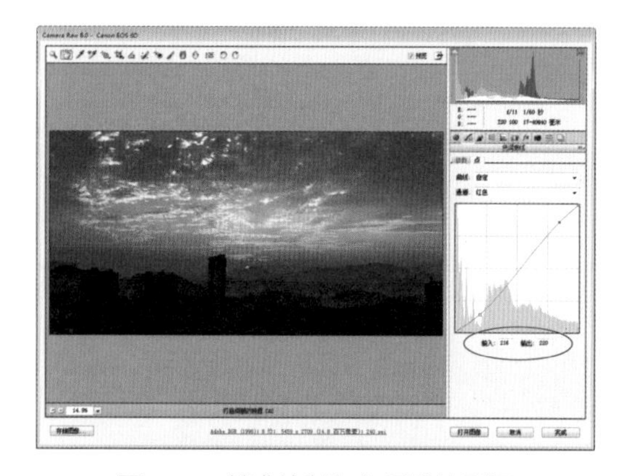

图3-36　精准控制红色通道的影调

图3-37　调整“绿色”通道曲线

◆ 核心5：色彩处理

关键技术 |“HSL/灰度”面板、“色彩平衡”命令、“照片滤镜”调整图层

实例解析 | 在调整色彩的过程中，首先在“HSL/灰度”面板中设置各选项参数，再运用“色彩平衡”命令和“照片滤镜”调整图层使照片整体色彩更加完美。

步骤 1　切换至“HSL/灰度”面板的“色相”选项卡，调整单个颜色的图像色相，设置“橙色”为-15、“黄色”为-38，将橙色和黄色的图像向左偏移，效果如图3-38所示。

步骤 2　切换至“HSL/灰度”面板的“饱和度”选项卡，设置“橙色”为17、“黄色”为23，调整单个颜色的图像色彩浓度，效果如图3-39所示。

图3-38　调整单个颜色的图像色相

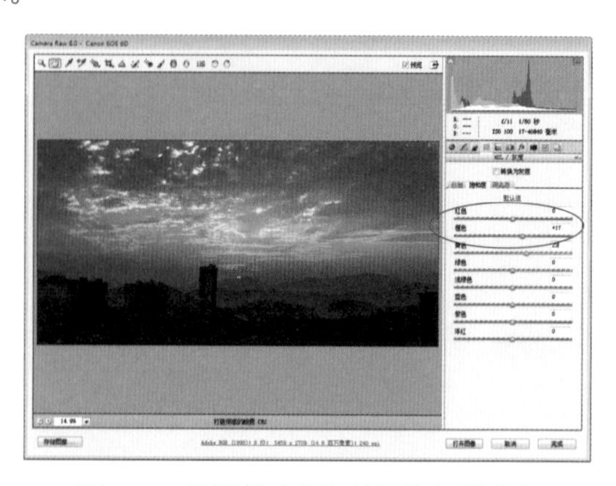

图3-39　调整单个颜色的图像色彩浓度

步骤 3　切换至“HSL/灰度”面板的“明亮度”选项卡，调整单个颜色的图像亮度，设置“红色”为3，可以发现画面中红色的夕阳变得更加明亮，效果如图3-40所示。

图3-40　调整单个颜色的图像亮度

步骤 4　继续在“明亮度”选项卡中，设置“橙色”为-11、“黄色”为-5，降低画面中橙色和黄色的色彩明度，效果如图3-41所示。

步骤 5　展开“分离色调”面板，在“高光”选项区中，设置“色相”为227、“饱和度”为72，调整高光区域的色彩，效果如图3-42所示。

图3-41　降低画面中橙色和黄色的色彩明度

图3-42　调整高光区域的色彩

步骤 6　在“阴影”选项区中，设置“色相”为180、“饱和度”为30，调整阴影区域的色彩，效果如图3-43所示。

步骤 7　将“平衡”滑块调节至-25，平衡高光和阴影之间的色彩，效果如图3-44所示。

步骤 8　单击“打开图像”按钮，在Photoshop中打开编辑后的照片文件，如图3-45所示。

步骤 9　单击“图层”|“新建调整图层”|“色彩平衡”命令，如图3-46所示。

步骤 10　执行上述操作后，弹出“新建图层”对话框，保持默认设置即可，如图3-47所示。

步骤 11　单击“确定”按钮，即可创建“色彩平衡1”调整图层，如图3-48所示。

步骤 12　在“属性”面板中，设置“中间调”的参数值分别为31、-25、9，效果如图3-49所示。

步骤 13　设置“色调”为“阴影”，设置各参数值分别为33、22、51，调整画面中阴影部分的色彩平衡，效果如图3-50所示。

图3-43　调整阴影区域的色彩

图3-44　平衡高光和阴影之间的色彩

图3-45　在Photoshop中打开照片文件

图3-46　单击“色彩平衡”命令

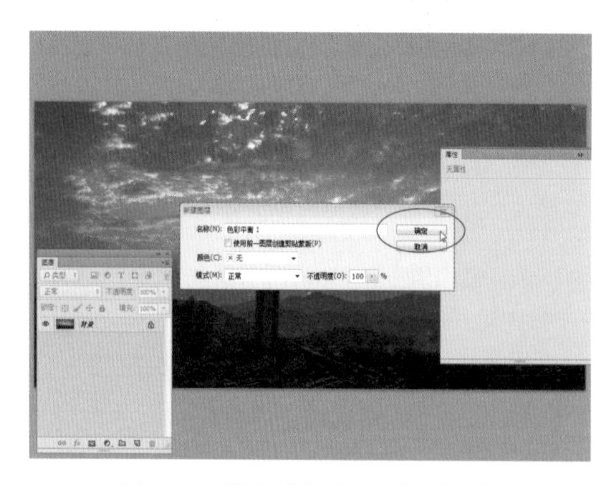

图3-47　弹出“新建图层”对话框

图3-48　创建“色彩平衡1”调整图层

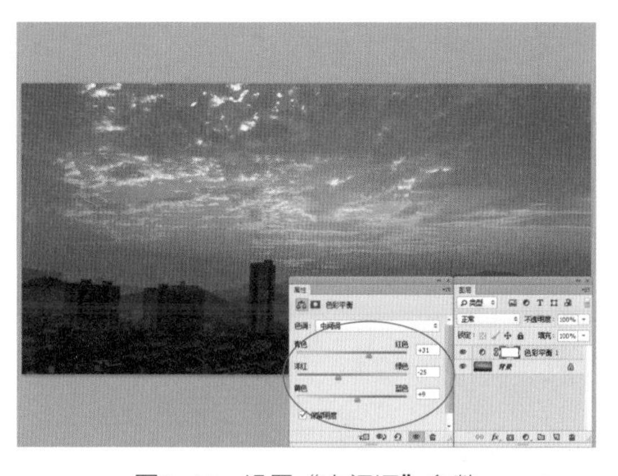

图3-49　设置“中间调”参数

图3-50　设置“阴影”参数

步骤 14　设置“色调”为“高光”，设置各参数值分别为9、59、-12，调整画面中高光部分的色彩平衡，效果如图3-51所示。

步骤 15　执行操作后，即可调整照片的色彩平衡，改变图像的整体色调，效果如图3-52所示。

图3-51　设置“高光”参数

图3-52　改变图像的整体色调

步骤 16　在“图层”面板中的“混合模式”列表框中选择“强光”选项，如图3-53所示。

步骤 17　执行操作后，即可增加图像的高光色彩对比，效果如图3-54所示。

图3-53　选择“强光”选项

图3-54　增加图像的高光色彩对比

步骤 18 新建“照片滤镜1”调整图层，在“属性”面板中单击“滤镜”右侧的下拉按钮，在弹出的列表框中选择“冷却滤镜（80）”选项，如图3-55所示。

步骤 19 执行操作后，即可过滤图像色调，效果如图3-56所示。

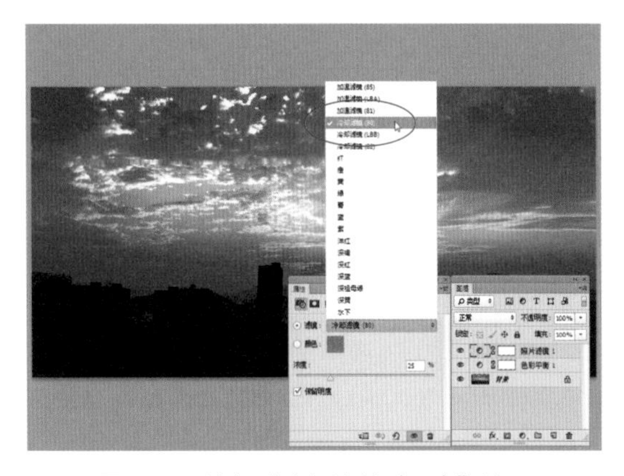

图3-55 选择“冷却滤镜（80）”选项

图3-56 过滤图像色调

步骤 20 选取工具箱中的画笔工具，设置前景色为黑色，如图3-57所示。

步骤 21 选中“照片滤镜1”调整图层的图层蒙版，运用画笔工具涂抹地面区域，隐藏该区域的调整效果，最终效果如图3-58所示。

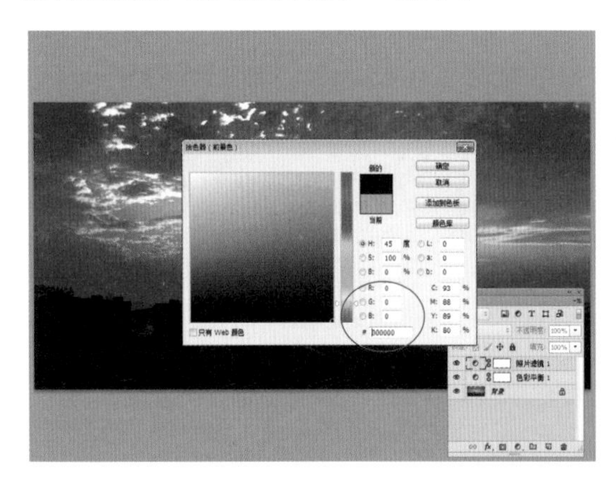

图3-57 设置前景色为黑色

图3-58 隐藏部分调整效果

第4章

增加风景照片的意境

本章将教你如何使用Photoshop CC的核心技法增加风景照片的意境，为画面提供丰富的亮度和色彩变化，使其氛围更加强烈，让人产生心旷神怡的感觉。

本章知识提要

- 核心1：完善构图
- 核心2：局部精修
- 核心3：影调调整
- 核心4：色彩处理

拍摄这张照片时，利用左前方的近景形成斜线构图，进而拍摄远方的山峰。但因为天气原因，山峰和天空的许多细节未能呈现出来，色彩更是比较暗淡。

在后期中用Photoshop CC进行修饰时，增强整个画面的美感是目标，通过对画面中的各种对象的调色，以及增加天空和物体之间的层次来突出整张照片的画面意境氛围。

本实例最终效果如图4-1所示。

图4-1 实例效果

5项核心技法 完善构图 瑕疵修补 局部精修 影调调整 色彩处理

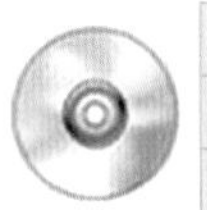

素材文件	光盘\素材\第4章\增加风景照片的意境.CR2
效果文件	光盘\效果\第4章\增加风景照片的意境.psd、增加风景照片的意境.jpg
视频文件	光盘\视频\第4章\第4章 增加风景照片的意境.mp4

◆ 核心 1：完善构图

关键技术 | 矩形选框工具、“裁剪”命令

实例解析 | 下面主要运用矩形选框工具与“裁剪”命令，对画面进行裁剪，去除画面中多余的杂物，使画面更加干净、整洁。

步骤 1 单击“文件”|“打开”命令，在Camera Raw对话框中打开一张RAW格式的照片，如图4-2所示。

步骤 2 单击“打开图像”按钮，在Photoshop中打开照片文件，如图4-3所示。

图4-2 打开素材图像

图4-3 在Photoshop中打开照片文件

步骤 3　选取工具箱中的矩形选框工具，将鼠标移至图像编辑窗口中，单击鼠标左键的同时并拖曳，创建一个选区，如图4-4所示。

步骤 4　在菜单栏中，单击“图像”|“裁剪”命令，如图4-5所示。

图4-4　创建一个选区

图4-5　单击“裁剪”命令

步骤 5　执行操作后，即可裁剪图像掉图像中多余的杂物部分，效果如图4-6所示。

步骤 6　执行上述操作后，按【Ctrl + D】组合键取消选区，如图4-7所示。

图4-6　裁剪图像

图4-7　取消选区

◆ 核心 2：局部精修

关键技术 | 调整画笔工具

实例解析 | 下面主要运用调整画笔工具，调整画面中地面部分的白平衡、曝光、对比度、清晰度以及饱和度等，对布局图像进行修饰。

步骤 1　单击“滤镜”|“Camera Raw滤镜”命令，弹出Camera Raw对话框，如图4-8所示。

步骤 2　在工具栏上选取调整画笔工具，在右侧的“调整画笔”选项面板中设置“大小”为10、“羽化”为50、“浓度”为100，如图4-9所示。

步骤 3　选中“自动蒙版”与“显示蒙版”复选框，在图像的地面区域进行涂抹，如图4-10所示。

步骤 4　取消选中“显示蒙版”复选框，设置“色温”为28、“色调”为21，如图4-11所示。

图4-8 弹出Camera Raw对话框

图4-9 设置调整画笔工具参数

图4-10 创建蒙版区域

图4-11 校正白平衡

步骤 5 向右调节“曝光”滑块至0.3，适当增加地面区域的曝光，效果如图4-12所示。

步骤 6 向右调节“对比度”滑块至20，适当增加地面区域的明暗对比，效果如图4-13所示。

步骤 7 向右调节“清晰度”滑块至10、“饱和度”滑块至12，适当增加地面区域的色彩饱和度，效果如图4-14所示。

步骤 8 单击“确定”按钮，应用Camera Raw滤镜，完成图像的局部精修调整，效果如图4-15所示。

图4-12 增加地面区域的曝光

图4-13 增加地面区域的明暗对比

图4-14　增加地面区域的色彩饱和度

图4-15　完成图像的局部精修调整

◆ 核心 3：影调调整

关键技术 | “亮度/对比度”调整图层、“色阶”调整图层、“曲线”调整图层

实例解析 | 为了改善整体画面的光影效果，我们在这部分运用“亮度/对比度”调整图层、“色阶”调整图层、“曲线”调整图层等恢复隐藏在画面阴影中的暗部细节。

步骤 1　展开“图层”面板，单击底部的“创建新的填充或调整图层”按钮，在弹出的列表框中选择“亮度/对比度”选项，如图4-16所示。

步骤 2　执行操作后，即可新建“亮度/对比度1”调整图层，在“属性”面板中单击“自动”按钮，如图4-17所示。

图4-16　选择“亮度/对比度”选项

图4-17　单击“自动”按钮

专家提醒

在风光照片中，亮度（Value，简写为V，又称为明度）就是画面中的颜色明暗程度的百分比来度量，通常使用从0% ~100%来表示。

在处理同一张风光照片时，不同亮度的颜色给人的视觉感受各不相同：

- ◆ 高亮度颜色给人以明亮、纯净、唯美等感觉；
- ◆ 中亮度颜色给人以朴素、稳重、亲和的感觉；
- ◆ 低亮度颜色则让人感觉压抑、沉重、神秘。

步骤 3　执行操作后，即可自动调整画面的亮度和对比度，效果如图4-18所示。

步骤 4　新建“色阶1”调整图层，在“属性”面板中设置RGB通道的输入色阶参数值分别为5、1、225，调整画面的整体明暗关系，如图4-19所示。

图4-18　调整画面的亮度和对比度

图4-19　调整画面的整体明暗关系

步骤 5　在通道列表框中选择“红”选项，设置输入色阶各参数值分别为22、1.1、246，校正画面中红色像素的亮度强弱，效果如图4-20所示。

步骤 6　在通道列表框中选择“绿”选项，设置输入色阶各参数值分别为16、1.05、243，校正画面中绿色像素的亮度强弱，效果如图4-21所示。

图4-20　校正红色像素

图4-21　校正绿色像素

步骤 7　在通道列表框中选择“蓝”选项，设置输入色阶各参数值分别为7、1.25、243，校正画面中蓝色像素的亮度强弱，效果如图4-22所示。

步骤 8　新建“曲线1”调整图层，在“属性”面板中的网格上单击鼠标左键，建立坐标点，设置“输出”为228、“输入”为217，如图4-23所示。

图4-22　校正蓝色像素

图4-23　建立坐标点

步骤 9　在曲线上再添加一个坐标点，设置“输出”为28、“输入”为32，调整图像的整体影调，效果如图4-24所示。

步骤 10　在通道列表框中选择“蓝”选项，在“预设”列表框中选择“线性对比度（RGB）”选项，调整蓝色通道的对比度，效果如图4-25所示。

图4-24　添加一个坐标点

图4-25　调整蓝色通道的对比度

◆ 核心 4：色彩处理

关键技术｜“自然饱和度”调整图层、“选取颜色”调整图层、“色彩平衡”调整图层

实例解析｜在光线强烈的户外拍摄的风光照片，阳光会对地面风光构成严重的影响。强烈的光线不仅会降低画面中高光、中间调、阴影部分的色彩，还会降低远处景物的清晰度，因此首先运用各种调整图层改善画面的色彩，并对画面进行锐化和降噪处理。

步骤 1　展开“图层”面板，新建“自然饱和度 1”调整图层，如图4-26所示。

步骤 2　展开“属性”面板，设置“自然饱和度”为100、“饱和度”为80，增加画面的色彩饱和度，效果如图4-27所示。

图4-26　新建“自然饱和度1”调整图层

图4-27　增加画面的色彩饱和度

专家提醒

在风光照片中，画面的颜色的强度称为饱和度（Chroma，简写为C，又称为彩度），通过使用从0%～100%的百分比来度量，表示色相中颜色本身色素分量所占的比例。

在处理同一张风光照片时，不同饱和度的颜色会给人带来不同的视觉感受：

◆ 高饱和度画面可以给欣赏者带来活泼、积极、有生气、冲动、喜庆的视觉感受；

◆ 低饱和度画面可以给欣赏者带来沉稳、消极、安静、无力、厚重的视觉感受。

步骤 3　选取工具箱中的画笔工具，如图4-28所示。

步骤 4　在画笔工具的工具属性栏中，设置“大小”为300像素、“不透明度”为80%，如图4-29所示。

图4-28　选取画笔工具

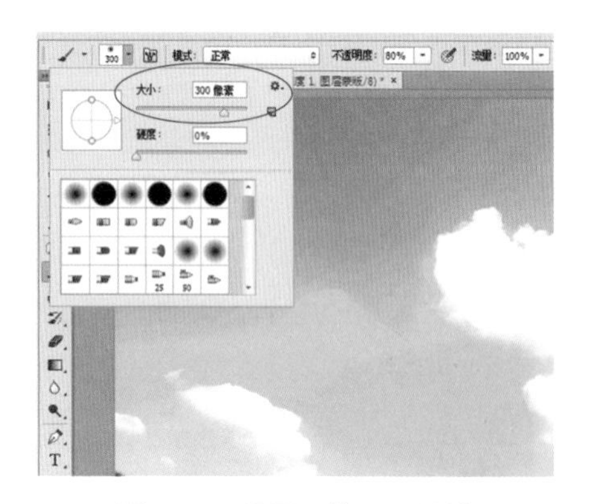

图4-29　设置画笔工具属性

步骤 5　选中“自然饱和度1”调整图层的图层蒙版，运用画笔工具涂抹图像中的土壤部分，隐藏部分图像效果，如图4-30所示。

步骤 6　展开“图层”面板，新建“选取颜色1”调整图层，效果如图4-31所示。

图4-30　隐藏部分图像效果

图4-31　新建“选取颜色 1”调整图层

步骤 7　在“颜色”列表框中选择“红色”选项，设置各参数值分别为50%、20%、0%、0%，调整画面中的红色色彩，效果如图4-32所示。

步骤 8　在“颜色”列表框中选择“黄色”选项，设置各参数值分别为-50%、-20%、0%、-50%，调整画面中的黄色色彩，效果如图4-33所示。

图4-32　调整画面中的红色色彩

图4-33　调整画面中的黄色色彩

步骤 9　在“颜色”列表框中选择“绿色”选项，设置各参数值分别为50%、-100%、0%、0%，调整画面中的绿色色彩，效果如图4-34所示。

步骤 10　在“颜色”列表框中选择“青色”选项，设置各参数值分别为100%、100%、0%、0%，调整画面中的青色色彩，效果如图4-35所示。

图4-34　调整画面中的绿色色彩

图4-35　调整画面中的青色色彩

步骤 11　在“颜色”列表框中选择“蓝色”选项，设置各参数值分别为100%、100%、0%、0%，调整画面中的蓝色色彩，效果如图4-36所示。

步骤 12　在“颜色”列表框中选择“白色”选项，设置各参数值分别为-86%、-53%、0%、50%，调整画面中的白色色彩，效果如图4-37所示。

图4-36　调整画面中的蓝色色彩

图4-37　调整画面中的白色色彩

步骤 13　展开“图层”面板，选中“色阶1”调整图层的图层缩览图，如图4-38所示。

步骤 14　选取工具箱中的画笔工具，在工具属性栏中设置“大小”为300像素、“不透明度”为50%，如图4-39所示。

图4-38　选中图层缩览图

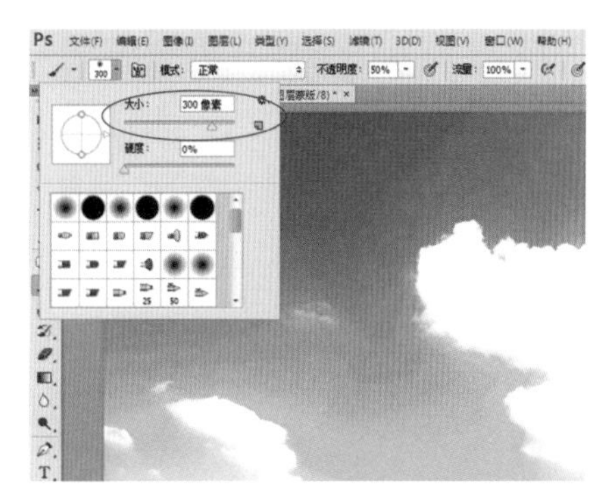

图4-39　设置画笔工具属性

步骤 15　运用画笔工具涂抹天空区域，隐藏部分图像，恢复天空中的画面细节，如图4-40所示。

步骤 16　展开“图层”面板，新建“色彩平衡 1”调整图层，效果如图4-41所示。

图4-40　隐藏部分图像

图4-41　新建“色彩平衡1”调整图层

步骤 17　在“属性”面板中，设置“中间调”色调的各参数值分别为100、-100、0，如图4-42所示。

步骤 18　在“图层”面板中，设置“色彩平衡1”调整图层的“混合模式”为“柔光”，效果如图4-43所示。

图4-42　设置“中间调”色调参数

图4-43　设置图层混合模式效果

步骤 19　选取工具箱中的画笔工具，在工具属性栏中设置“大小”为500像素、“不透明度”为100%，如图4-44所示。

步骤 20　选中“色彩平衡1”调整图层的蒙版缩览图，运用黑色的画笔工具涂抹图像中的地面部分，隐藏部分图像，如图4-45所示。

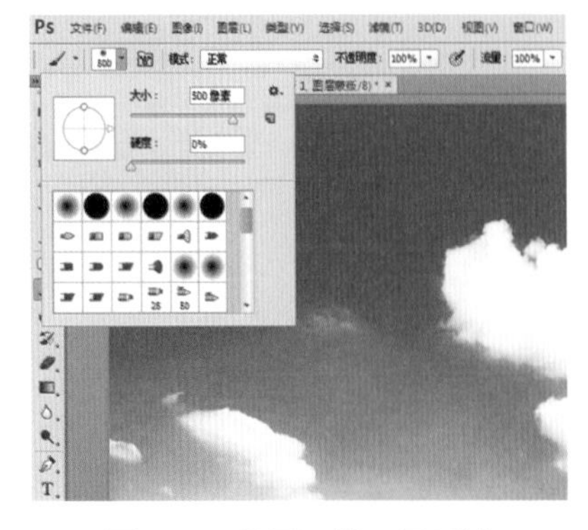

图4-44　设置画笔工具属性

图4-45　隐藏部分图像

步骤 21　为了便于执行“滤镜”命令，按【Ctrl + Alt + Shift + E】组合键，盖印图层，得到“图层1”图层，如图4-46所示。

步骤 22　单击“滤镜”|“Camera Raw滤镜”命令，弹出“Camera Raw”对话框，如图4-47所示。

图4-46　盖印图层

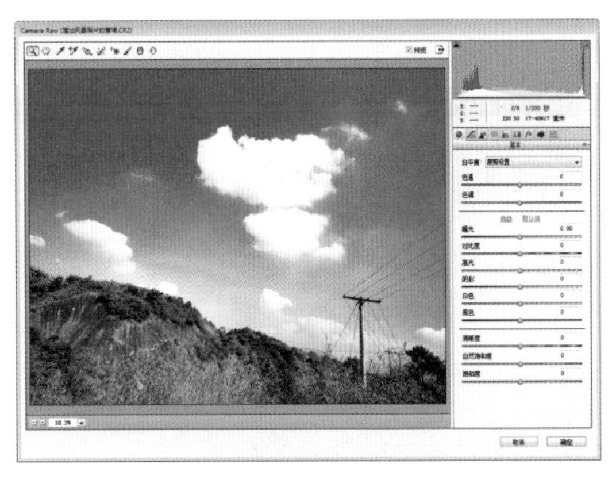

图4-47　弹出Camera Raw对话框

步骤 23　单击“细节”标签，切换至“细节”面板，如图4-48所示。

步骤 24　向右调节“数量”滑块至50，设置图像边缘的清晰度，如图4-49所示。

图4-48　切换至“细节”面板

图4-49　设置图像边缘的清晰度

步骤 25　向右调节“半径”滑块至1.5，设置图像的细节大小，如图4-50所示。

步骤 26　向右调节“细节”滑块至62，设置在图像中锐化的高频信息和锐化过程强调边缘的程度，如图4-51所示。

步骤 27　向右调节“蒙版”滑块至50，控制图像边缘的蒙版，如图4-52所示。

步骤 28　将照片放大至100%的状态，使用抓手工具移动到能够便于观察的区域，如图4-53所示。

步骤 29　在“减少杂色”选项区中，设置“明亮度”为59、“明亮度细节”为50、“明亮度对比”为30，照片中的灰度噪点明显减少，效果如图4-54所示。

步骤 30　单击“确定”按钮，完成图像的色彩处理操作，效果如图4-55所示。

图4-50 设置图像的细节大小

图4-51 设置“细节”参数

图4-52 控制图像边缘的蒙版

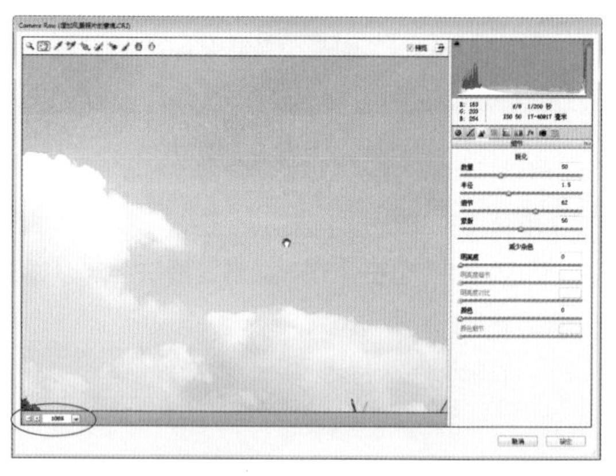

图4-53 将照片放大

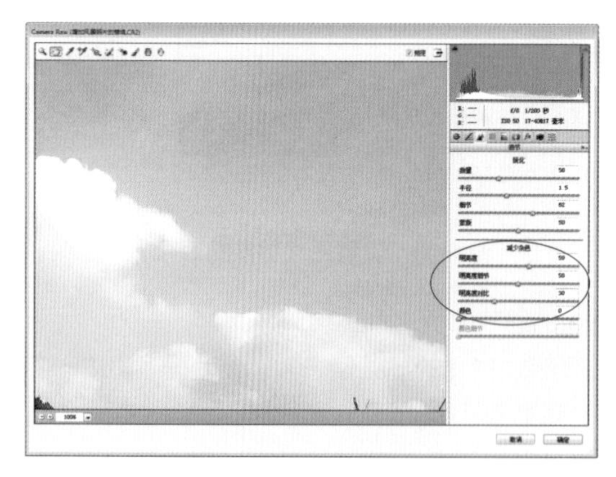

图4-54 减少灰度噪点

图4-55 最终效果

第5章

雪花飞舞的隆冬美景

下雪时，天地间一片纯白和苍茫，很容易拍出简洁的画面效果。但下雪天是可遇而不可求的，如果你错过了雪花飞舞的美景，千万别泄气，因为Photoshop后期处理也可以为你的照片带来精美的雪花飘舞效果。

本章知识提要

- 核心1：瑕疵修补
- 核心2：局部精修
- 核心3：影调调整
- 核心4：色彩处理

在拍摄这张照片时，由于雪已经停了，而且天气渐晚，光线比较暗淡，相机镜头也没有来得及整理，造成原片出现污点，不过照片的构图比较完美，因此没有对此进行处理。

在后期中用Photoshop CC进行修饰时，首先去除污点瑕疵，然后用画笔工具和滤镜打造出雪花飞舞的效果，突显出隆冬时节的特色，并对画面的影调和色彩进行处理，加强光影和色彩效果。

本实例最终效果如图5-1所示。

图5-1　实例效果

5项核心技法　完善构图　瑕疵修补　局部精修　影调调整　色彩处理

素材文件	光盘\素材\第5章\雪花飞舞的隆冬美景.jpg
效果文件	光盘\效果\第5章\雪花飞舞的隆冬美景.psd、雪花飞舞的隆冬美景.jpg
视频文件	光盘\视频\第5章\第5章　雪花飞舞的隆冬美景.mp4

◆ 核心 1：瑕疵修补

关键技术 | 修复画笔工具

实例解析 | 下面主要运用修复画笔工具，先对图像进行取样，然后将取样的图像填充到要修复的目标区域，使修复的区域和周围的图像互相融合。

步骤 1　单击“文件”|“打开”命令，打开一幅素材图像，如图5-2所示。

步骤 2　选取工具箱中的修复画笔工具，如图5-3所示。

图5-2　打开素材图像

图5-3　选取“修复画笔工具”

步骤 3　在工具属性栏中，设置修复画笔工具的“大小”为100像素，如图5-4所示。

步骤 4　将鼠标指针移至图像窗口中的污点位置附近，按住【Alt】键的同时单击鼠标左键进行取样，如图5-5所示。

图5-4　设置修复画笔工具属性

图5-5　取样

步骤 5　释放鼠标左键，将鼠标指针移至污点位置，按住鼠标左键并拖曳，至合适位置后释放鼠标，即可修复图像，如图5-6所示。

步骤 6　反复操作，修复全部污点，效果如图5-7所示。

图5-6　修复图像

图5-7　修复全部污点

◆ 核心 2：局部精修

关键技术｜画笔工具、“添加杂色”命令、“动感模糊”命令、“阈值”命令

实例解析｜下面主要通过画笔工具以及渐变滤镜等局部调整工具，完成雪景照片的局部精修操作，为画面营造出一种雪花飞舞的效果。

步骤 1　按【Ctrl+J】组合键，对“背景”图层进行复制操作，得到“图层1”图层，如图5-8所示。

步骤 2　双击工具箱底部的前景色色块，在弹出的“拾色器（前景色）”对话框中设置前景色为白色（RGB参数值均为255），如图5-9所示。

步骤 3　单击“确定”按钮，单击“图层”面板底部的“创建新图层”按钮，新建“图层2”图层，如图5-10所示。

步骤 4　选取工具箱中的画笔工具，如图5-11所示。

图5-8　复制图层

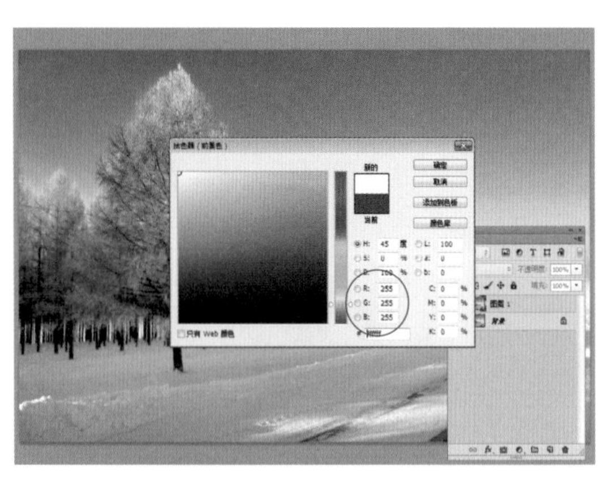

图5-9　设置前景色

图5-10　新建“图层2”图层

图5-11　选取画笔工具

专家提醒

在Photoshop CC中处理风光照片时，最常用的绘图工具有画笔工具、铅笔工具，使用它们可以像使用传统手绘的画笔一样。但比传统手绘更为灵活的是，可以随意修改画笔样式、大小以及颜色，使用画笔工具还可以在图像中绘制以前景色填充的线条或柔边笔触。

画笔工具的各种属性主要是通过“画笔”面板来实现的，在面板中可以对画笔笔触进行更加详细的设置。

用户熟练掌握画笔的操作，对风光照片处理将会大有好处。灵活地运用各种画笔及画笔的属性，对其进行相应的设置，可以制作出丰富多彩的图像效果。

步骤 5　单击“窗口”|“画笔”命令，展开“画笔”面板，如图5-12所示。

步骤 6　在“画笔”面板中设置“大小”为88像素、“间距”为180%，如图5-13所示。

步骤 7　选中“形状动态”复选框，设置“大小抖动”为100%，如图5-14所示。

步骤 8　选中“散布”复选框，设置“散布”为1000%，如图5-15所示。

步骤 9　拖曳鼠标至图像编辑窗口，单击鼠标左键并拖曳，绘制白色圆点，效果如图5-16所示。

步骤 10　单击“滤镜”|“杂色”|“添加杂色”命令，如图5-17所示。

图5-12　展开“画笔”面板

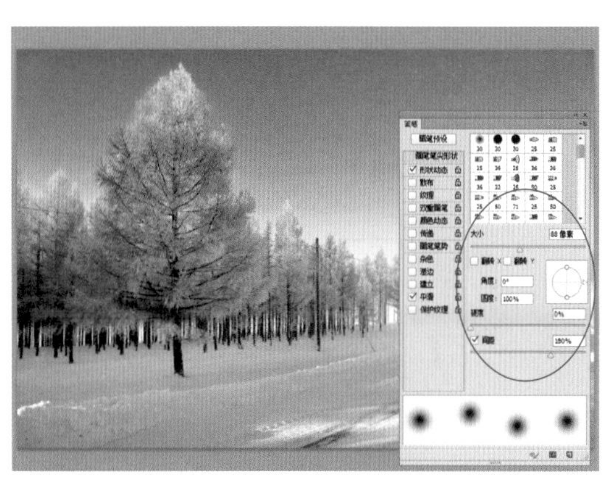

图5-13　设置画笔工具属性

图5-14　设置“形状动态”参数

图5-15　设置“散布”参数

图5-16　绘制圆点

图5-17　单击“添加杂色”命令

步骤 11　弹出“添加杂色”对话框，设置“数量”为10%、“分布”为“平均分布”，如图5-18所示。

步骤 12　单击“确定”按钮，应用“添加杂色”滤镜，效果如图5-19所示。

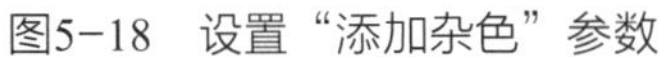
图5-18　设置“添加杂色”参数

图5-19　应用“添加杂色”滤镜

步骤 13　在“图层”面板中，设置“图层2”图层的“混合模式”为“滤色”，效果如图5-20所示。

步骤 14　单击“滤镜”|“模糊”|“动感模糊”命令，弹出“动感模糊”对话框，设置“角度”为50度、“距离”为8像素，如图5-21所示。

图5-20　设置图层混合模式

图5-21　设置“动感模糊”参数

步骤 15　单击“确定”按钮，应用“动感模糊”滤镜，效果如图5-22所示。

步骤 16　为了让雪花显得更加自然，需要增加一个雪花颗粒图层，在“图层”面板中新建“图层3”图层，如图5-23所示。

图5-22　应用“动感模糊”滤镜

图5-23　新建“图层3”图层

步骤 17　设置前景色为黑色，按【Alt+Delete】组合键，为“图层3”图层填充黑色，效果如图5-24所示。

步骤 18　单击“滤镜”|“杂色”|“添加杂色”命令，弹出“添加杂色”对话框，设置“数量”为20%、“分布”为“高斯分布”，如图5-25所示。

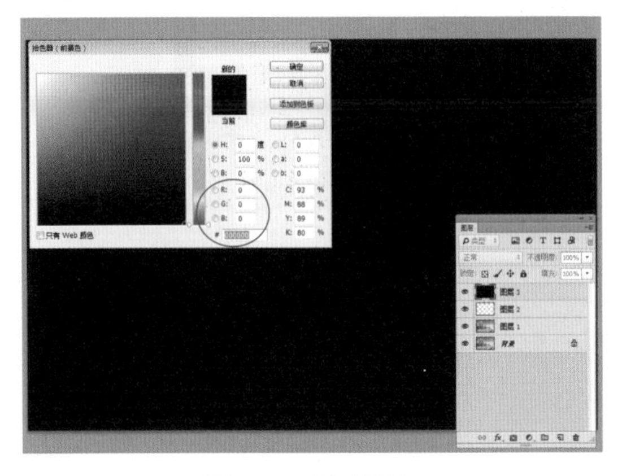

图5-24　填充黑色

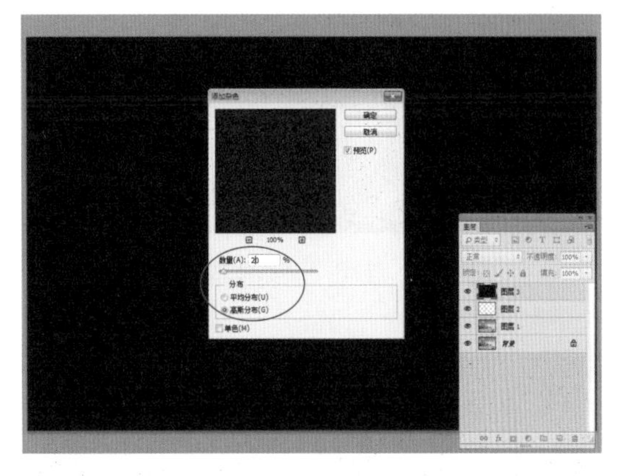

图5-25　设置“添加杂色”参数

步骤 19　单击“确定”按钮，即可应用“添加杂色”滤镜，效果如图5-26所示。

步骤 20　单击“滤镜”|“模糊”|“高斯模糊”命令，弹出“高斯模糊”对话框，设置“半径”为1.0像素，如图5-27所示。

图5-26　应用“添加杂色”滤镜

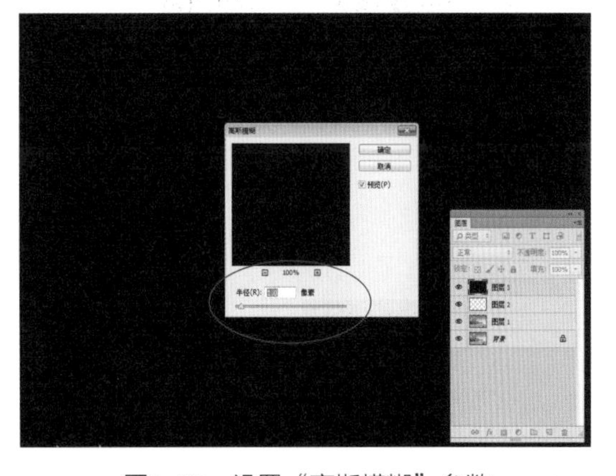

图5-27　设置“高斯模糊”参数

步骤 21　单击“确定”按钮，即可应用“高斯模糊”滤镜，效果如图5-28所示。

步骤 22　单击“图像”|“调整”|“阈值”命令，弹出“阈值”对话框，参数设置根据个人感觉，这里设置“阈值色阶”为49，如图5-29所示。

步骤 23　单击“确定”按钮，即可应用“阈值”调整效果，如图5-30所示。

步骤 24　在“图层”面板中，设置“图层3”图层的“混合模式”为“滤色”，效果如图5-31所示。

步骤 25　单击“滤镜”|“模糊”|“动感模糊”命令，弹出“动感模糊”对话框，设置“角度”为-50度、“距离”为8像素，如图5-32所示。

步骤 26　单击“确定”按钮，即可应用“动感模糊”滤镜，效果如图5-33所示。

图5-28　应用“高斯模糊”滤镜

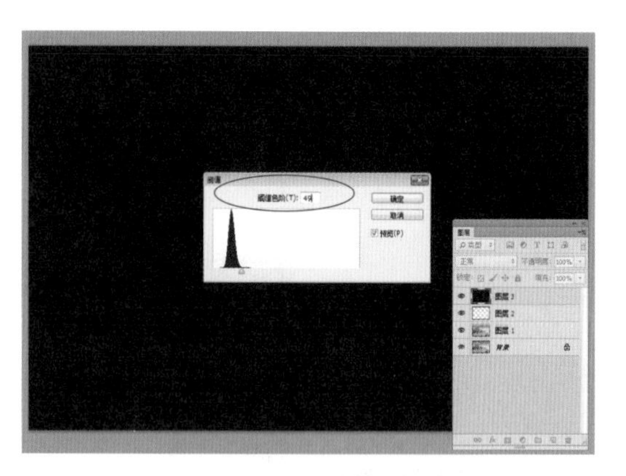

图5-29　设置“阈值色阶”

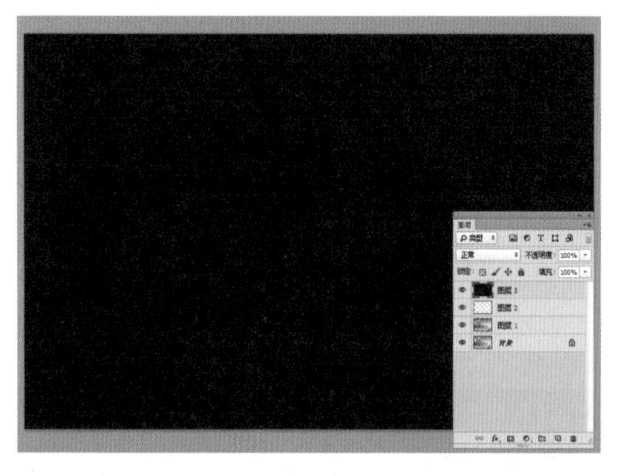

图5-30　应用“阈值”调整效果

图5-31　设置图层混合模式

图5-32　设置“动感模糊”参数

图5-33　应用“动感模糊”滤镜

步骤 27　选择“图层1”图层，单击“滤镜”|“Camera Raw滤镜”命令，弹出Camera Raw对话框，如图5-34所示。

步骤 28　运用渐变滤镜工具在天空位置由上至下拖曳鼠标创建渐变区域，如图5-35所示。

步骤 29　在“渐变滤镜”面板中设置“色温”为-34、“色调”为29，校正天空局部区域的白平衡，效果如图5-36所示。

步骤 30　在“渐变滤镜”面板中设置“曝光”为-0.5、“对比度”为59，校正天空局部区域的影调，效果如图5-37所示。

图5-34　弹出Camera Raw对话框

图5-35　创建渐变区域

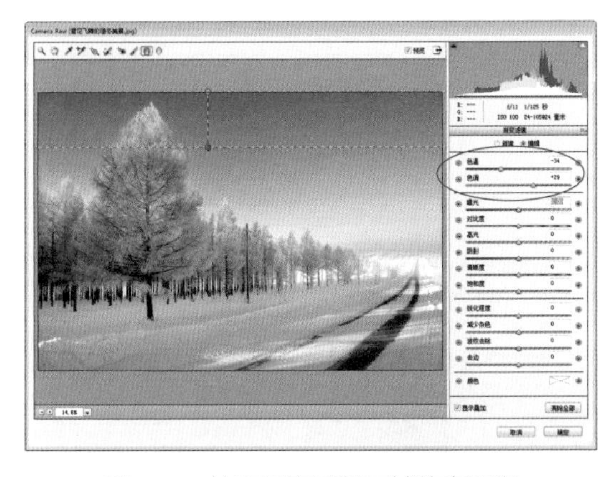

图5-36　校正天空局部区域的白平衡

图5-37　校正天空局部区域的影调

步骤 31　在“渐变滤镜”面板中设置“清晰度”为-20、“饱和度”为18，降低天空局部区域的清晰度，并增加其色彩，效果如图5-38所示。

步骤 32　单击“颜色”右侧的颜色选择框，在弹出的“拾色器”对话框中设置“色相”为255、“饱和度”为100，如图5-39所示。

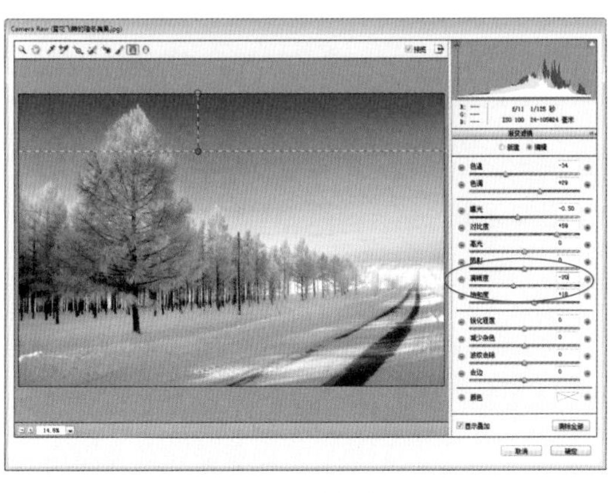

图5-38　增加色彩

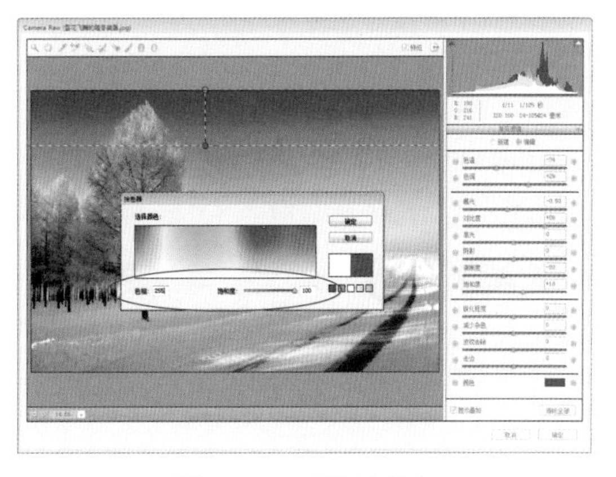

图5-39　设置渐变颜色

步骤 33　单击“确定”按钮，加强天空区域的蓝色，效果如图5-40所示。

步骤 34　选取工具栏中的抓手工具，应用渐变滤镜效果，为天空区域添加渐变色，如图5-41所示。

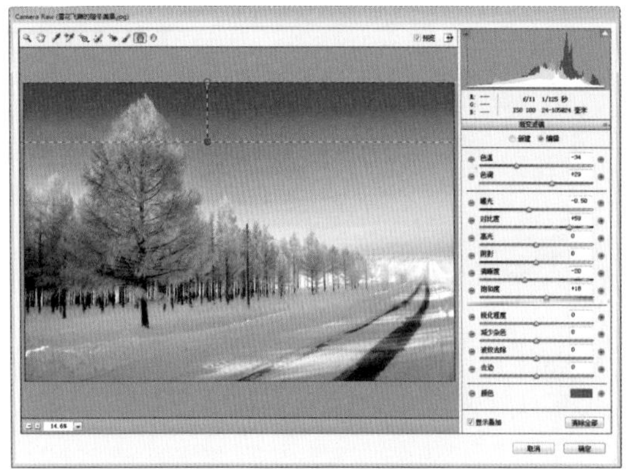

图5-40　加强天空区域的蓝色

图5-41　为天空区域添加渐变色

◆ 核心3：影调调整

关键技术｜色调选项、“色调曲线”面板

实例解析｜下面主要运用Adobe Camera Raw插件中的色调选项、“色调曲线”面板，对画面的影调进行修饰，加强天空与地面的光影对比效果。

步骤1　在“基本”面板中，将“曝光”滑块调节至0.55，提亮画面，效果如图5-42所示。

步骤2　将“对比度”滑块调节至29，增加天空与地面的光影对比，效果如图5-43所示。

图5-42　提亮画面

图5-43　增加天空与地面的光影对比

步骤3　将“高光”滑块调节至25，增加画面中的高光区域亮度，效果如图5-44所示。

步骤4　将“阴影”滑块调节至10，增加画面中的阴影区域亮度，效果如图5-45所示。

专家提醒

在拍摄或者后期处理风光照片时，用户都必须时刻注意直方图中的光影变化。目前，大部分的单反相机都内置了直方图功能，另外，用户也可以在Camera Raw对话框中，导入RAW格式照片后，即可在右上角看到照片的直方图信息。

在一张风光照片的直方图中，主要区域的含义如下。

- ◆ 横轴：代表图像中的亮度，由左向右，从全黑逐渐过渡到全白。
- ◆ 纵轴：代表图像中处于这个亮度范围的像素的相对数量。

在这个小小的直方图二维坐标系上，用户便可以对整张照片的明暗程度有一个准确的了解。

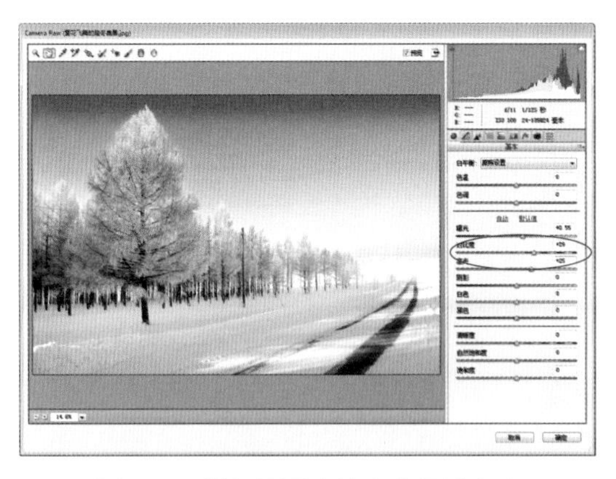

图5-44　增加画面中的高光区域亮度

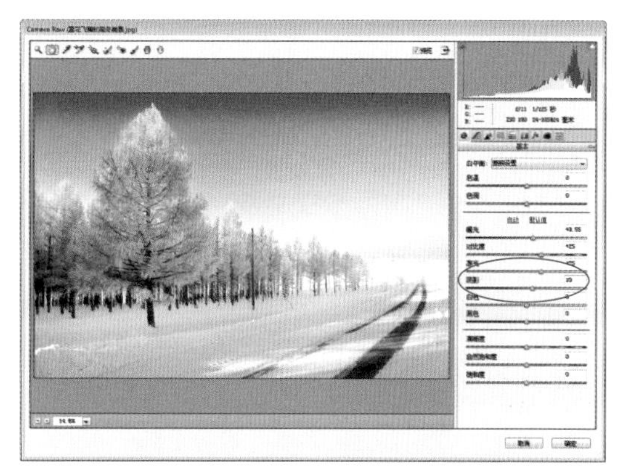

图5-45　增加画面中的阴影区域亮度

步骤 5　将“白色”滑块调节至20，恢复照片的亮部细节，进一步衬托出雪景风光的洁白，效果如图5-46所示。

步骤 6　将“黑色”滑块调节至3，增加画面中的黑色色阶剪切，平衡画面的光比，效果如图5-47所示。

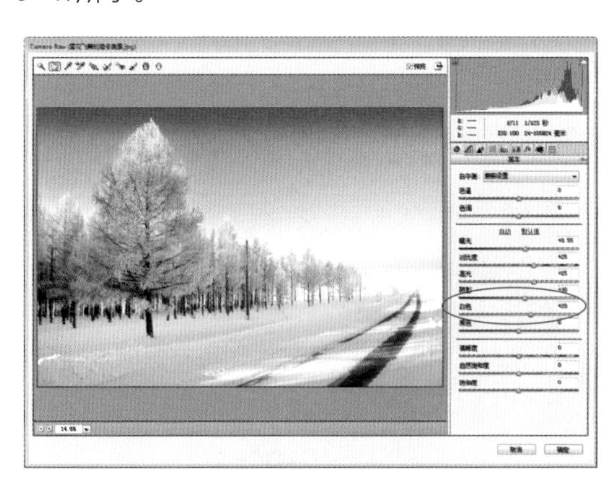

图5-46　恢复照片的亮部细节

图5-47　增加黑色色阶剪切

步骤 7　单击“色调曲线”按钮，展开“色调曲线”面板，将“高光”滑块调节至-21，降低雪景照片的高光亮度，效果如图5-48所示。

步骤 8　将“亮调”滑块调节至-23，增加树林中的暗部细节，效果如图5-49所示。

图5-48　降低雪景照片的高光亮度

图5-49　增加树林中的暗部细节

步骤 9　将“暗调”滑块调节至25，使画面中的雪面更亮，效果如图5-50所示。

步骤 10　将“阴影”滑块调节至-13，使图像中画面的阴影部分更暗，效果如图5-51所示。

图5-50　设置“暗调”参数

图5-51　设置“阴影”参数

步骤 11　切换至“点”选项卡，在RGB通道中，设置“曲线”为“强对比度”，控制图像反差，效果如图5-52所示。

步骤 12　设置“通道”为“蓝色”，为曲线添加一个坐标点，设置“输入”和“输出”分别为167、150，效果如图5-53所示。

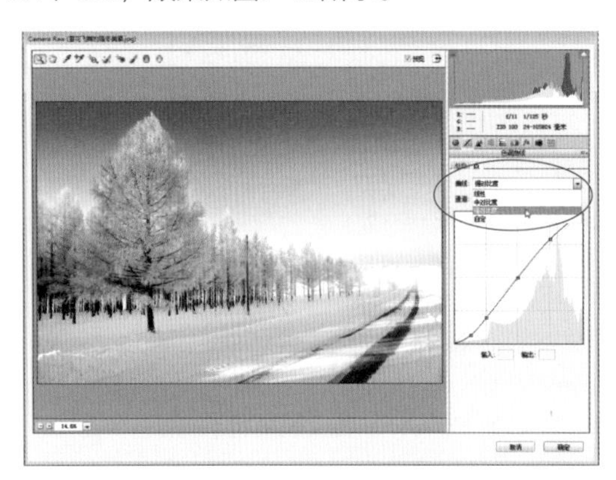

图5-52　控制图像反差

图5-53　精准控制蓝色通道的影调

步骤 13　设置“通道”为“红色”，为曲线添加一个坐标点，设置“输入”和“输出”分别为179、165，效果如图5-54所示。

步骤 14　设置“通道”为“绿色”，为曲线添加一个坐标点，设置“输入”和“输出”分别为187、180，效果如图5-55所示。

专家提醒

在处理风光照片的光影过程中，“色调曲线”面板是非常常用的一种工具。

在“色调曲线”面板中，单击“点”标签，即可切换至“点”选项卡，在该选项卡的“曲线”下拉列表框中可以选择预设的曲线选项，“线性”选项为默认设置。

在“通道”下拉列表框中提供了RGB、红色、绿色、蓝色4个选项，用户可以选择调整单个通道的图像影调，RGB选项为默认选项。

“曲线”列表框中的预设选项只调整RGB通道，“红色”“绿色”“蓝色”通道需要拖曳曲线来进行调整。

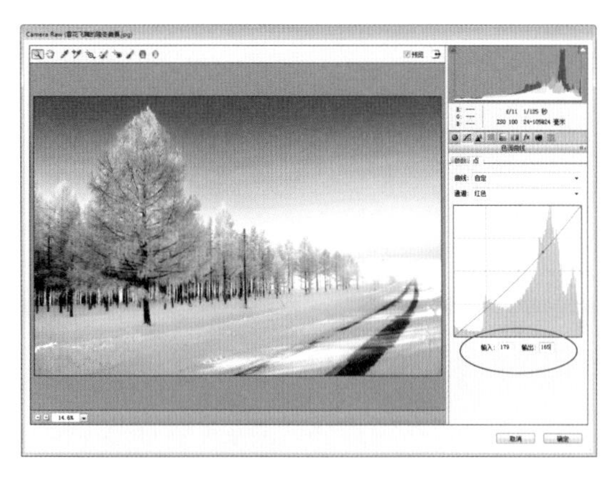
图5-54 精准控制红色通道的影调

图5-55 精准控制绿色通道的影调

◆ 核心 4：色彩处理

关键技术 |“HSL/灰度”面板

实例解析 | 下面主要运用Adobe Camera Raw插件中的“HSL/灰度”面板，对画面的色彩进行调整，展现出晶莹纯净的雪景。

步骤 1 切换至“基本”面板，设置“色温”为−3、“色调”为18，加强画面的冷色调效果，如图5−56所示。

步骤 2 在“基本”面板中，设置“清晰度”为−8、“自然饱和度”为50、“饱和度”为8，降低清晰度，并加强画面色彩浓度，效果如图5−57所示。

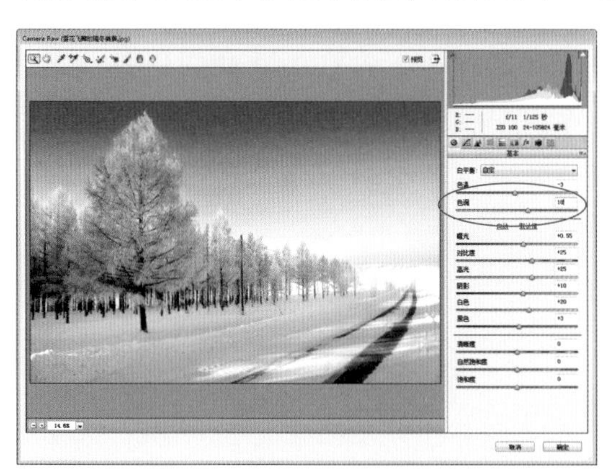

图5-56 加强画面的冷色调效果

图5-57 加强画面色彩浓度

步骤 3 切换至“HSL/灰度”面板的“色相”选项卡，调整单个颜色的色相，设置“蓝色”为−8，将蓝色的图像向左偏移，效果如图5−58所示。

步骤 4 切换至“饱和度”选项卡，设置“蓝色”为25，调整单个颜色的色彩浓度，效果如图5−59所示。

步骤 5 切换至“明亮度”选项卡，调整单个颜色的亮度，设置“蓝色”为11，可以发现画面中蓝色的天空和地面变得更加明亮，效果如图5−60所示。

步骤 6 单击“确定”按钮，应用Camera Raw滤镜的调整，完成雪景照片的色彩处理操作，效果如图5−61所示。

图5-58　调整单个颜色的色相

图5-59　调整单个颜色的色彩浓度

图5-60　调整单个颜色的亮度

图5-61　应用Camera Raw滤镜的调整

第6章

展现城市地标的沧桑感

在本实例的素材照片中，拍摄者充分利用了拍摄现场的框式地标建筑特点，将被摄体限定在框景内。这样可以压迫和引导欣赏者的视觉走向，使他们产生很强的现场感。本章将教你如何使用Photoshop CC的核心处理技法展现城市地标的沧桑感。

本章知识提要

- 核心1：完善构图
- 核心2：影调调整
- 核心3：色彩处理

在拍摄这张照片时，相框建筑物的下半部分曝光正确，但是上半部分以及天空的曝光却不准确，从而让很多细节没有被记录下来。

在后期中用Photoshop CC进行修饰时，首先完善构图，体现建筑的平衡、庄重，然后就是增强亮部和暗部的细节，最后增强画面色彩并加强其清晰度，增加画面的立体感，使画面更丰富多彩、层次分明，展现出城市地标建筑经历风雨的沧桑感。

本实例最终效果如图6-1所示。

图6-1　实例效果

5项核心技法　完善构图　瑕疵修补　局部精修　影调调整　色彩处理

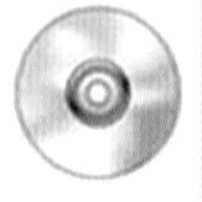

素材文件	光盘\素材\第6章\展现城市地标的沧桑感.jpg
效果文件	光盘\效果\第6章\展现城市地标的沧桑感.psd、展现城市地标的沧桑感.jpg
视频文件	光盘\视频\第6章\第6章　展现城市地标的沧桑感.mp4

◆ 核心 1：完善构图

关键技术 | 裁剪工具

实例解析 | 打开照片后，可以看到画面有一些倾斜，因此首先需要使用标尺工具和裁剪工具对照片进行裁剪和旋转操作，完善其构图。

步骤 1　单击“文件”|“打开”命令，打开一幅素材图像，如图6-2所示。

步骤 2　选取工具箱中的标尺工具，如图6-3所示。

图6-2　打开素材图像

图6-3　选取“标尺工具”

步骤 3　将相框的上边作为水平参照物，在图像编辑窗口中的相框左上角单击鼠标左键，确认起始位置，如图6-4所示。

步骤 4　按住鼠标不放的同时并向右拖曳至合适位置，释放鼠标左键，确认测量长度，如图6-5所示。

图6-4　确认起始位置

图6-5　确认测量长度

步骤 5　在工具属性栏中单击“拉直图层”按钮，如图6-6所示。

步骤 6　执行上述操作后即可拉直图层，画面四周会出现透明区域，且“背景”图层自动转换为“图层0”图层，如图6-7所示。

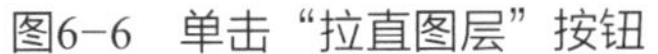

图6-6　单击“拉直图层”按钮

图6-7　拉直图层

步骤 7　选取工具箱中的裁剪工具，创建一个适当大小的裁剪框，如图6-8所示。

步骤 8　执行操作后，按【Enter】键确认，即可裁剪图像，效果如图6-9所示。

图6-8　裁剪图像

图6-9　图像效果

◆ 核心 2：影调调整

关键技术｜“亮度/对比度”调整图层、“色阶”调整图层、“曲线”调整图层、“曝光度”调整图层

实例解析｜为了彻底改善整体画面的光影效果，我们在这部分运用“亮度/对比度”调整图层、“色阶”调整图层、“曲线”调整图层、“曝光度”调整图层等恢复隐藏在画面阴影中的暗部细节。

步骤 1　展开“图层”面板，单击底部的“创建新的填充或调整图层”按钮，在弹出的列表框中选择“亮度/对比度”选项，如图6-10所示。

步骤 2　执行操作后，即可新建“亮度/对比度1”调整图层，向右调节“亮度”滑块至17，增加图像亮度，效果如图6-11所示。

图6-10　选择“亮度/对比度”选项

图6-11　增加图像亮度

步骤 3　向右调节“对比度”滑块至10，增加图像对比度，效果如图6-12所示。

步骤 4　新建“色阶1”调整图层，在“属性”面板中设置RGB通道的输入色阶参数值分别为6、1、249，调整画面的整体明暗关系，如图6-13所示。

步骤 5　在通道列表框中选择“红”选项，设置输入色阶各参数值分别为6、0.78、249，校正画面中红色像素的亮度强弱，效果如图6-14所示。

步骤 6　在通道列表框中选择“绿”选项，设置输入色阶各参数值分别为5、0.97、250，校正画面中绿色像素的亮度强弱，效果如图6-15所示。

步骤 7　在通道列表框中选择“蓝”选项，设置输入色阶各参数值分别为5、1、211，校正画面中蓝色像素的亮度强弱，效果如图6-16所示。

步骤 8　新建“曲线1”调整图层，在“属性”面板中的网格上单击鼠标左键，建立坐标点，设置“输出”为199、“输入”为185，如图6-17所示。

图6-12　增加图像对比度

图6-13　调整画面的整体明暗关系

图6-14　校正红色像素

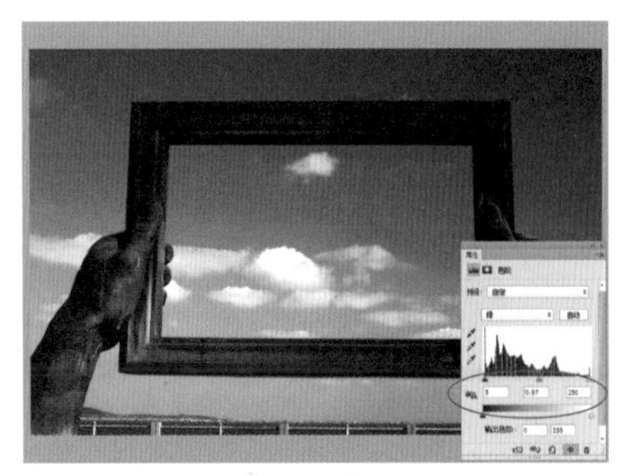

图6-15　校正绿色像素

图6-16　校正蓝色像素

图6-17　调整RGB通道（1）

步骤 9　在曲线上再添加一个坐标点，设置“输出”为73、“输入”为88，调整图像的整体影调，效果如图6-18所示。

步骤 10　在通道列表框中选择“红”选项，在曲线上添加一个坐标点，设置“输出”为120、“输入”为92，效果如图6-19所示。

图6-18　调整RGB通道（2）

图6-19　调整红色通道（1）

步骤 11　在曲线上再添加一个坐标点，设置“输出”为208、“输入”为198，调整图像的红色影调，效果如图6-20所示。

步骤 12　在通道列表框中选择“绿”选项，在曲线上添加一个坐标点，设置“输出”为81、“输入”为86，效果如图6-21所示。

步骤 13　在曲线上再添加一个坐标点，设置“输出”为182、“输入”为165，调整图像的绿色影调，效果如图6-22所示。

步骤 14　在通道列表框中选择“蓝”选项，在曲线上添加一个坐标点，设置“输出”为76、“输入”为58，效果如图6-23所示。

图6-20　调整红色通道（2）

图6-21　调整绿色通道（1）

图6-22　调整绿色通道（2）

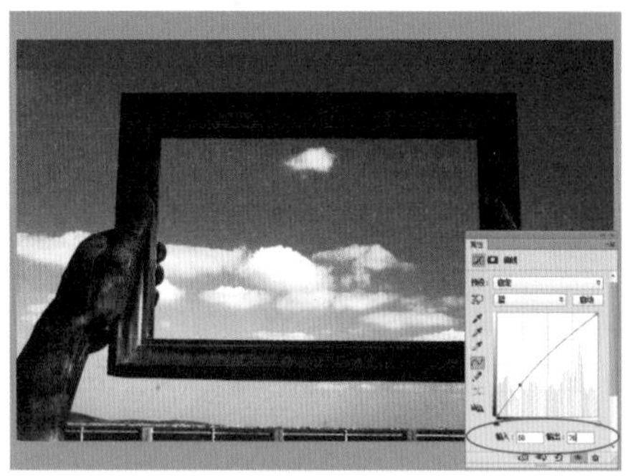

图6-23　调整蓝色通道（1）

步骤 15　在曲线上再添加一个坐标点，设置“输出”为213、“输入”为198，调整图像的蓝色影调，效果如图6-24所示。

步骤 16　展开“图层”面板，在“曲线1”调整图层的“混合模式”列表框中选择“滤色”选项，如图6-25所示。

图6-24　调整蓝色通道（2）

图6-25　选择“滤色”选项

步骤 17　执行操作后，即可应用“滤色”混合模式，改变图像效果，如图6-26所示。

步骤 18　新建“曝光度1”调整图层，在“属性”面板中设置“曝光度”为0.76，调整图像曝光度，效果如图6-27所示。

图6-26　改变图像效果

图6-27　调整图像曝光度

步骤 19　展开“图层”面板，在“曝光度1”调整图层的“混合模式”列表框中选择“柔光”选项，如图6-28所示。

步骤 20　执行操作后，即可应用“柔光”混合模式，改变图像效果，如图6-29所示。

图6-28　选择“柔光”选项

图6-29　应用“柔光”混合模式

◆ 核心 3：色彩处理

关键技术 |“自然饱和度”调整图层、“色彩平衡”调整图层、“细节”面板

实例解析 | 这张照片受拍摄角度和光线等影响，拍摄出来的色彩不够强烈，画面灰暗，而让照片没有特色。因此，下面将通过Photoshop中的“自然饱和度”调整图层、“色彩平衡”调整图层以及Adobe Camera Raw中的“细节”面板等各项参数对照片进行调整，增强照片的色彩冲击力和清晰度，使照片画面独具一番特色。

步骤 1　展开“图层”面板，新建“自然饱和度1”调整图层，如图6-30所示。

步骤 2　展开“属性”面板，设置“自然饱和度”为31、“饱和度”为7，增加画面的色彩饱和度，效果如图6-31所示。

步骤 3　展开“图层”面板，新建“色彩平衡 1”调整图层，如图6-32所示。

步骤 4　展开“属性”面板，设置“中间调”的色阶参数值分别为-8、16、12，如图6-33所示。

步骤 5　在“色调”列表框中选择“阴影”选项，设置其色阶参数值分别为-9、-9、-5，效果如图6-34所示。

步骤 6　在“色调”列表框中选择“高光”选项，设置其色阶参数值分别为13、-6、16，效果如图6-35所示。

图6-30　新建“自然饱和度1”调整图层

图6-31　增加画面的色彩饱和度

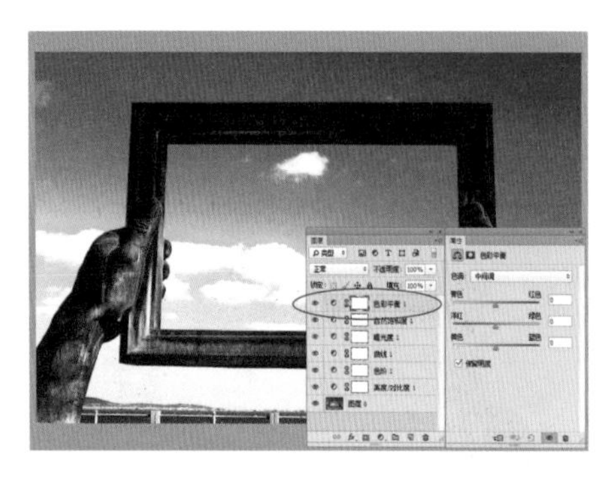

图6-32　新建“色彩平衡1”调整图层

图6-33　设置“中间调”色阶参数

图6-34　设置“阴影”色阶参数

图6-35　设置“高光”色阶参数

步骤 7　选中“色彩平衡1”调整图层的图层蒙版，运用黑色的画笔工具涂抹白色的云朵，隐藏部分图像效果，如图6-36所示。

步骤 8　为了对图像进行滤镜调整，需要先按【Ctrl＋Alt＋Shift＋E】组合键，盖印图层，得到“图层1”图层，如图6-37所示。

步骤 9　单击“滤镜”|“Camera Raw滤镜”命令，弹出Camera Raw对话框，如图6-38所示。

步骤 10　切换至“效果”面板，在“裁剪后晕影”选项区中，向左调节“数量”滑块至-20，为画面添加黑色的晕影效果，如图6-39所示。

步骤 11　向左调节“中点”滑块至37，调整晕影的覆盖区域，这里将数值调小了，可以看到画面中的晕影范围明显变大，效果如图6-40所示。

步骤 12　向右调节“圆度”滑块至50，控制晕影的形状，该数值为0时晕影是椭圆形的，为负值会趋于方形，为正值则趋于圆形，效果如图6-41所示。

图6-36　隐藏部分图像效果

图6-37　盖印图层

图6-38　弹出Camera Raw对话框

图6-39　为画面添加黑色的晕影效果

图6-40　调整晕影的覆盖区域

图6-41　控制晕影的形状

步骤 13　向右调节“羽化”滑块至75，使晕影和正常区域的过度效果更自然，效果如图6-42所示。

步骤 14　向右调节“高光”滑块至100，调整晕影范围内高光部分的亮度，可以看到，将数值提高到最大值100时，画面四周的白云明显提亮，而暗部没有变化，如图6-43所示。

步骤 15　最后，切换至“细节”面板，我们还需要对图像进行锐化和降噪处理，如图6-44所示。如果这个处理做得不好，就很容易出现曝光问题、画面颗粒感太重以及景物边缘出现亮边等极为难看的瑕疵，会严重影响画面的色彩吸引力。

步骤 16　在左下角的“选择缩放级别”列表框中选择100%视图级别，放大图像并观察调整的细节，在降噪的时候也要如此，如图6-45所示。

图6-42　调整晕影和正常区域的过度效果

图6-43　调整晕影范围内高光部分的亮度

图6-44　切换至“细节”面板

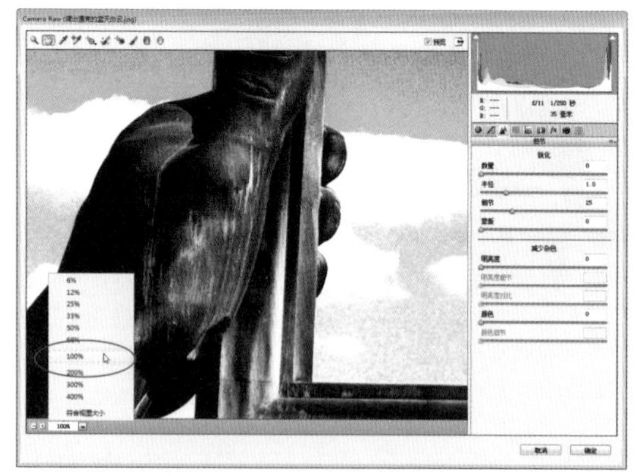

图6-45　放大图像

步骤 17　在“锐化”选项区中，向右调节“数量”滑块至50，增强锐化效果，可以看到画面上的颗粒感也明显增加，效果如图6-46所示。

步骤 18　经过调整，对于这张照片，向右调节“半径”滑块至1.5是一个不错的选择，画面锐度有了明显的改善，效果如图6-47所示。

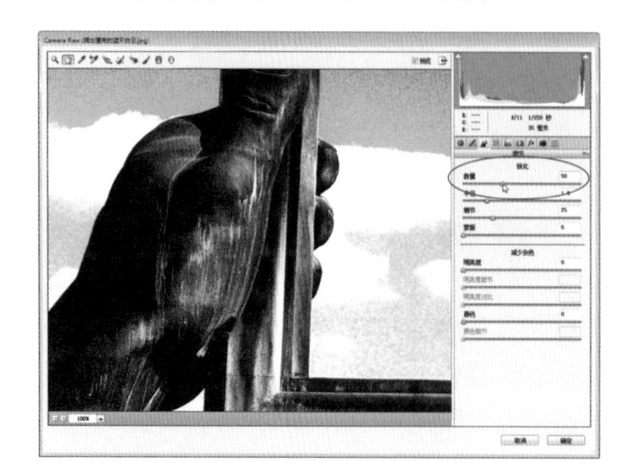

图6-46　增强锐化效果

图6-47　改善画面锐度

步骤 19　向左调节“细节”滑块至5，即可降低照片的颗粒感，效果如图6-48所示。

步骤 20　按住调整“蒙版”滑块的同时按下【Alt】键，此时画面会变成全白，这意味着所有区域都被锐化，向右调节“蒙版”滑块至88，画面由白色慢慢变黑，黑色区域代表不锐化区域，如图6-49所示。

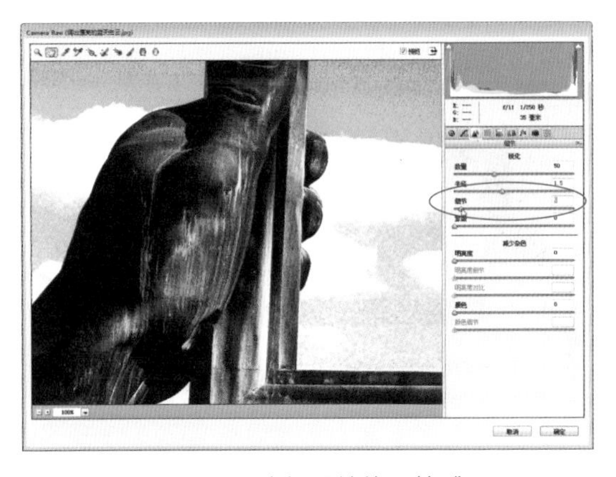

图6-48　降低照片的颗粒感

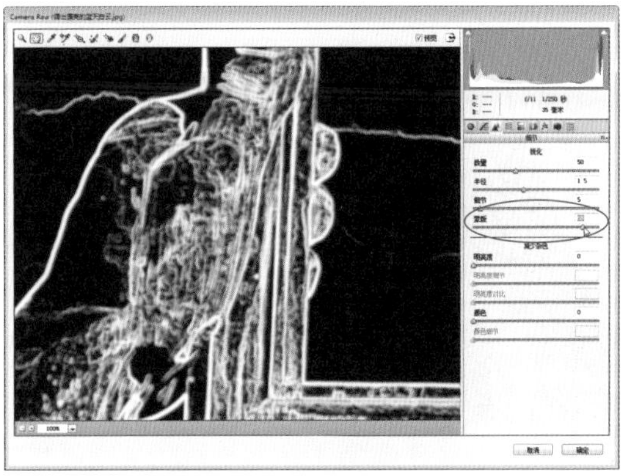

图6-49　调整“蒙版”滑块

专家提醒

“细节”滑块的默认值为25，在调整这个选项时用户需要找到一个平衡点，这是因为如果调整过度将会使照片的锐度降低，而调整太少又无法消除照片的颗粒感。

步骤 21　执行操作后，即可完成锐化图像的操作，但画面中还有不少杂色，如图6-50所示。

步骤 22　在“减少杂色”选项区中，设置“明亮度”为50、“明亮度细节”为50、“明亮度对比”为28，即可减少画面中的灰度噪点，效果如图6-51所示。

图6-50　锐化图像

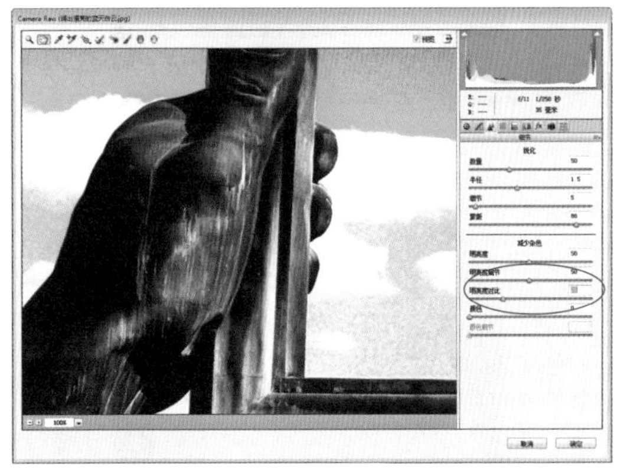

图6-51　减少画面中的噪点

步骤 23　继续在“细节”面板中设置“颜色”为33、“颜色细节”为50，即可减少画面中的颜色噪点，效果如图6-52所示。

步骤 24　在左下角的“选择缩放级别”列表框中选择“符合视图大小”选项，效果如图6-53所示。

步骤 25　单击“确定”按钮，完成Camera Raw滤镜的编辑操作，效果如图6-54所示。

步骤 26　在菜单栏中，单击“滤镜”|“模糊”|“表面模糊”命令，如图6-55所示。

步骤 27　弹出“表面模糊”对话框，设置“半径”为6像素、“阈值”为5色阶，如图6-56所示。

步骤 28　单击“确定”按钮，应用“表面模糊”滤镜，即可使画面表面看上去更加柔和，效果如图6-57所示。

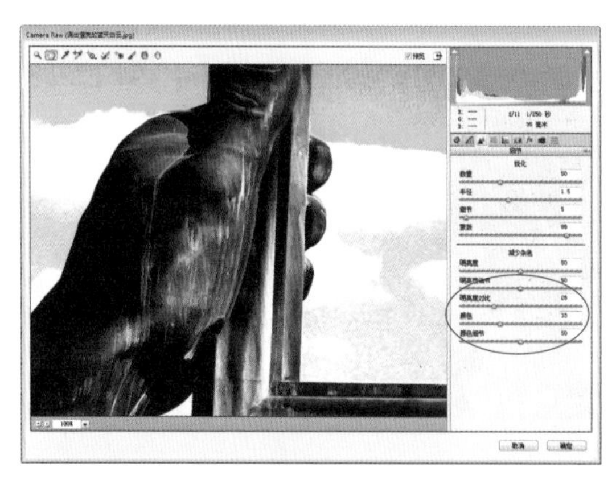

图6-52　减少画面中的颜色噪点

图6-53　选择缩放级别

图6-54　应用Camera Raw滤镜

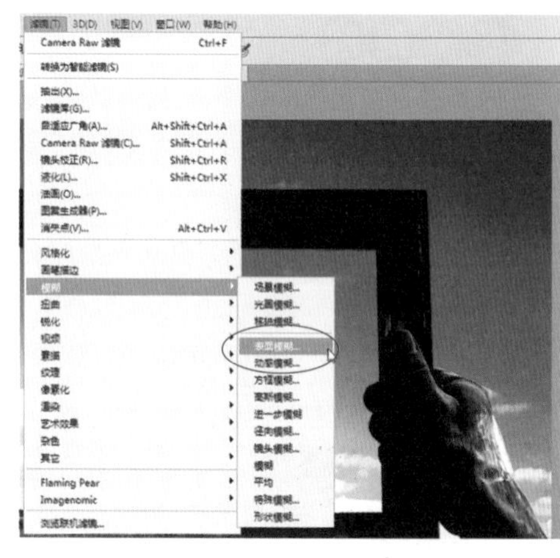

图6-55　单击“表面模糊”命令

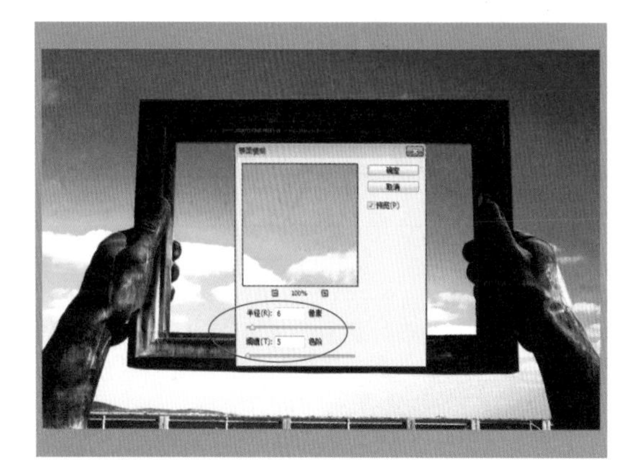

图6-56　设置“表面模糊”参数

图6-57　最终效果

第7章

打造缤纷的烟花盛景

在国内，当遇到喜庆的事情时，人们喜欢通过燃放烟花爆竹来庆祝。很多用户想用相机记录这一美丽的时刻，却不得要领。在前期拍摄烟花照片时，一定要注意构图，给烟花留出一定的空间，尽量拍下烟花燃放升空的全部过程，这样才能更好地进行后期处理。本章主要介绍烟花照片Photoshop后期处理的实用技巧，帮助大家打造出五彩缤纷的烟花盛景。

本章知识提要

- 核心1：完善构图
- 核心2：瑕疵修补
- 核心3：影调调整
- 核心4：色彩处理

在拍摄这张照片时，由于夜晚河边的光线不是很充足，导致水平线倾斜；另外，烟花部分的影调、色彩等细节表现也不是很明显。

在后期中用Photoshop CC进行修饰时，首先完善构图，然后对暗淡的烟花主体进行调整，恢复其亮丽的色彩，使画面中的烟花形成一道道美丽的轨迹。本实例最终效果如图7-1所示。

图7-1　实例效果

5项核心技法　完善构图　瑕疵修补　局部精修　影调调整　色彩处理

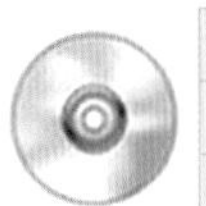

素材文件	光盘\素材\第7章\打造缤纷的烟花盛景.CR2
效果文件	光盘\效果\第7章\打造缤纷的烟花盛景.psd、打造缤纷的烟花盛景.jpg
视频文件	光盘\视频\第7章\第7章　打造缤纷的烟花盛景.mp4

◆ 核心 1：完善构图

关键技术 | 拉直工具

实例解析 | 下面运用拉直工具，将烟花照片的水平线纠正，并裁剪为宽画幅构图，以此让画面更宽阔、更详尽地表现烟花景物，给欣赏者带来新奇、广阔的视觉感受。

步骤 1　单击“文件”|“打开”命令，在Camera Raw对话框中打开一张RAW格式的照片，如图7-2所示。

步骤 2　选取工具栏中的拉直工具，如图7-3所示。

步骤 3　在图像预览窗口中，沿着河岸拖曳鼠标绘制一条直线，如图7-4所示。

步骤 4　松开鼠标后，即可自动创建一个裁剪控制框，如图7-5所示。

步骤 5　适当调整四周的控制柄，调整裁剪区域的大小，如图7-6所示。

步骤 6　按【Enter】键确认，即可裁剪图像，让主体更加突出，效果如图7-7所示。

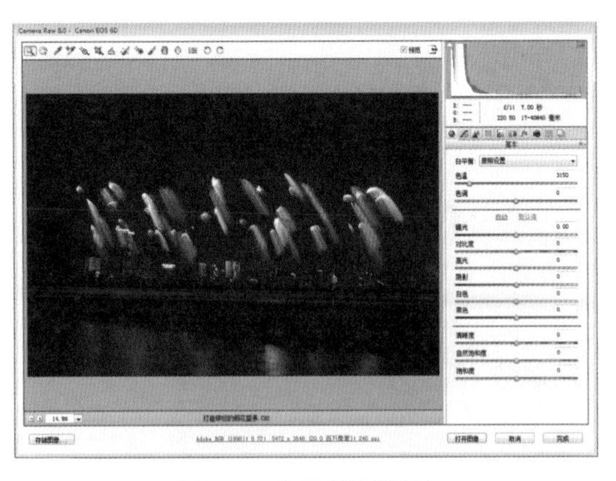

图7-2　打开素材图像

图7-3　选取拉直工具

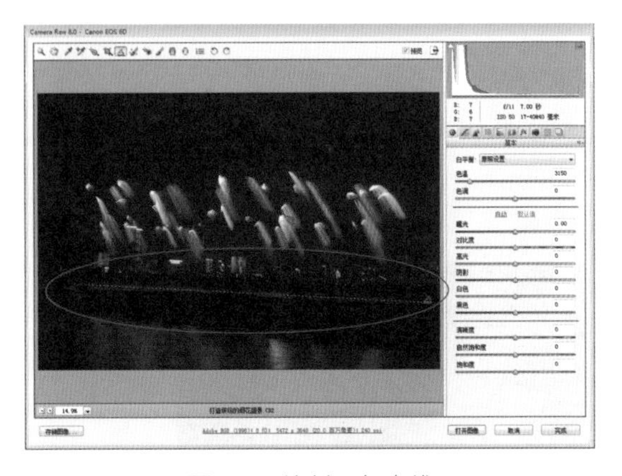

图7-4　绘制一条直线

图7-5　创建裁剪控制框

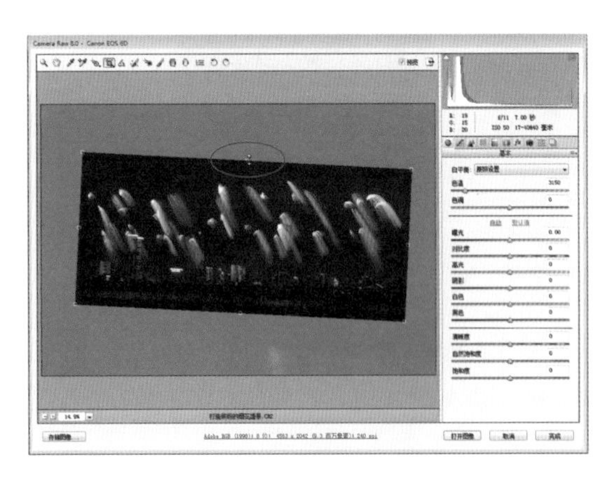

图7-6　调整裁剪区域

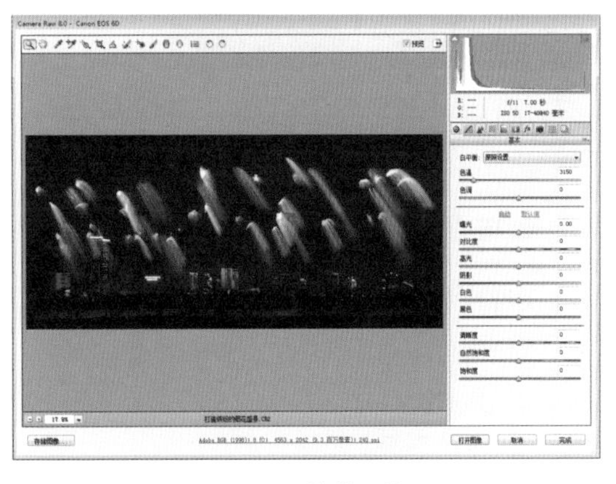

图7-7　裁剪图像

◆ 核心 2：瑕疵修补

关键技术｜污点去除工具

实例解析｜在烟火升空的过程中，经常会留下许多飞溅的燃烧后的杂物，在画面中会形成比较明显的色块。下面主要运用Adobe Camera Raw中的污点去除工具去除这些杂物，让画面更加干净整洁。

步骤 1　选取工具栏中的污点去除工具，如图7-8所示。

步骤 2　在右侧的“污点去除”面板中设置“大小”为5，如图7-9所示。

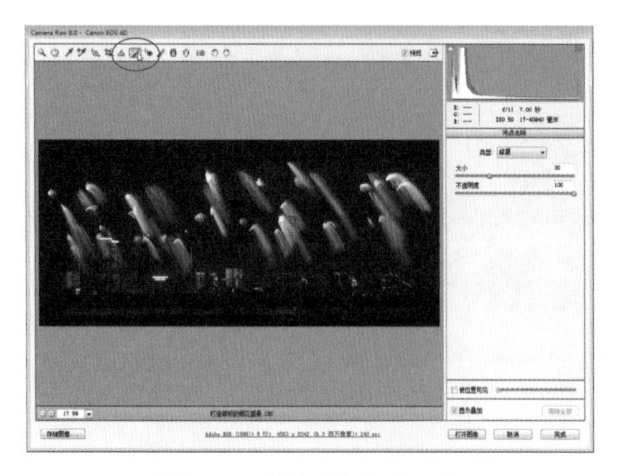

图7-8　选取污点去除工具

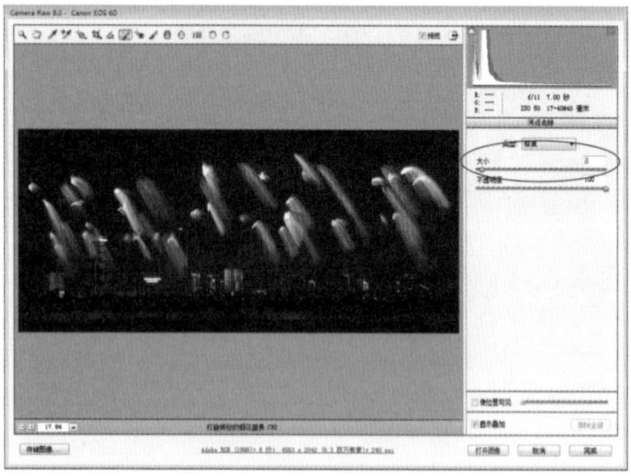

图7-9　设置“大小”参数

步骤 3　适当放大图像显示，在图像编辑窗口中多余景物位置单击鼠标左键，照片中会出现两个圆圈，红色的圆圈代表修复位置，绿色代表修复取样位置，如图7-10所示。

步骤 4　运用以上同样的操作方法，修复其他区域的污点，效果如图7-11所示。

图7-10　修复污点

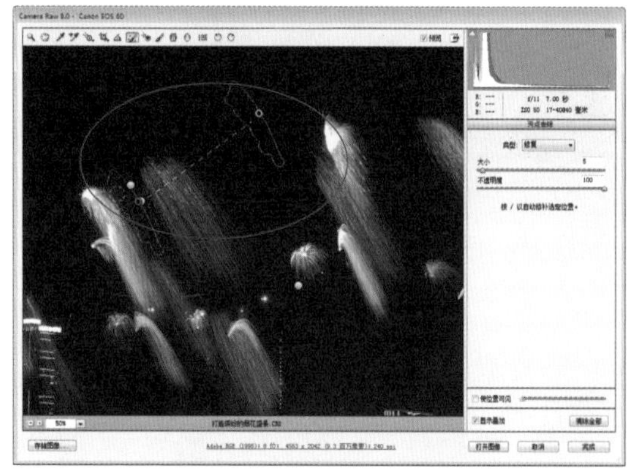

图7-11　修复其他区域的污点

◆ 核心 3：影调调整

关键技术 | 色调选项、“色调曲线”面板

实例解析 | 在烟花照片的影调调整过程中，主要运用了Adobe Camera Raw中的色调选项和“色调曲线”面板。其中，曲线的操作主要是在各种曲线上创建并拖动坐标点，调整曲线形成不同的形态，以此来控制烟花照片的光影效果。

步骤 1　恢复符合视图大小，在“基本”面板中，将“曝光”滑块调节至0.8，效果如图7-12所示。

步骤 2　将“对比度”滑块调节至11，增加光影对比，效果如图7-13所示。

步骤 3　将“高光”滑块调节至-23，更改烟花照片中亮度的明暗表现，降低较亮区域的亮度，效果如图7-14所示。

步骤 4　将“阴影”滑块调节至23，控制暗部区域明暗，可以看到烟花的亮度基本上没有变化，而前景比较暗的区域明显提亮，效果如图7-15所示。

步骤 5　将“白色”滑块调节至5，画面中的白色部分明显提亮，而黑色的背景没有太大变化，效果如图7-16所示。

步骤 6　将“黑色”滑块调节至26，其效果原理与“白色”滑块相仿，不过这次的调整区域换成了画面最暗的地方，效果如图7-17所示。

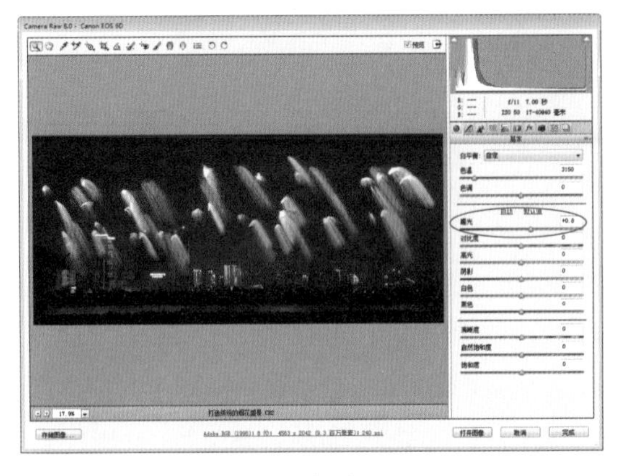

图7-12　提亮画面

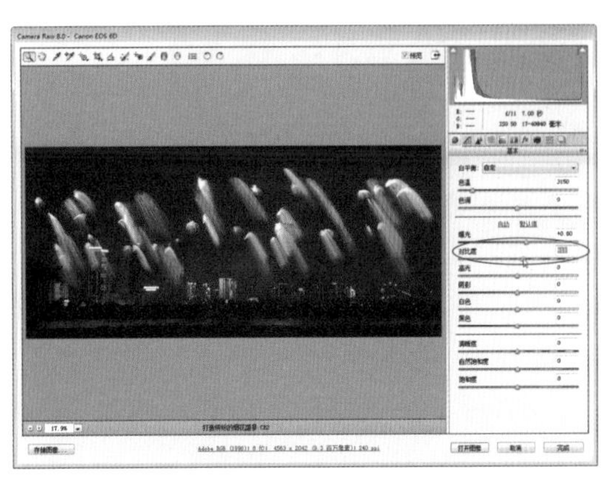

图7-13　增加光影对比

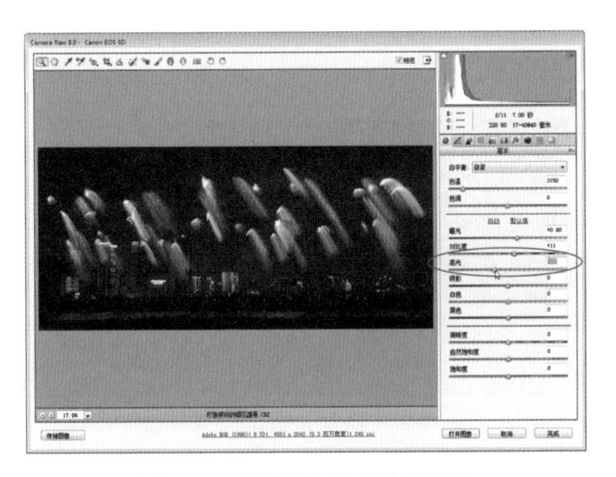

图7-14　降低较亮区域的亮度

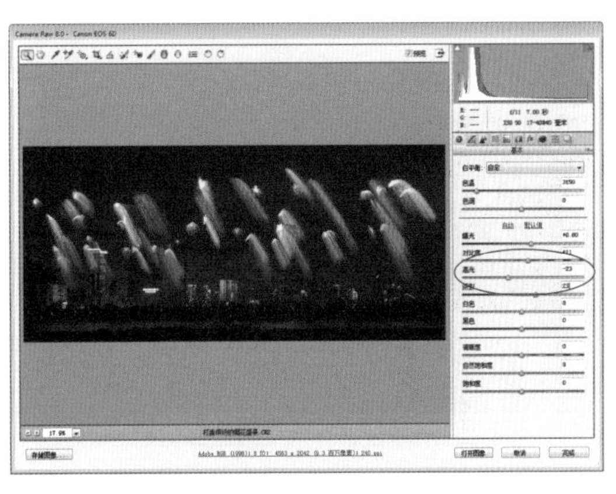

图7-15　控制暗部区域明暗

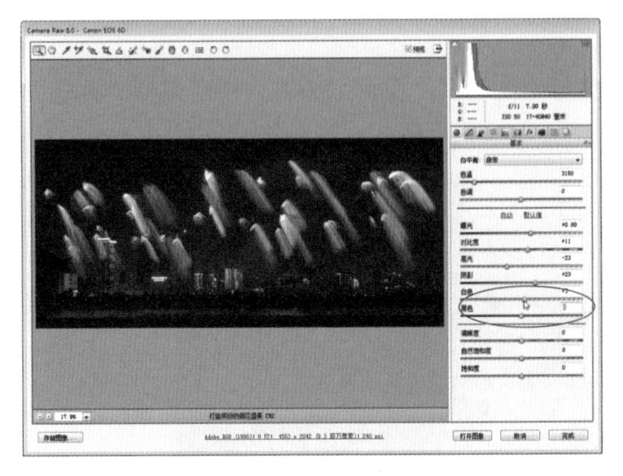

图7-16　提亮白色部分

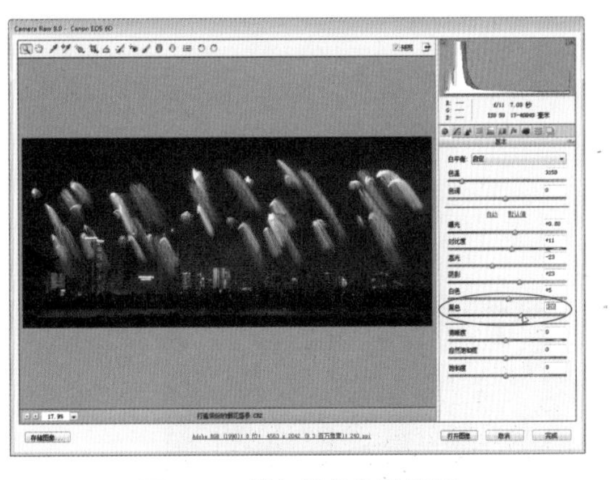

图7-17　增加黑色色阶剪切

步骤 7　单击“色调曲线”按钮，展开“色调曲线”面板，在“参数”选项卡中，将“高光”滑块调节至6，加强高光亮度，效果如图7-18所示。

步骤 8　将“亮调”滑块调节至-19，图像中较亮的部分变暗，效果如图7-19所示。

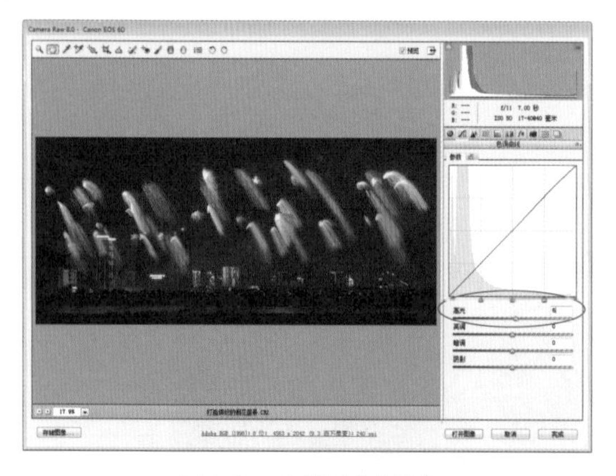

图7-18　加强高光亮度

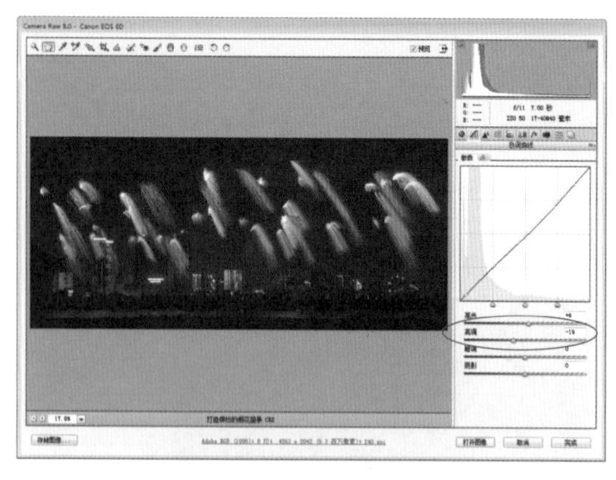

图7-19　设置“亮调”参数

步骤 9　将“暗调”滑块调节至-52，图像中的暗部部分变得更暗，效果如图7-20所示。

步骤 10　将“阴影”滑块调节至26，将曲线调整为不同的形态，以此来控制画面的光影效果，如图7-21所示。

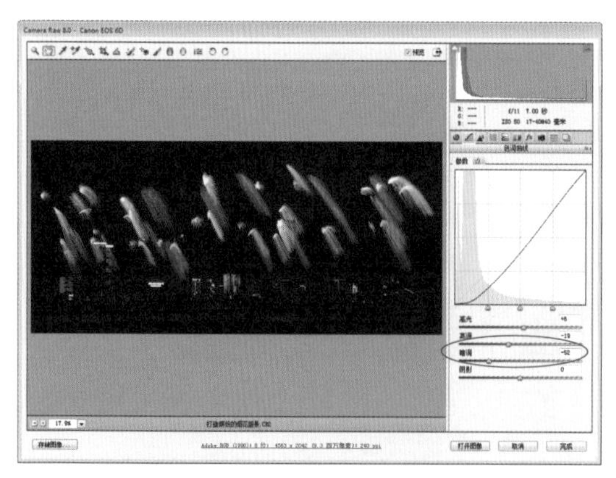

图7-20　设置“暗调”参数

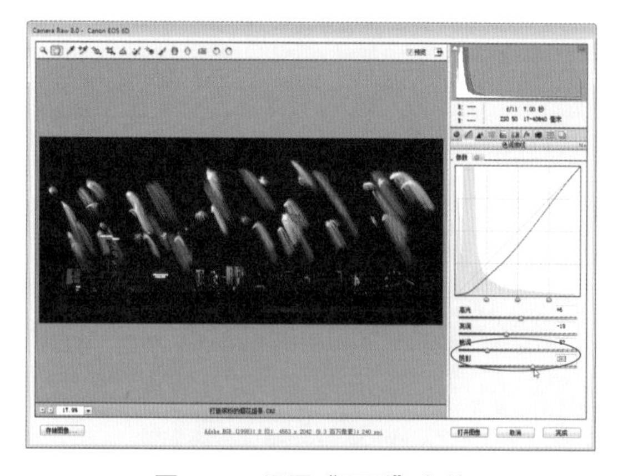

图7-21　设置“阴影”参数

步骤 11　切换至“点”选项卡，在RGB通道中，设置“曲线”为“中对比度”，控制图像反差，效果如图7-22所示。

步骤 12　设置“通道”为“蓝色”，为曲线添加一个坐标点，设置“输入”和“输出”分别为168、149，效果如图7-23所示。

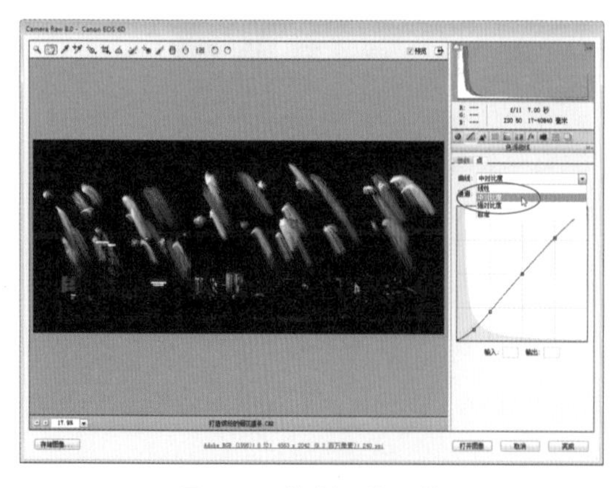

图7-22　控制图像反差

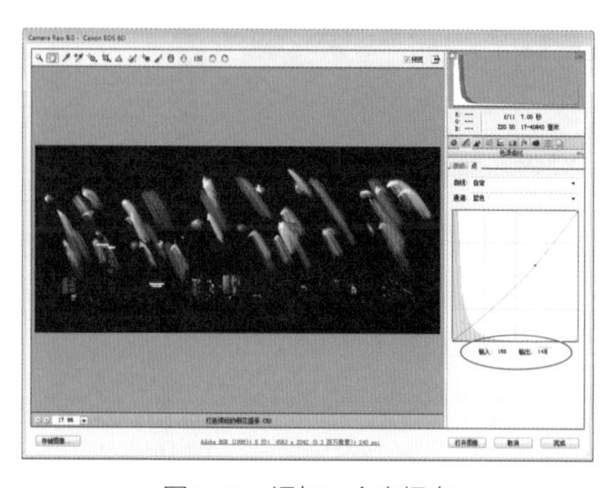

图7-23　添加一个坐标点

专家提醒

"色调曲线"面板中的通道曲线非常灵活，用户可以通过它快速调整画面的色调。

- 通道类型：主要包括"红色""绿色"和"蓝色"3个通道。
- 操作手段：使用鼠标拖曳曲线。
- 调整效果：可以大幅度调整分影调区域的色调表现，创造出不同的创意影调效果。
- 应用情况：用于修正照片色调，也可以为照片打造出充满创意的色调效果。

步骤 13　为曲线添加一个坐标点，设置"输入"和"输出"分别为82、96，让暗部偏蓝、亮部偏黄，效果如图7-24所示。

步骤 14　设置"通道"为"红色"，为曲线添加一个坐标点，设置"输入"和"输出"分别为205、196，效果如图7-25所示。

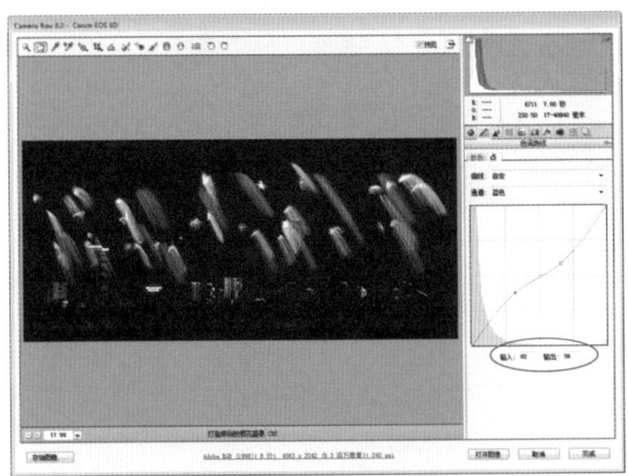

图7-24　精准控制蓝色通道的影调

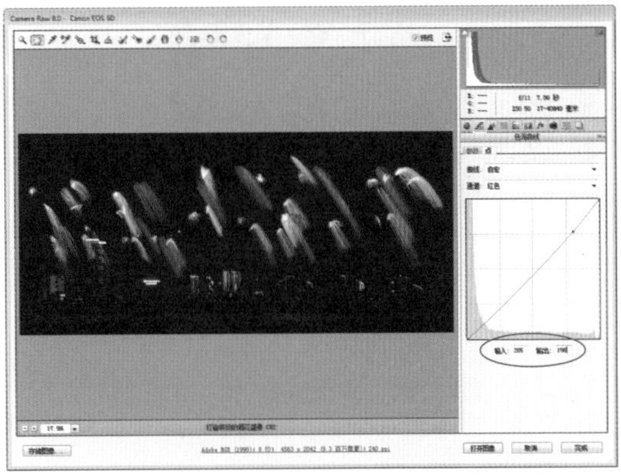

图7-25　添加"红色"通道坐标点

步骤 15　为红色曲线添加一个坐标点，设置"输入"和"输出"分别为33、50，生成一个"反S"形曲线，让照片中的暗部偏红、亮部稍微偏青色，效果如图7-26所示。

步骤 16　设置"通道"为"绿色"，为曲线添加一个坐标点，设置"输入"和"输出"分别为207、216，效果如图7-27所示。

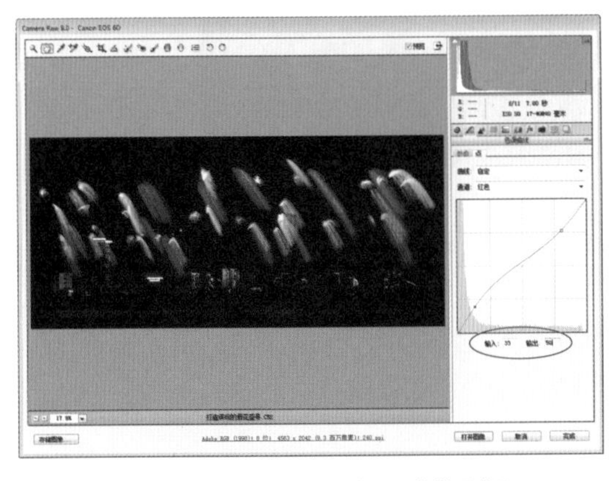

图7-26　精准控制红色通道的影调

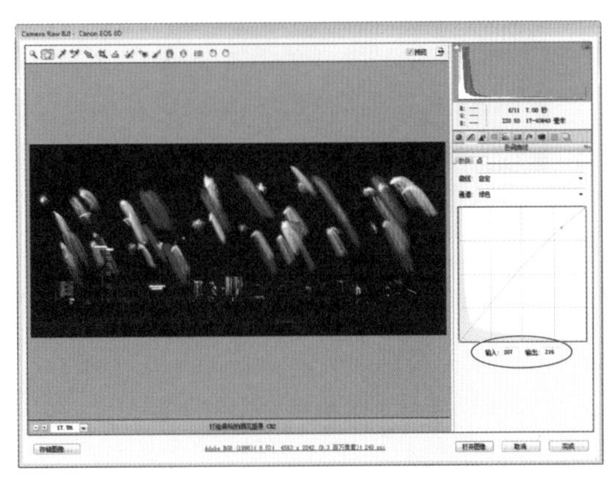

图7-27　调整"绿色"通道曲线

◆ 核心4：色彩处理

关键技术 | “基本”面板、“HSL/灰度”面板、“细节”面板、“通道混合器”调整图层

实例解析 | 在调整烟花照片色彩的过程中，Adobe Camera Raw滤镜与“通道混合器”调整图层可以使照片颜色看起来更加艳丽，让画面极具视觉冲击力。

步骤1　切换至“基本”面板，将“色温”滑块调节至2850，校正画面的白平衡，整张照片将会偏向蓝色，效果如图7-28所示。

步骤2　将“清晰度”滑块调节至26，可以看到照片的对比度、烟花边缘的锐度和远处的建筑物细节都有所提升，效果如图7-29所示。

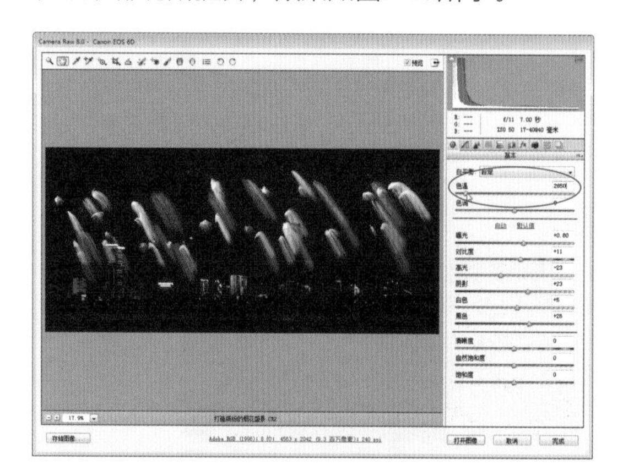

图7-28　校正画面的白平衡

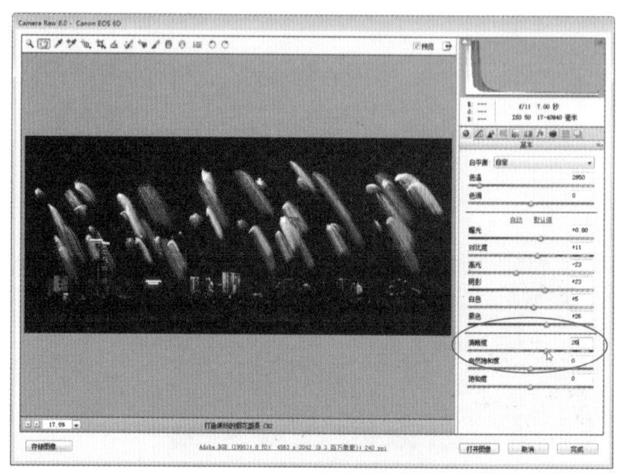

图7-29　加强画面清晰度

专家提醒

在风光照片后期处理中，“清晰度”是一个常用的综合性滑块，如图7-30所示，左侧为“清晰度”降低到-100后的样子，右侧则是“清晰度”增加到+100后的样子。

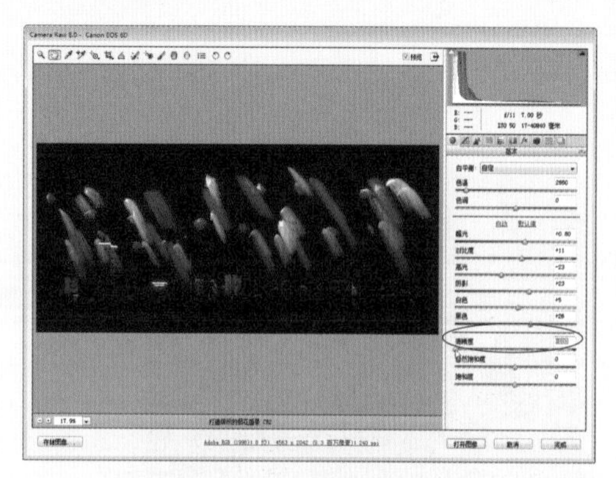

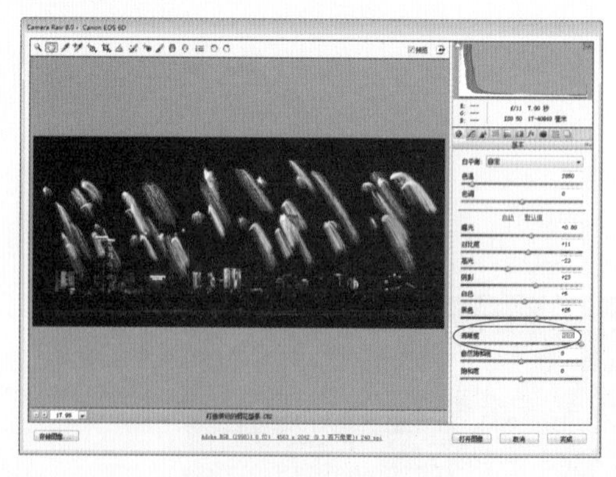

图7-30　“清晰度”滑块对画面的影响

可以发现，当增加或者减少“清晰度”参数时，画面的对比度、锐度、细节表现都发生了变化，而且连带着亮度、饱和度等细节也会出现细微变化。

步骤3　将“自然饱和度”滑块调节至88，系统会优先增加颜色较淡区域的鲜艳度，将其大幅度提高，效果如图7-31所示。

步骤 4　将“饱和度”滑块调节至12，此时烟花照片中的所有色彩都会变得更加鲜艳，而且变鲜艳的程度是一样的，效果如图7-32所示。

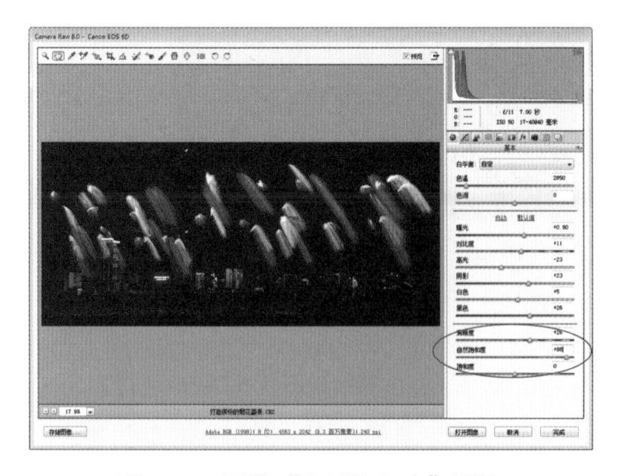

图7-31　调整“自然饱和度”滑块

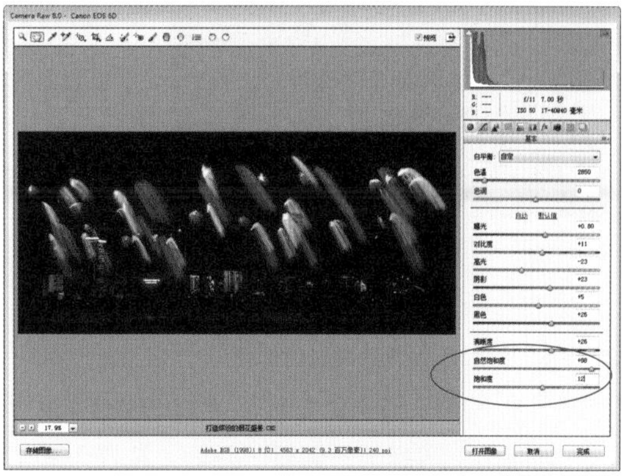

图7-32　调整“饱和度”滑块

专家提醒

“自然饱和度”比“饱和度”滑块更加智能，它可以保护画面中的黄色和绿色区域，即使用户大幅度更改“自然饱和度”的数值，画面中的黄色和绿色也不会变得太鲜艳。在调整绿叶、草地等风光照片时非常好用。

步骤 5　切换至“HSL/灰度”面板的“色相”选项卡，设置“红色”为-21、“橙色”为15、“黄色”为-23，调整单个颜色的色相，效果如图7-33所示。

步骤 6　切换至“HSL/灰度”面板的“饱和度”选项卡，设置“红色”为-18、“橙色”为-33，调整单个颜色的色彩浓度，效果如图7-34所示。

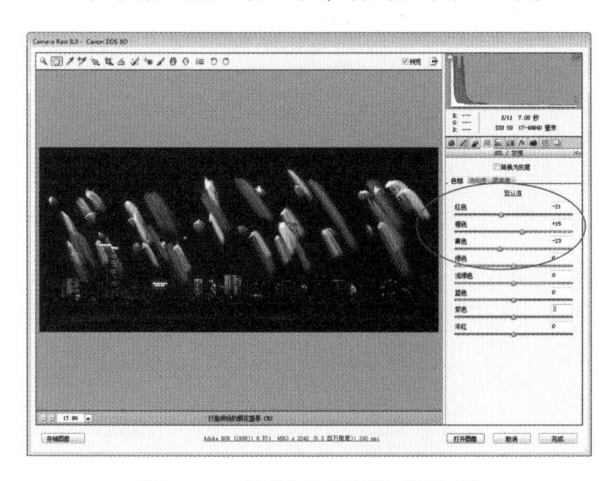

图7-33　调整单个颜色的色相

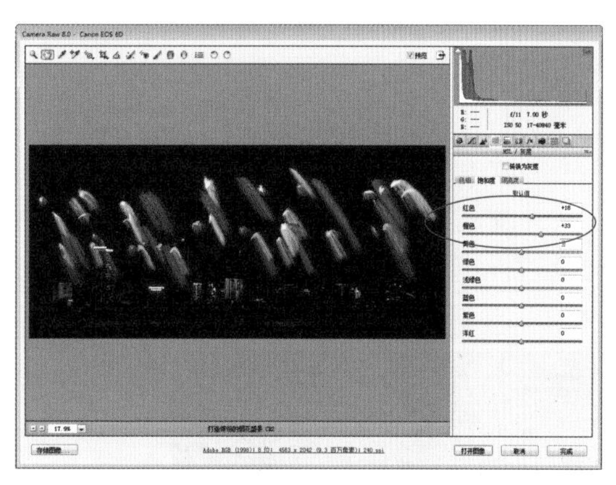

图7-34　调整单个颜色的色彩浓度

步骤 7　切换至“HSL/灰度”面板的“明亮度”选项卡，调整单个颜色的图像亮度，设置“红色”为21、“橙色”为33，可以发现画面中的烟花部分变得更加明亮，效果如图7-35所示。

步骤 8　将“蓝色”滑块调节至-29，降低画面中的建筑物灯光亮度，进一步突出烟花主体的表现，效果如图7-36所示。

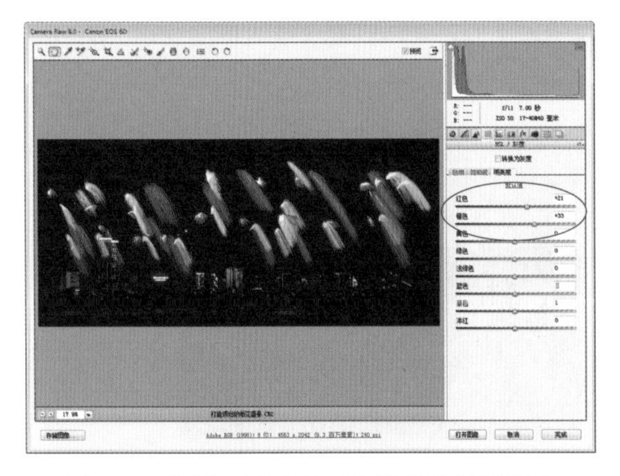

图7-35　调整画面中红色和橙色的色彩明度

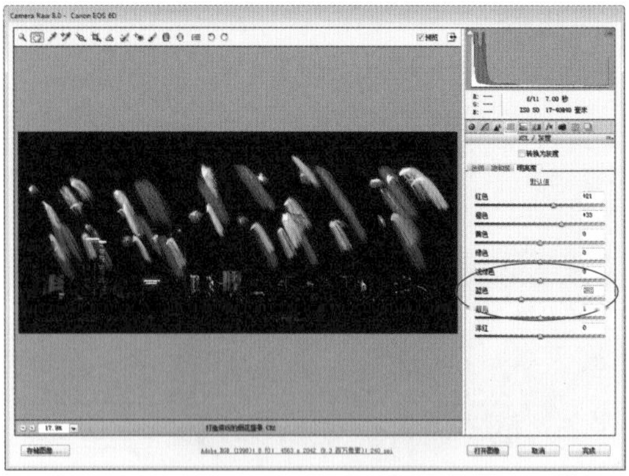

图7-36　调整画面中蓝色的色彩明度

步骤 9　切换至“细节”面板，在左下角的“选择缩放级别”列表框中选择100%视图级别，放大图像，便于观察调整的细节，如图7-37所示。

步骤 10　在“锐化”选项区中，向右调节“数量”滑块至80，增强锐化效果，可以看到画面上的颗粒感也明显增加，效果如图7-38所示。

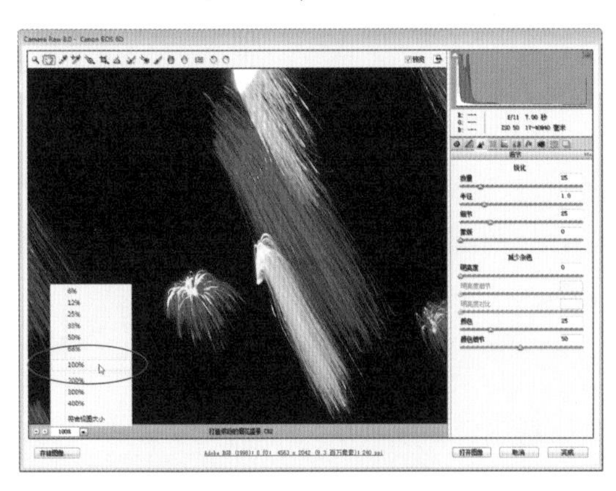

图7-37　放大图像

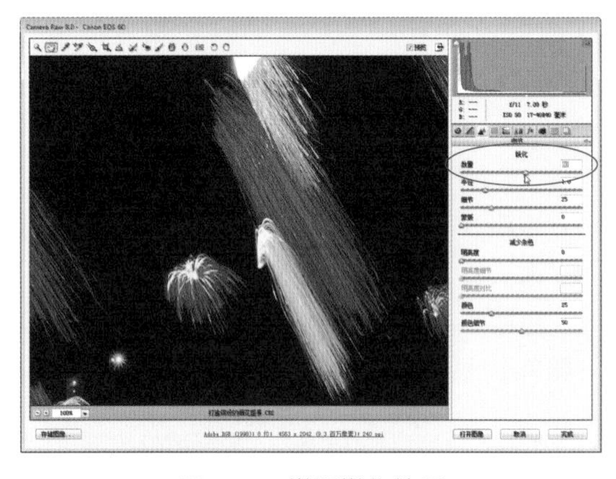

图7-38　增强锐化效果

步骤 11　向右调节“半径”滑块至1.5，对画面锐度进行改善，效果如图7-39所示。

步骤 12　按住调整“细节”滑块的同时按【Alt】键，向右调节“细节”滑块至50，增加照片的颗粒感，效果如图7-40所示。

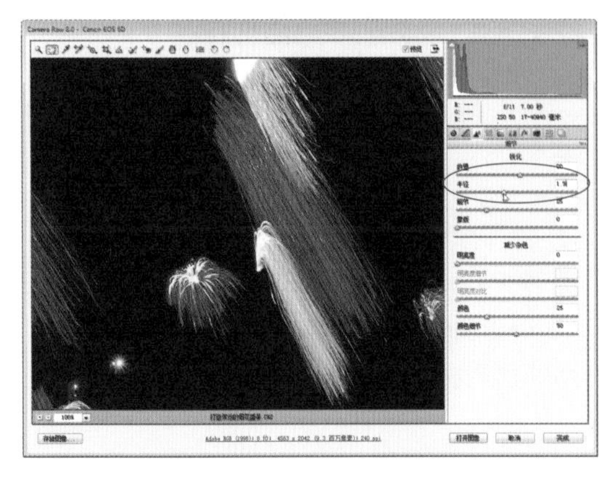

图7-39　改善画面锐度

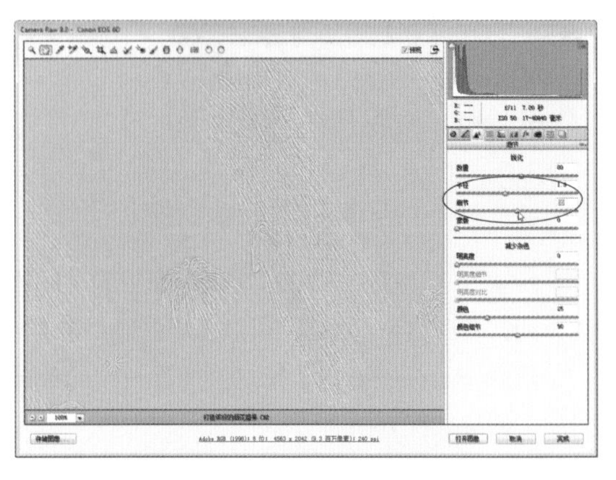

图7-40　增加照片的颗粒感

步骤 13　按住调整“蒙版”滑块的同时按【Alt】键，向右调节“蒙版”滑块至50，调整画面的锐化区域大小，如图7-41所示。

步骤 14　执行操作后，即可完成锐化图像的操作，效果如图7-42所示。

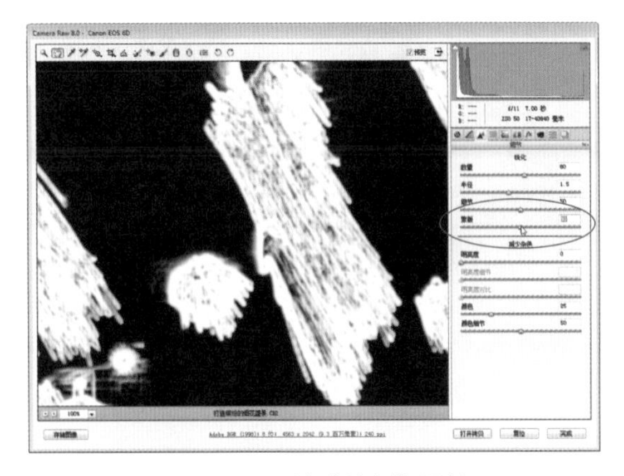

图7-41　调整“蒙版”滑块

图7-42　锐化图像

步骤 15　在“减少杂色”选项区中，设置“明亮度”为71、“明亮度细节”为50、“明亮度对比”为58，即可减少画面中的灰度噪点，效果如图7-43所示。

步骤 16　继续在“减少杂色”选项区中设置“颜色”为59、“颜色细节”为50，即可减少画面中的颜色噪点，效果如图7-44所示。

图7-43　减少画面中的噪点

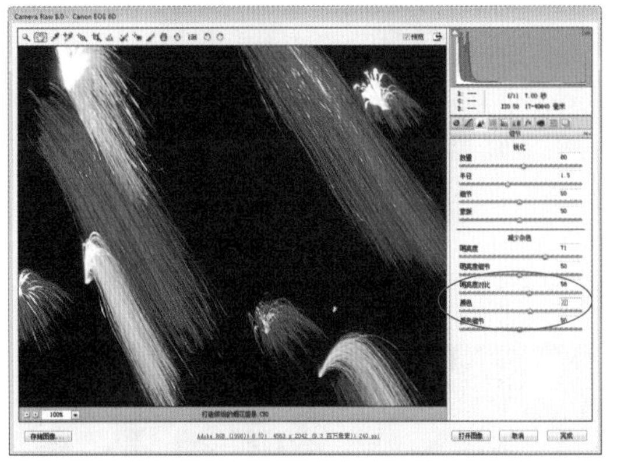

图7-44　减少画面中的颜色噪点

步骤 17　在左下角的“选择缩放级别”列表框中选择“符合视图大小”选项，效果如图7-45所示。

步骤 18　单击“打开图像”按钮，完成Camera Raw滤镜的编辑操作，并在Photoshop中打开编辑后的RAW格式照片文件，效果如图7-46所示。

步骤 19　单击“图层”|“新建调整图层”|“通道混合器”命令，弹出“新建图层”对话框，保持默认设置即可，如图7-47所示。

步骤 20　单击“确定”按钮，即可创建“通道混合器1”调整图层，如图7-48所示。

步骤 21　在“属性”面板中，设置“红”通道的参数值分别为133%、-17%、-31%，调整“红”通道的色彩效果，如图7-49所示。

步骤 22　在“输出通道”列表框中选择“绿”选项，设置参数值分别为8%、100%、0%，调整“绿”通道的色彩效果，如图7-50所示。

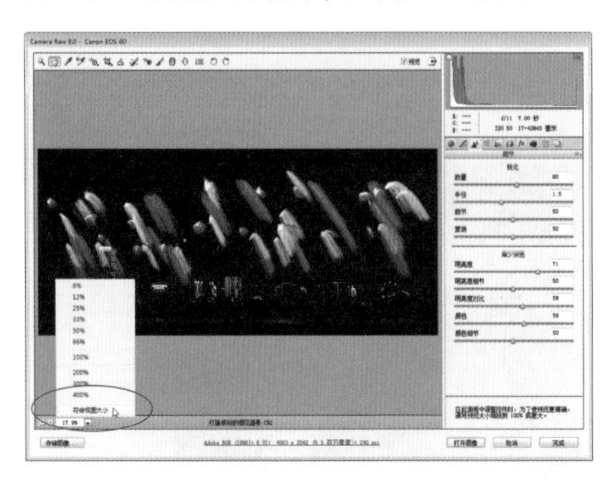

图7-45　选择缩放级别

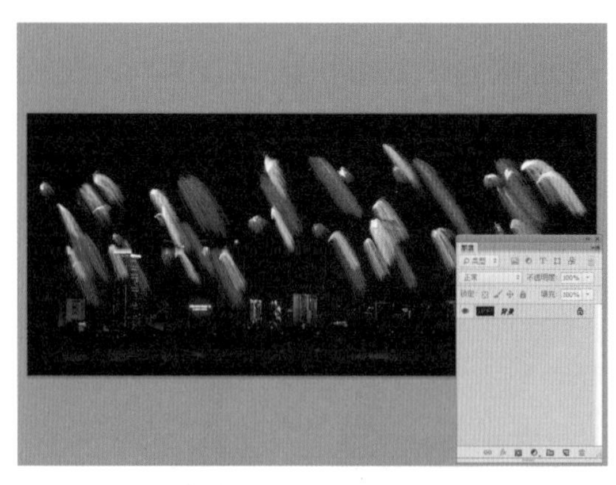

图7-46　应用Camera Raw滤镜

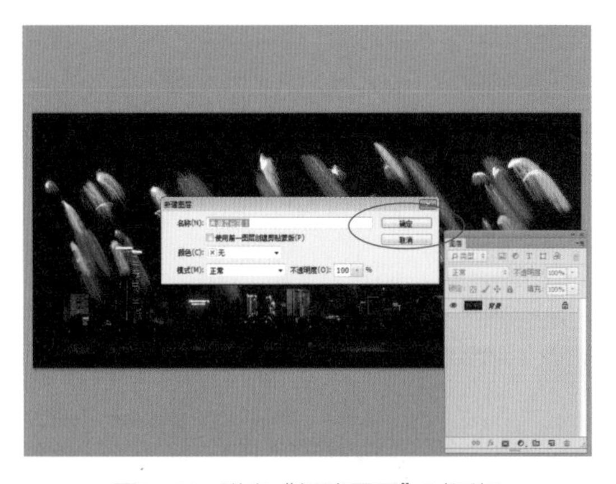

图7-47　弹出“新建图层”对话框

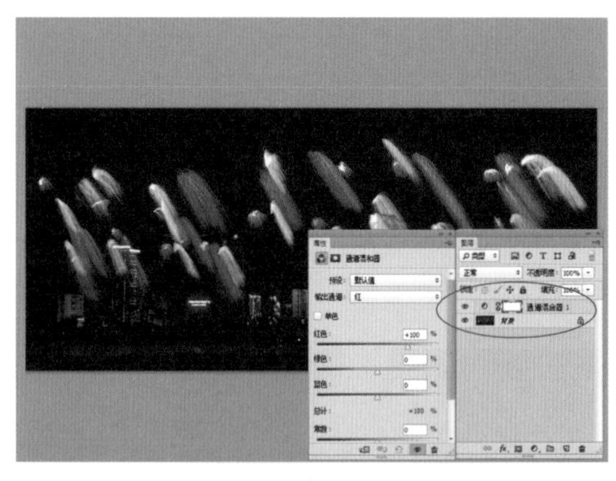

图7-48　创建“通道混合器1”调整图层

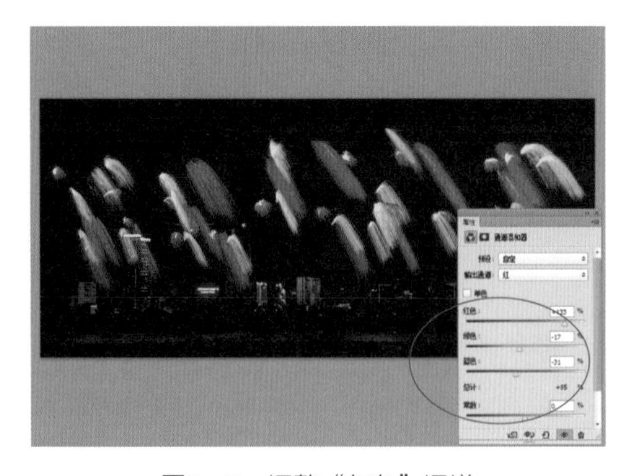

图7-49　调整“红色”通道

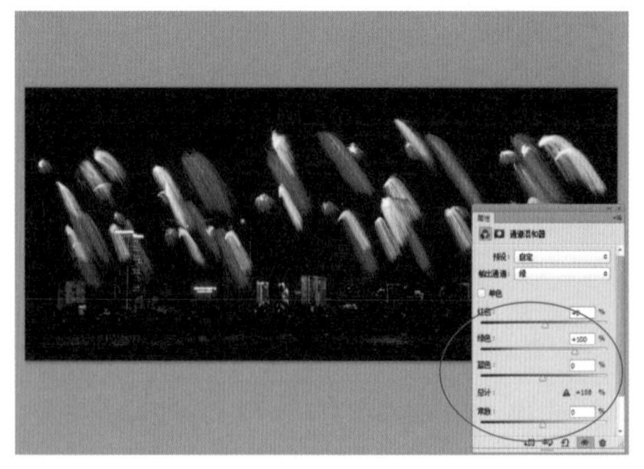

图7-50　调整“绿色”通道

专家提醒

“通道混合器”是风光照片后期处理中运用频率比较高的一个色彩调整命令，用户必须熟练掌握其使用方法。“通道混合器”属性面板中各选项的主要含义如下。

◆ 预设：该列表框中包含了Photoshop提供的预设调整设置文件，其中包括“使用红色滤镜的黑白”“使用蓝色滤镜的黑白”“使用绿色滤镜的黑白”“使用橙色滤镜的黑白”“使用红色滤镜的黑白”以及“使用黄色滤镜的黑白”，选择不同的选项会产生不同的效果。

◆ 输出通道：可以选择要调整的通道。

◆ 单色：选中该复选框，可以将彩色图像转换为黑白效果。

◆ 源通道：用来设置输出通道中红色、绿色、蓝色3个源通道所占的百分比。

◆ 总计：显示通道的总计值。

◆ 常数：用来调整输出通道的灰度值。

步骤 23　在“输出通道”列表框中选择“蓝”选项，设置参数值分别为-10%、0%、100%，调整“蓝”通道的色彩效果，如图7-51所示。

步骤 24　执行操作后，即可使用“通道混合器”调整图层完成其他颜色调整工具不易实现的创意色彩调整，效果如图7-52所示。

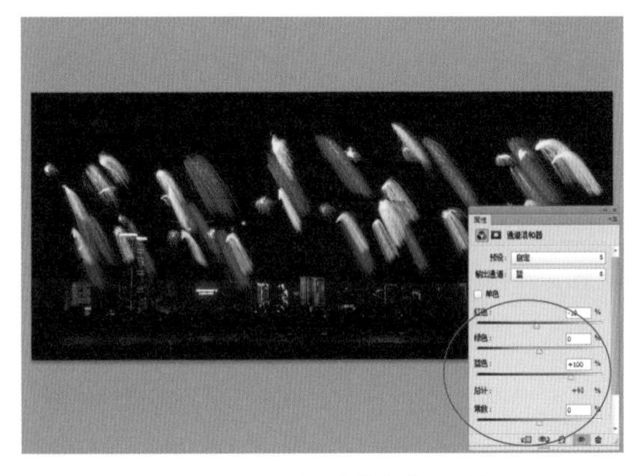

图7-51　调整“蓝色”通道

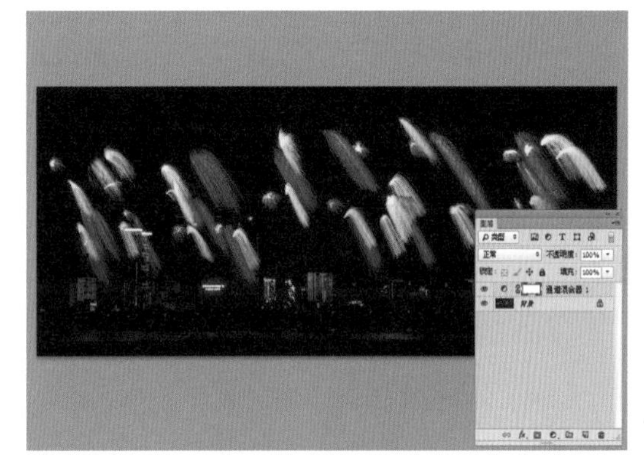

图7-52　最终效果

第8章

突显宏伟壮观的大桥

在拍摄大桥等比较宏伟的建筑物时，首先映入眼帘的是建筑物的外部结构，比如结构线条、颜色图案等。在拍摄时尽量选用长焦镜头，这样可以更好地表现出大桥的细节，同时也为照片的后期处理留有余地。本章介绍的就是一张大桥照片的Photoshop后期处理方法，帮助大家快速掌握处理此类照片的核心技法。

本章知识提要

- 核心1：局部精修
- 核心2：影调调整
- 核心3：色彩处理

素材照片拍摄的是一座宏伟的大桥，虽然构图比较完美，但由于拍摄时间较晚，太阳已经接近地平线，光线非常弱，因此整个照片的画面都比较暗淡，色彩也非常单一。

在后期中用Photoshop CC进行修饰时，为了提升画面意境，使其具有艺术感，可以为照片打造出特殊的色调，使大桥沐浴在金黄色的霞光之中，突显宏伟壮观的大桥。本实例最终效果如图8-1所示。

图8-1　实例效果

5项核心技法　完善构图　瑕疵修补　局部精修　影调调整　色彩处理

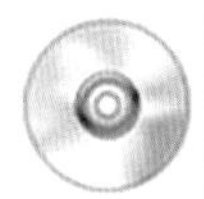

素材文件	光盘\素材\第8章\突显宏伟壮观的大桥.CR2
效果文件	光盘\效果\第8章\突显宏伟壮观的大桥.psd、突显宏伟壮观的大桥.jpg
视频文件	光盘\视频\第8章\第8章　突显宏伟壮观的大桥.mp4

◆ 核心 1：局部精修

关键技术 | 渐变滤镜工具、调整画笔工具

实例解析 | 在大桥类风光照片中，经常会想拍摄天地之间高反差的效果。用户可以在前期通过中灰渐变镜来获得高反差画面，但这样的效果非常有限。因此，用户只要在前期把握准确的曝光，即可在后期利用Adobe Camera Raw中强大的局部调整工具来进行精确调整。

步骤 1　单击“文件”|“打开”命令，在Camera Raw对话框中打开一张RAW格式的照片，如图8-2所示。

步骤 2　在Camera Raw对话框中，选取工具栏上的渐变滤镜工具，在图像预览窗口中，由上至下拖曳鼠标创建渐变区域，如图8-3所示。

图8-2　打开素材图像

图8-3　创建渐变区域

步骤 3　在右侧的“渐变滤镜”面板中，设置“色温”为30、“色调”为11，调整天空区域的白平衡，效果如图8-4所示。

步骤 4　在“渐变滤镜”面板中设置“曝光”为0.5、“对比度”为22、“饱和度”为16，效果如图8-5所示。

图8-4　调整天空区域的白平衡

图8-5　调整局部图像的影调和色调

步骤 5　单击“颜色”右侧的颜色选择框，在弹出的“拾色器”对话框中设置“色相”为60、“饱和度”为100，如图8-6所示。

步骤 6　单击“确定”按钮，加深天空区域的黄色，效果如图8-7所示。

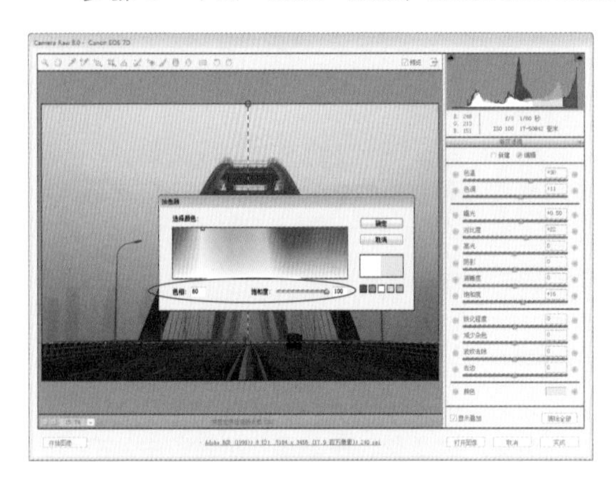

图8-6　设置“颜色”参数

图8-7　加深天空区域的黄色

步骤 7　选中“新建”单选按钮，在图像中的适当位置由下至上拖曳鼠标创建渐变区域，如图8-8所示。

步骤 8　在右侧的“渐变滤镜”面板中，设置“色温”为50、“色调”为70，调整桥面区域的白平衡，效果如图8-9所示。

步骤 9　在“渐变滤镜”面板中设置“曝光”为-0.1、“对比度”为27，调整该区域的影调，效果如图8-10所示。

步骤 10　在“渐变滤镜”面板中设置“清晰度”为33、“饱和度”为19，调整该区域的色彩和清晰度，效果如图8-11所示。

步骤 11　单击“颜色”右侧的颜色选择框，在弹出的“拾色器”对话框中设置“色相”为40、“饱和度”为100，如图8-12所示。

步骤 12　单击“确定”按钮，为桥面区域添加渐变色，效果如图8-13所示。

图8-8　创建渐变区域

图8-9　调整桥面区域的白平衡

图8-10　调整影调

图8-11　调整色彩和清晰度

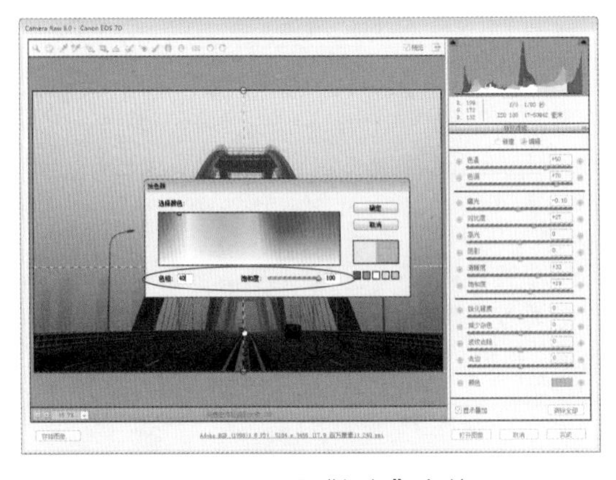

图8-12　设置“颜色”参数

图8-13　为桥面区域添加渐变色

步骤 13　在工具栏上选取调整画笔工具，在右侧的“调整画笔”选项面板中设置“大小”为10、“羽化”为50、“浓度”为100，选中“自动蒙版”与“显示蒙版”复选框在图像的桥面区域进行涂抹，如图8-14所示。

步骤 14　在“调整画笔”选项面板中单击“颜色”右侧的颜色选择框，在弹出的“拾色器”对话框中设置“色相”为55、“饱和度”为78，如图8-15所示。

图8-14　创建蒙版区域

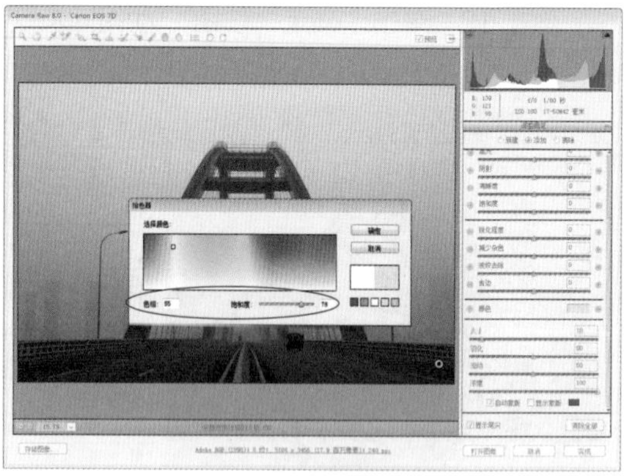

图8-15　设置颜色

步骤 15　单击“确定”按钮，取消选中“显示蒙版”复选框，调整该区域的颜色，效果如图8-16所示。

步骤 16　设置“色温”为32、“色调”为16，改变照片的白平衡，再次加深桥面区域的色彩，效果如图8-17所示。

图8-16　调整颜色效果

图8-17　图像效果

专家提醒

调整画笔工具的控件面板包含了曝光、亮度、对比度、饱和度、透明、锐化程度和颜色等选项。调整画笔工具是对画面局部进行调整，它对画面的作用是渐变的。

在Camera Raw对话框中打开一张RAW格式的照片，单击工具栏中的“调整画笔”工具按钮，或者是按【G】快捷键，即可在直方图下方显示“调整画笔”面板。

◆ 核心 2：影调调整

关键技术 | 色调选项、“色调曲线”面板

实例解析 | 在风光照片的后期处理中，曲线是最常用的影调工具之一，用户可以通过参数曲线、点曲线、通道曲线等来精准修饰照片的影调。

步骤 1　在Camera Raw对话框中，选取工具栏上的抓手工具，运用调整效果，如图8-18所示。

步骤 2　将“曝光”滑块调节至0.55，这样可以让整个画面显得稍亮一些，效果如图8-19所示。

图8-18　运用渐变滤镜效果

图8-19　提亮画面

步骤 3　下面要做的就是根据需要恢复暗部即可，首先将“高光”滑块调节至-13，此时的效果就是降低较亮区域的亮度，如画面中的天空亮度，效果如图8-20所示。

步骤 4　将“阴影”滑块调节至-6，可以看到画面中天空的亮度基本上没有变化，而前景比较暗的区域如桥面稍微变暗，效果如图8-21所示。

图8-20　降低高光区域的亮度

图8-21　降低阴影区域的亮度

步骤 5　将“白色”滑块调节至37，画面中天空的白色部分稍微提亮，效果如图8-22所示。

步骤 6　将“黑色”滑块调节至-42，进一步增加桥面的黑色，使之形成一种暗黄色的效果，如图8-23所示。

图8-22　稍微提亮白色部分

图8-23　增加桥面的黑色

步骤 7　将“对比度”滑块调节至9，增加天空与桥面的光影对比，效果如图8-24所示。

步骤 8　单击“色调曲线”按钮，展开“色调曲线”面板，首先进入“参数”选项卡，对有问题的部分进行针对性调整，如图8-25所示。

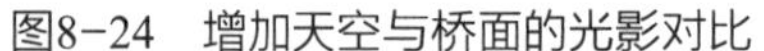

图8-24　增加天空与桥面的光影对比

图8-25　展开“色调曲线”面板

步骤 9　将“高光”滑块调节至-10，降低画面中的高光部分亮度，效果如图8-26所示。

步骤 10　将“亮调”滑块调节至18，图像中较亮的部分稍微变亮，效果如图8-27所示。

图8-26　设置“高光”参数

图8-27　设置“亮调”参数

步骤 11　将“暗调”滑块调节至-13，图像中的桥面部分变得更暗，效果如图8-28所示。

步骤 12　将“阴影”滑块调节至11，这时候可以看到画面阴影部分被轻微提亮，效果如图8-29所示。

步骤 13　切换至“点”选项卡，在RGB通道中，设置“曲线”为“强对比度”，控制图像反差，效果如图8-30所示。

步骤 14　设置“通道”为“蓝色”，为曲线添加一个坐标点，设置“输入”和“输出”分别为197、173，效果如图8-31所示。

步骤 15　为曲线添加一个坐标点，设置“输入”和“输出”分别为68、85，精准控制蓝色通道的影调，效果如图8-32所示。

步骤 16　设置“通道”为“红色”，为曲线添加一个坐标点，设置“输入”和“输出”分别为198、205，效果如图8-33所示。

图8-28　设置“暗调”参数

图8-29　设置“阴影”参数

图8-30　控制图像反差

图8-31　添加一个坐标点

图8-32　精准控制蓝色通道的影调

图8-33　添加“红色”通道坐标点

步骤 17　为曲线添加一个坐标点，设置“输入”和“输出”分别为68、87，精准控制红色通道的影调，效果如图8-34所示。

步骤 18　设置“通道”为“绿色”，为曲线添加一个坐标点，设置“输入”和“输出”分别为171、185，效果如图8-35所示。

图8-34 精准控制红色通道的影调

图8-35 调整“绿色”通道曲线

◆ 核心3：色彩处理

关键技术 | “HSL/灰度”面板、“分离色调”面板、“细节”面板、“渐变映射”调整图层

实例解析 | 对于这张照片来说，增强颜色是一个必要的工作环节，但应该增强到何种程度却很难有统一的看法。总之，有一个基本原则是必须遵守的，那就是颜色应该以增强到不影响色调细节为准。因此，我们可以通过Adobe Camera Raw中的“HSL/灰度”面板、“分离色调”面板、“细节”面板平衡色彩和细节进行调整，最后利用“渐变映射”调整图层进一步修饰色彩效果，加深画面的印象感。

步骤1 切换至“基本”面板，将“色温”滑块调节至6500，通过自定白平衡为照片创建个性化色调，效果如图8-36所示。

步骤2 将“清晰度”滑块调节至36，对照片进行基本的锐化处理，效果如图8-37所示。

图8-36 设定画面的白平衡

图8-37 加强画面清晰度

步骤3 将“自然饱和度”滑块调节至65，增加低饱和度颜色的饱和度，效果如图8-38所示。

步骤4 将“饱和度”滑块调节至-12，稍微降低整体画面的色彩饱和度，效果如图8-39所示。

步骤5 切换至“HSL/灰度”面板的“色相”选项卡，调节“橙色”滑块至-15，调整单个颜色的色相，效果如图8-40所示。

步骤6 切换至“HSL/灰度”面板的“饱和度”选项卡，调节“橙色”滑块至21，调整单个颜色的色彩浓度，效果如图8-41所示。

图8-38　调整“自然饱和度”滑块

图8-39　调整“饱和度”滑块

图8-40　调整单个颜色的色相

图8-41　调整单个颜色的色彩浓度

步骤 7　切换至“HSL/灰度”面板的“明亮度”选项卡，调节“橙色”滑块至-6，调整单个颜色的亮度，效果如图8-42所示。

步骤 8　切换至“分离色调”面板，在“高光”选项区中设置“色相”为200、“饱和度”为16，效果如图8-43所示。

图8-42　调整画面中红色和橙色的色彩明度

图8-43　设置“高光”色调

步骤 9　在“阴影”选项区中，设置“色相”为60、“饱和度”为58，效果如图8-44所示。

步骤 10　调节“平衡”滑块至28，平衡“高光”和“阴影”选项之间的影响，效果如图8-45所示。

图8-44　设置“阴影”色调

图8-45　调节“平衡”滑块

步骤 11　切换至“细节”面板，在左下角的“选择缩放级别”列表框中选择100%视图级别，放大图像，便于观察调整的细节，如图8-46所示。

步骤 12　在“锐化”选项区中，向右调节“数量”滑块至59，增强锐化效果，可以看到画面上的颗粒感也明显增加，效果如图8-47所示。

图8-46　放大图像

图8-47　增强锐化效果

步骤 13　向右调节“半径”滑块至1.5，对画面锐度进行改善，效果如图8-48所示。

步骤 14　按住调整“细节”滑块的同时按下【Alt】键，向左调节“细节”滑块至15，降低照片的颗粒感，效果如图8-49所示。

图8-48　改善画面锐度

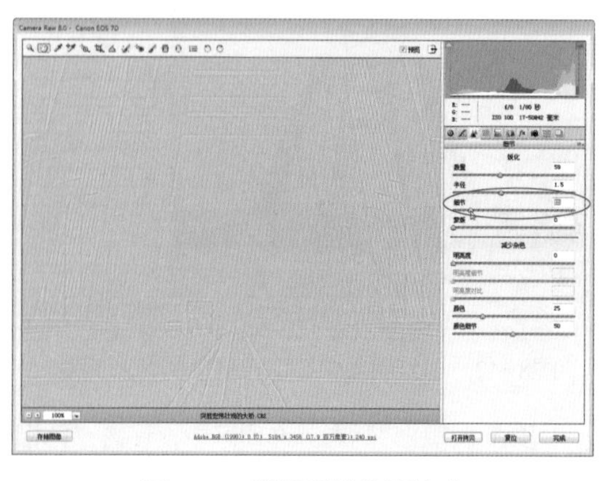
图8-49　降低照片的颗粒感

专家提醒

在处理风光照片时，“细节”选项常用于设置图像中锐化多少高频信息和锐化过程强调边缘的程度。

◆ 单击并向左拖曳“细节”滑块或者设置较低的数值，有助于锐化边缘以消除模糊，效果如图8-50所示。

◆ 单击并向右拖曳“细节”滑块或者设置较高的数值，则有助于使图像中的纹理更显著，效果如图8-51所示。

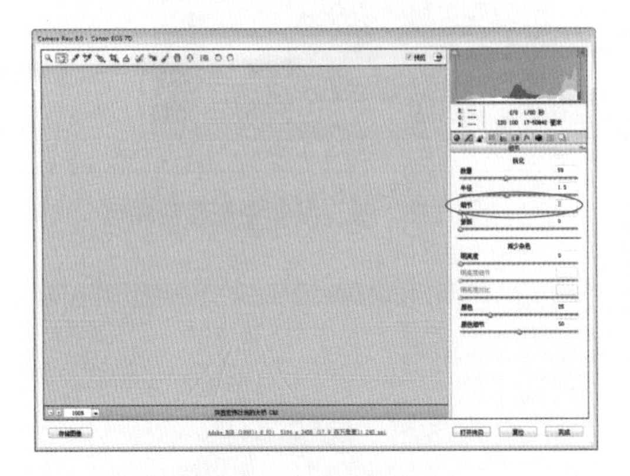

图8-50 “细节”为0

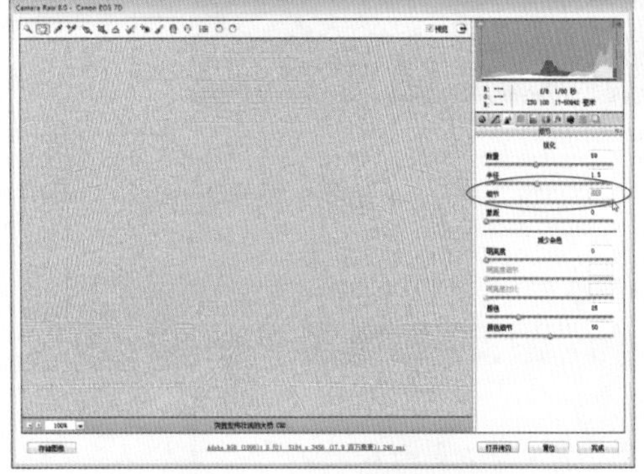

图8-51 “细节”为100

步骤 15 按住调整“蒙版”滑块的同时按【Alt】键，向右调节“蒙版”滑块至50，调整画面的锐化区域大小，如图8-52所示。

步骤 16 执行操作后，即可完成锐化图像的操作，效果如图8-53所示。

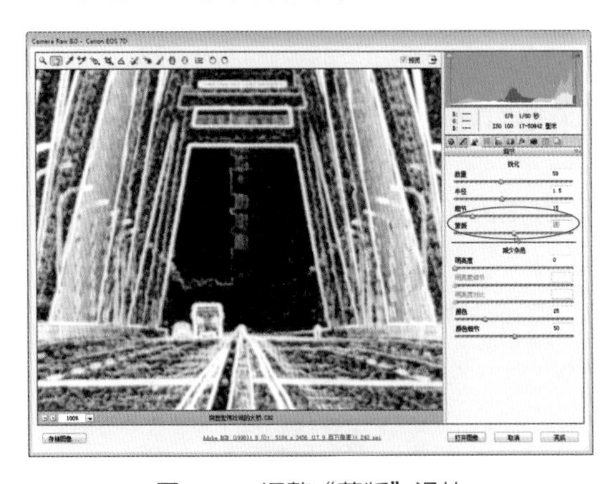

图8-52 调整“蒙版”滑块

图8-53 锐化图像

步骤 17 在“减少杂色”选项区中，设置“明亮度”为50、“明亮度细节”为50、“明亮度对比”为22，即可减少画面中的灰度噪点，效果如图8-54所示。

步骤 18 继续在“减少杂色”选项区中设置“颜色”为70、“颜色细节”为50，即可减少画面中的颜色噪点，效果如图8-55所示。

步骤 19 在左下角的“选择缩放级别”列表框中选择“符合视图大小”选项，效果如图8-56所示。

步骤 20 单击“打开图像”按钮，完成Camera Raw滤镜的编辑操作，并在Photoshop中打开编辑后的RAW格式照片文件，效果如图8-57所示。

图8-54　减少画面中的灰度噪点

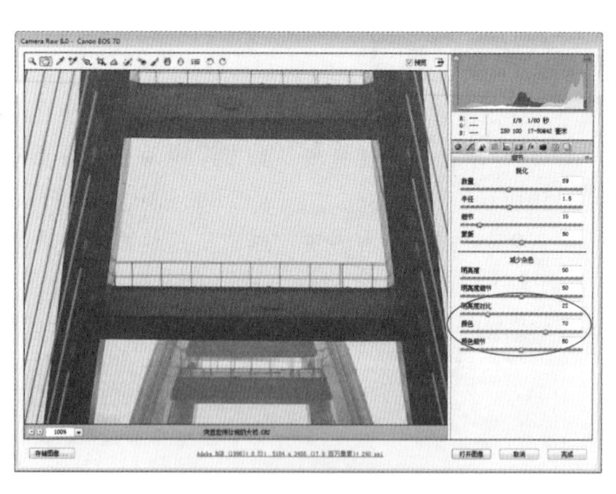

图8-55　减少画面中的颜色噪点

图8-56　选择缩放级别

图8-57　应用Camera Raw滤镜

步骤 21　单击“图层”面板底部的“创建新的填充或调整图层”按钮，在弹出的列表框中选择“渐变映射”选项，如图8-58所示。

步骤 22　执行操作后，即可创建“渐变映射1”调整图层，在“属性”面板中单击“点按可编辑渐变”色块，如图8-59所示。

图8-58　选择“渐变映射”选项

图8-59　单击“点按可编辑渐变”色块

步骤 23　弹出“渐变编辑器”对话框，在“预设”列表框中选择“前景色到透明渐变”选项，如图8-60所示。

步骤 24　单击“确定”按钮，应用渐变效果，如图8-61所示。

图8-60　选择“前景色到透明渐变”选项

图8-61　应用渐变效果

步骤 25　在“渐变映射1”调整图层的“混合模式”列表框中，选择“柔光”选项，如图8-62所示。

步骤 26　在“图层”面板中，设置“渐变映射1”调整图层的“不透明度”为50%，完成照片的编辑操作，最终效果如图8-63所示。

图8-62　选择“柔光”选项

图8-63　最终效果

第9章

烟雾朦胧的湖光山色

要拍摄梦幻缥缈的山水雾景，除了要注意雾气形状随风飘动的变化外，还需要选择最佳的拍摄时机，以此表现出雾气升腾的神秘感和大自然的力量感。当然，后期处理也是必不可少的步骤，通过为普通的山水雾景风光照片添加特殊的氛围，同样可以展现出烟雾朦胧的湖光山色。

本章知识提要

- 核心1：完善构图
- 核心2：局部精修
- 核心3：影调调整
- 核心4：色彩处理

在拍摄这张照片时，由于天气不是很好，因此山中的雾气比较重，尤其是湖面上雾气妖娆。画面的取景非常不错，但整体影调欠缺，色彩也偏暗，这是不足之处。

在后期中用Photoshop CC进行修饰时，除了改善画面的整体影调色彩外，我们还会对蓝色进行独立调整，增加天空和雾气的饱和度，使照片色彩更加饱满，制作成片时也更具视觉冲击力。本实例最终效果如图9-1所示。

图9-1　实例效果

5项核心技法　完善构图　**瑕疵修补**　局部精修　影调调整　色彩处理

素材文件	光盘\素材\第9章\烟雾朦胧的湖光山色.CR2
效果文件	光盘\效果\第9章\烟雾朦胧的湖光山色.psd、烟雾朦胧的湖光山色.jpg
视频文件	光盘\视频\第9章\第9章　烟雾朦胧的湖光山色.mp4

◆ 核心 1：完善构图

关键技术 | 裁剪工具

实例解析 | 拍摄山水风光照片时，经常会运用1/3构图原则，即将地平线（或者水平线）放到画面偏上方或者偏下方三分之一处的位置。当然前期没拍好也可以在后期运用裁剪工具实现这个效果，为欣赏者带来更为舒适的视觉感受。

步骤 1　单击“文件”|“打开”命令，在Camera Raw对话框中打开一张RAW格式的照片，如图9-2所示。

步骤 2　选取工具栏中的裁剪工具，如图9-3所示。

图9-2　打开素材图像

图9-3　选取裁剪工具

步骤 3　拖曳鼠标，在图像上创建一个合适大小的裁剪框，如图9-4所示。

步骤 4　按【Enter】键即可确认图像的裁剪，裁剪框以外的区域被裁剪，对照片进行二次构图，效果如图9-5所示。

图9-4　创建一个合适大小的裁剪框

图9-5　对照片进行二次构图

◆ 核心 2：局部精修

关键技术｜渐变滤镜工具、“镜头晕影”选项

实例解析｜这张照片拍摄于阴天，天空区域过于灰白，缺少层次感，因此后期通过渐变滤镜工具对天空局部进行调整，并运用“镜头晕影”选项为照片添加暗角，使主体更突出。

步骤 1　在Camera Raw对话框中，选取工具栏上的渐变滤镜工具，在图像预览窗口中，由上至下拖曳鼠标创建渐变区域，如图9-6所示。

步骤 2　在右侧的“渐变滤镜”面板中，设置“色温”为-11、“色调”为31，调整天空区域的白平衡，效果如图9-7所示。

图9-6　创建渐变区域

图9-7　调整天空区域的白平衡

步骤 3　在“渐变滤镜”面板中设置“曝光”为-0.25、“对比度”为-6，调整天空区域的影调，效果如图9-8所示。

步骤 4　设置“清晰度”为-19、“饱和度”为-40，调整天空区域的色彩和清晰度，效果如图9-9所示。

图9-8　调整局部图像的影调

图9-9　调整局部图像的色彩和清晰度

步骤 5　单击“颜色”右侧的颜色选择框，在弹出的“拾色器”对话框中设置“色相”为188、“饱和度”为30，如图9-10所示。

步骤 6　单击“确定”按钮，加深天空区域的色彩，效果如图9-11所示。

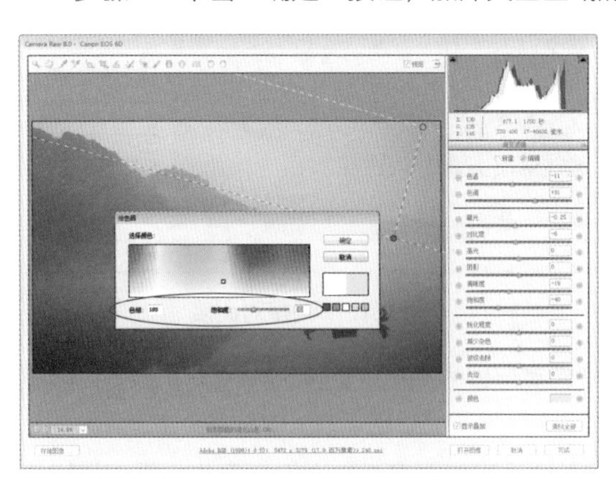

图9-10　设置“颜色”参数

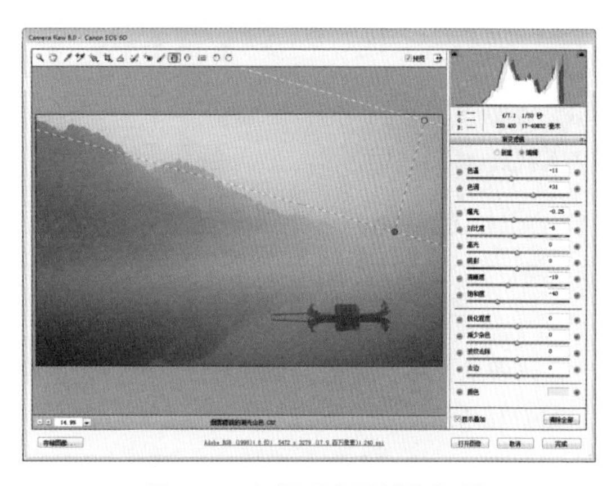

图9-11　加深天空区域的色彩

步骤 7　在Camera Raw对话框中，选取工具栏上的抓手工具，运用渐变滤镜效果，如图9-12所示。

步骤 8　切换至“镜头校正”面板的“手动”选项卡，在“镜头晕影”选项区中设置“数量”为-12、“中点”为40，添加黑色的镜头暗角效果，如图9-13所示。

图9-12　运用渐变滤镜效果

图9-13　添加黑色的镜头暗角效果

◆ 核心3：影调调整

关键技术 | 色调选项、“色调曲线”面板

实例解析 | 由于拍摄角度和光线的影响，拍摄出来的画面对比度不够强烈，整体灰暗，曝光也不准确，因此显得毫无特色。下面主要运用Adobe Camera Raw中的色调选项、“色调曲线”面板中的各参数对照片进行调整，增强照片的层次感，使照片独具特色。

步骤1　切换至“基本”面板，将“曝光”滑块调节至-0.1，将照片的曝光调低，这样可以让照片看上去更暗些，效果如图9-14所示。

步骤2　由于画面的对比度不够，因此需要对其对比度进行稍微地调整，将“对比度”滑块调节至9，效果如图9-15所示。

图9-14　将照片的曝光调低

图9-15　调整对比度

步骤3　将“高光”滑块调节至-8，以此来降低较亮区域的亮度，如画面中的天空亮度，效果如图9-16所示。

步骤4　将“阴影”滑块调节至5，可以看到画面中天空的亮度基本上没有变化，而前景比较暗的区域如山体部分稍微提亮，效果如图9-17所示。

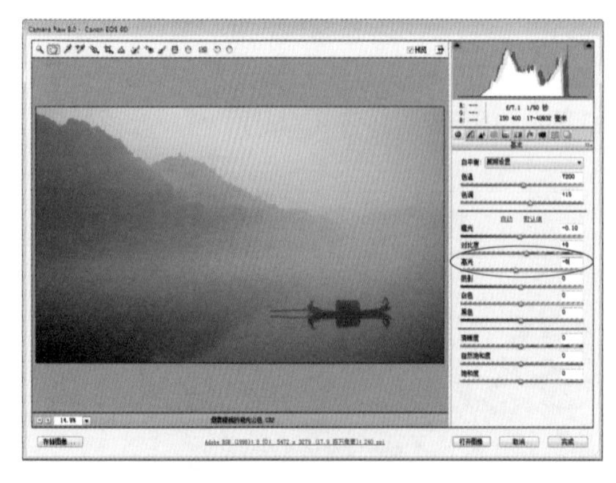

图9-16　降低较亮区域的亮度

图9-17　提亮较暗的区域

专家提醒

在Camera Raw对话框中，“直方图”面板中的“阴影高光修剪”警告可用来观察失去高光或暗部区域的大小、位置和分布情况。

◆ “显示阴影剪切”警告：在“直方图”面板中，单击左上角的三角形图标，即可显示阴影部分严重曝光不足的区域。

◆ “显示高光剪切”警告：单击右上角的三角形图标，可以显示高光部分曝光过度的区域。

步骤 5　将“白色”滑块调节至46，画面中的天空和水面的白色部分被大幅提亮，效果如图9-18所示。

步骤 6　将“黑色”滑块调节至-50，进一步加深画面的黑色，增强图像的层次感，效果如图9-19所示。

图9-18　大幅提亮白色部分

图9-19　增强图像的层次感

步骤 7　切换至“色调曲线”面板的“参数”选项卡，将“高光”滑块调节至16，增加画面中的高光部分亮度，效果如图9-20所示。

步骤 8　将“亮调”滑块调节至28，图像中较亮的部分稍微变亮，效果如图9-21所示。

图9-20　设置“高光”参数

图9-21　设置“亮调”参数

步骤 9　将“暗调”滑块调节至-40，图像中的暗部变得更暗，效果如图9-22所示。

步骤 10　将“阴影”滑块调节至-42，图像中的阴影部分变暗，效果如图9-23所示。

图9-22　设置“暗调”参数

图9-23　设置“阴影”参数

步骤 11　切换至“点”选项卡，在RGB通道中，设置“曲线”为“强对比度”，控制图像反差，效果如图9-24所示。

步骤 12　设置“通道”为“蓝色”，为曲线添加一个坐标点，设置“输入”和“输出”分别为175、158，效果如图9-25所示。

图9-24　控制图像反差

图9-25　控制蓝色通道的影调

专家提醒

打开“色调曲线”面板，该面板下默认为“参数”选项卡，选项卡中的“高光”“亮调”“暗调”和“阴影”选项分别用于设置图像的高光亮度、较亮部分的影调、较暗部分的影调和阴影部分的影调。通过拖曳滑块或者输入数值，可以对照片的影调进行精细的调整。

步骤 13　设置“通道”为“红色”，为曲线添加一个坐标点，设置“输入”和“输出”分别为186、167，效果如图9-26所示。

步骤 14　设置“通道”为“绿色”，为曲线添加一个坐标点，设置“输入”和“输出”分别为155、175，效果如图9-27所示。

图9-26　控制红色通道的影调

图9-27　控制绿色通道的影调

专家提醒

在调整风光照片的影调时，用户可以通过查看Photoshop中的直方图来判断照片的曝光是否准确。

- ◆ 影调溢出：即在直方图中“红色”“绿色”“蓝色”三个通道同时出现溢出情况。
- ◆ 饱和度溢出：即在直方图中有一个或者两个通道出现溢出情况。

◆ 核心 4：色彩处理

关键技术 | “HSL/灰度”面板、“分离色调”面板、“细节”面板、“色彩平衡”调整图层

实例解析 | 为了使照片更具有艺术感，可以运用“HSL/灰度”面板、“分离色调”面板等对图像的色调进行调整。但是要得到更加完美的画质，还需要对照片进行锐化和降噪处理，使图像清晰地呈现出更多的细节。

步骤 1　切换至“基本”面板，在“白平衡”列表框中选择“闪光灯”选项，应用预置的白平衡，效果如图9-28所示。

步骤 2　将“清晰度”滑块调节至9，对照片进行基本的锐化处理，效果如图9-29所示。

图9-28　应用预置的白平衡

图9-29　加强画面的清晰度

步骤 3　将“自然饱和度”滑块调节至63，增加低饱和度区域的饱和度，效果如图9-30所示。

步骤 4　将“饱和度”滑块调节至12，增加整体画面的色彩饱和度，效果如图9-31所示。

图9-30　调整“自然饱和度”滑块

图9-31　调整“饱和度”滑块

步骤 5　切换至“HSL/灰度”面板的“色相”选项卡，设置“浅绿色”为25、“蓝色”为-3，调整单个颜色的色相，效果如图9-32所示。

步骤 6　切换至“HSL/灰度”面板的“饱和度”选项卡，设置“浅绿色”为13、“蓝色”为-6，调整单个颜色的色彩浓度，效果如图9-33所示。

图9-32　调整单个颜色的色相

图9-33　调整单个颜色的色彩浓度

步骤 7　切换至“HSL/灰度”面板的“明亮度”选项卡，设置“浅绿色”为43、“蓝色”为11，调整单个颜色的亮度，效果如图9-34所示。

步骤 8　切换至“分离色调”面板，在“高光”选项区中设置“色相”为233、“饱和度”为81，效果如图9-35所示。

图9-34　调整单个颜色的亮度

图9-35　设置“高光”色调

步骤 9　在“阴影”选项区中，设置“色相”为180、“饱和度”为61，效果如图9-36所示。

步骤 10　调节“平衡”滑块至-18，平衡“高光”和“阴影”选项之间的影响，效果如图9-37所示。

图9-36　设置“阴影”色调

图9-37　调节“平衡”滑块

专家提醒

在风光照片的后期处理过程中，用户可以通过设置Adobe Camera Raw中的“分离色调”面板下的各项参数，为图像创建有个性的色彩。

◆ 通过调整“高光”和“阴影”选项区中的“色相”和“饱和度”选项，可以调整照片高光和阴影部分的色彩，使图像色调更改。

◆ 通过调整“平衡”选项，可以平衡“高光”和“阴影”这两个选项对画面产生的影响，输入的数值若为负值，则可加强高光的影响。

另外，“分离色调”面板还可以为灰度图像着色，为黑白的图像添加个性的色调。例如，用户可以将彩色的风光照片调整为黑白图像，然后通过“分离色调”面板制作出双色调效果。

步骤 11　切换至“细节”面板，在左下角的“选择缩放级别”列表框中选择100%视图级别，放大图像，便于观察调整的细节，如图9-38所示。

步骤 12　在“锐化”选项区中，向右调节“数量”滑块至71，增强锐化效果，可以看到画面上的颗粒感也明显增加，效果如图9-39所示。

图9-38　放大图像

图9-39　增强锐化效果

步骤 13　向右调节“半径”滑块至1.5，对画面锐度进行改善，效果如图9-40所示。

步骤 14　按住调整“细节”滑块的同时按下【Alt】键，向右调节“细节”滑块至37，增加照片的颗粒感，效果如图9-41所示。

图9-40　改善画面锐度

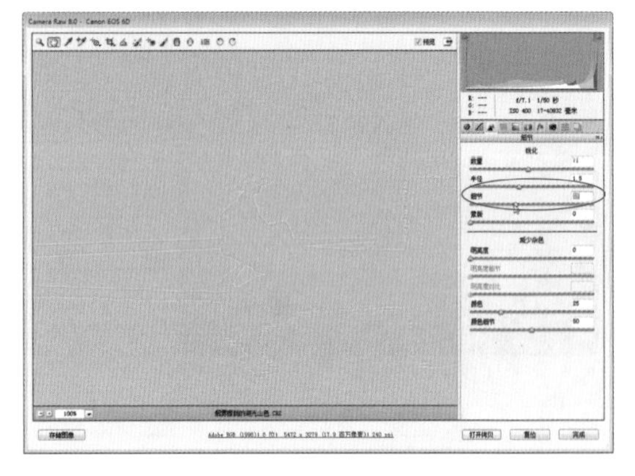

图9-41　增加照片的颗粒感

步骤 15　按住调整“蒙版”滑块的同时按下【Alt】键，向右调节“蒙版”滑块至30，调整画面的锐化区域大小，如图9-42所示。

步骤 16　执行操作后，即可完成锐化图像的操作，效果如图9-43所示。

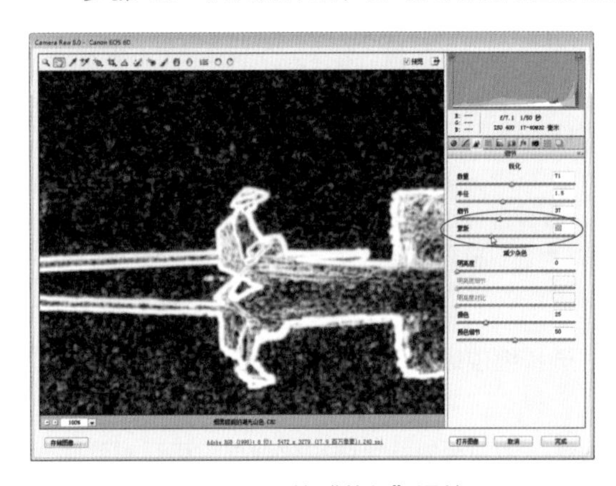

图9-42　调整“蒙版”滑块

图9-43　锐化图像

步骤 17　在“减少杂色”选项区中，设置“明亮度”为30、“明亮度细节”为50、“明亮度对比”为18，即可减少画面中的灰度噪点，效果如图9-44所示。

步骤 18　继续在“减少杂色”选项区中设置“颜色”为57、“颜色细节”为61，即可减少画面中的颜色噪点，效果如图9-45所示。

步骤 19　在左下角的“选择缩放级别”列表框中选择“符合视图大小”选项，效果如图9-46所示。

步骤 20　单击“打开图像”按钮，完成Camera Raw滤镜的编辑操作，并在Photoshop中打开编辑后的RAW格式照片文件，效果如图9-47所示。

步骤 21　单击“图层”面板底部的“创建新的填充或调整图层”按钮，在弹出的列表框中选择“色彩平衡”选项，如图9-48所示。

步骤 22　执行操作后，即可创建“色彩平衡1”调整图层，如图9-49所示。

图9-44　减少画面中的灰度噪点

图9-45　减少画面中的颜色噪点

图9-46　选择缩放级别

图9-47　应用Camera Raw滤镜

图9-48　选择“色彩平衡”选项

图9-49　创建“色彩平衡1”调整图层

步骤 23　在“属性”面板中，设置“中间调”的参数值分别为100、-100、0，效果如图9-50所示。

步骤 24　在“图层”面板中，设置“色彩平衡1”调整图层的“混合模式”为“柔光”、“不透明度”为30%，效果如图9-51所示。

步骤 25　新建“通道混合器1”调整图层，在“属性”面板的“预设”列表框中选择“使用黄色滤镜的黑白（RGB）”选项，效果如图9-52所示。

步骤 26 在“图层”面板中，设置“通道混合器1”调整图层的“混合模式”为“柔光”、“不透明度”为60%，完成照片的编辑操作，最终效果如图9-53所示。

图9-50 设置“中间调”参数

图9-51 图像效果

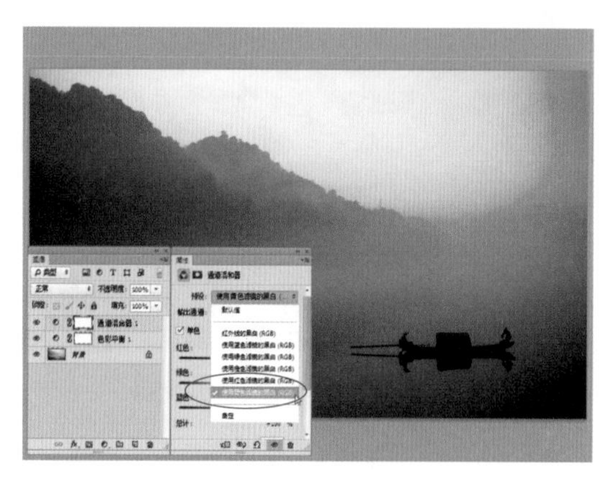

图9-52 选择“使用黄色滤镜的黑白（RGB）”选项

图9-53 最终效果

第10章

富有光影韵律的建筑

在拍摄城市类风光题材时，用户应该时刻注意观察建筑物光影的变化情况，大胆地截取建筑物的局部。很多路标、路灯等的设计都别具匠心，也是很值得拍摄的景物。本实例中的素材就是这样一张运用独特视角拍摄的建筑照片，通过Photoshop后期处理，其中的线条富有光影韵律，充满让人惊喜的画面色调效果。

本章知识提要

- 核心1：影调调整
- 核心2：色彩处理

在拍摄城市风光时，用户应该多关注城市中那些别具匠心的特色建筑。本实例便是这样一张照片，但由于拍摄环境偏暗，画面的色彩和细节表现不够完善。

在后期中用Photoshop CC进行修饰时，应用各种影调和色彩调整命令，对图像的光影进行调整，为图像添加特殊的青黄色调效果，加上前期完美的构图，令照片更具光影韵律的特色。

本实例最终效果如图10−1所示。

图10−1　实例效果

5项核心技法　完善构图　瑕疵修补　局部精修　影调调整　色彩处理

素材文件	光盘\素材\第9章\富有光影韵律的建筑.jpg
效果文件	光盘\效果\第10章\富有光影韵律的建筑.psd、富有光影韵律的建筑.jpg
视频文件	光盘\视频\第10章\第10章　富有光影韵律的建筑.mp4

◆ 核心 1：影调调整

关键技术 | “亮度/对比度”调整图层、“色阶”调整图层、“曲线”调整图层、“曝光度”调整图层、“阴影/高光”命令

实例解析 | 暗调是风光照片中的重要组成部分，本实例中的天空、树林等都曝光不足，暗调部分一片死黑，因此首先运用Photoshop中的各种影调功能丰富画面的暗调层次。

步骤 1　单击“文件” | “打开”命令，打开一幅素材图像，如图10−2所示。

步骤 2　展开“图层”面板，新建“亮度/对比度1”调整图层，向右调节“亮度”滑块至49，增加图像亮度，效果如图10−3所示。

图10−2　打开素材图像

图10−3　增加图像亮度

步骤 3　向左调节“对比度”滑块至-9，降低图像的对比度，效果如图10-4所示。

步骤 4　新建“色阶1”调整图层，在“属性”面板中设置RGB通道的输入色阶参数值分别为0、1.29、236，调整画面的整体明暗关系，如图10-5所示。

图10-4　降低图像的对比度

图10-5　调整画面的整体明暗关系

步骤 5　在通道列表框中选择“红”选项，设置输入色阶各参数值分别为0、0.9、233，校正画面中红色像素的亮度强弱，效果如图10-6所示。

步骤 6　在通道列表框中选择“绿”选项，设置输入色阶各参数值分别为0、0.85、228，校正画面中绿色像素的亮度强弱，效果如图10-7所示。

图10-6　校正红色像素

图10-7　校正绿色像素

步骤 7　在通道列表框中选择“蓝”选项，设置输入色阶各参数值分别为0、1.11、250，校正画面中蓝色像素的亮度强弱，效果如图10-8所示。

步骤 8　新建“曲线1”调整图层，在“属性”面板中的网格上单击鼠标左键，建立坐标点，设置“输出”为219、“输入”为209，如图10-9所示。

步骤 9　在曲线上再添加一个坐标点，设置“输出”为118、“输入”为100，调整图像的整体影调，效果如图10-10所示。

步骤 10　在通道列表框中选择“红”选项，在曲线上添加一个坐标点，设置“输出”为195、“输入”为212，降低高光部分的红色影调，效果如图10-11所示。

步骤 11　在曲线上再添加一个坐标点，设置“输出”为77、“输入”为107，降低暗调部分的红色影调，效果如图10-12所示。

步骤 12　在通道列表框中选择“绿”选项，在曲线上添加一个坐标点，设置“输出”为215、“输入”为228，降低高光区域的绿色影调，效果如图10-13所示。

图10-8　校正蓝色像素

图10-9　调整RGB通道（1）

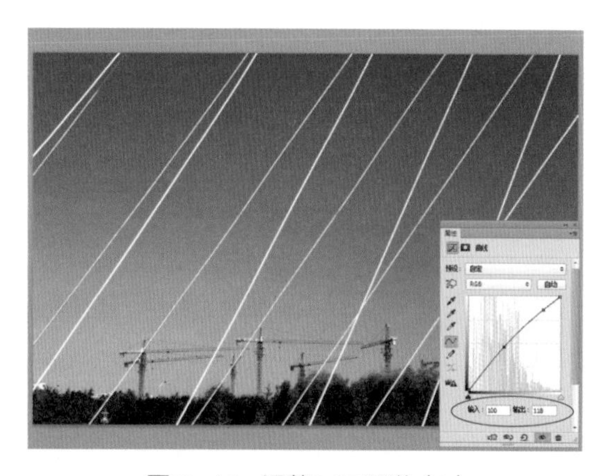

图10-10　调整RGB通道（2）

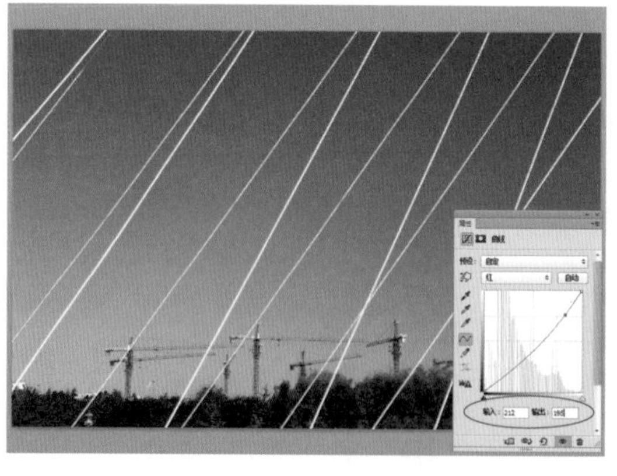

图10-11　调整红色通道（1）

图10-12　调整红色通道（2）

图10-13　调整绿色通道（1）

步骤 13　在曲线上再添加一个坐标点，设置“输出”为66、“输入”为58，增加阴影区域的绿色影调，效果如图10-14所示。

步骤 14　在通道列表框中选择“蓝”选项，在曲线上添加一个坐标点，设置“输出”为208、“输入”为219，降低高光区域的蓝色影调，效果如图10-15所示。

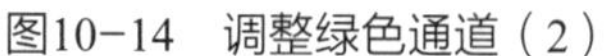

图10-14　调整绿色通道（2）

图10-15　调整蓝色通道（1）

步骤 15　在曲线上再添加一个坐标点，设置“输出”为87、“输入”为105，降低暗调区域的蓝色影调，效果如图10-16所示。

步骤 16　新建“曝光度 1”调整图层，在“属性”面板中设置“曝光度”为0.25，调整图像曝光度，如图10-17所示。

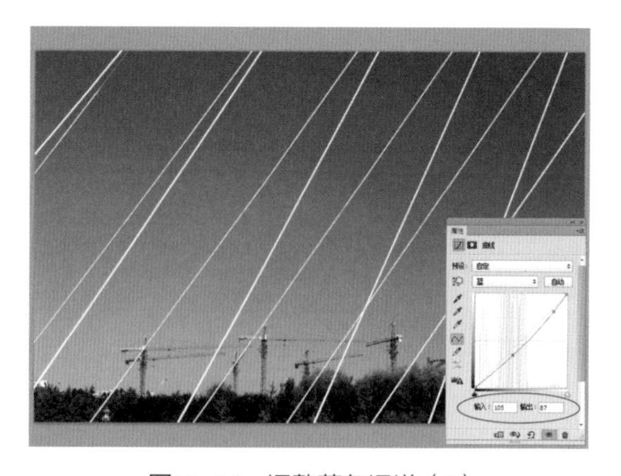

图10-16　调整蓝色通道（2）

图10-17　调整图像曝光度

步骤 17　按【Ctrl＋Alt＋Shift＋E】组合键，盖印图层，得到“图层1”图层，如图10-18所示。

步骤 18　在菜单栏中单击“图像”|“调整”|“阴影/高光”命令，如图10-19所示。

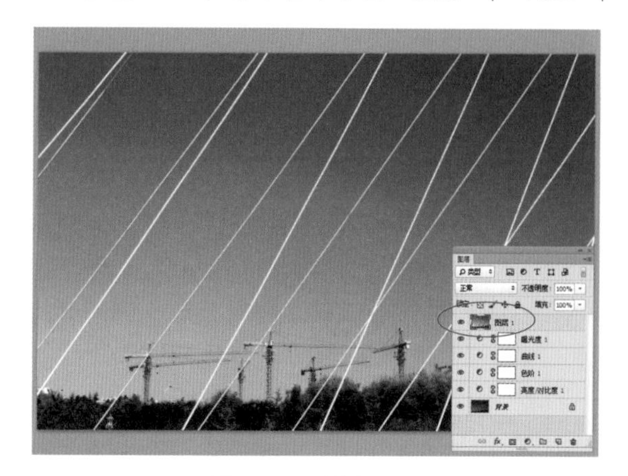

图10-18　盖印图层

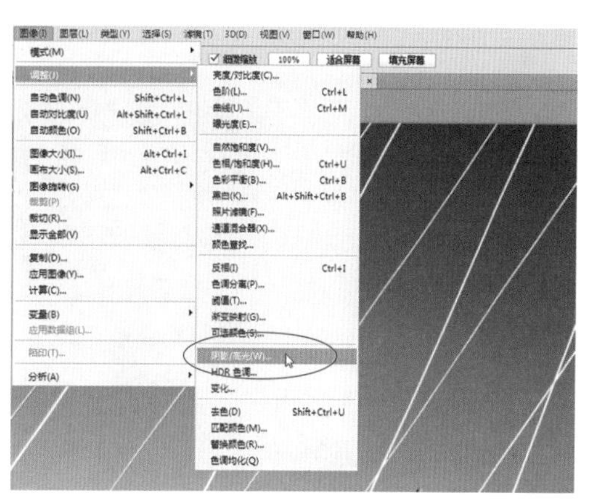

图10-19　单击“阴影/高光”命令

步骤 19　执行操作后，弹出“阴影/高光”对话框，设置阴影“数量”为18%、高光“数量”为11%，如图10-20所示。

步骤 20　单击“确定”按钮，即可快速调整图像曝光不足区域的对比度，同时还能保持照片色彩的整体平衡，如图10-21所示。

图10-20　设置“阴影/高光”参数

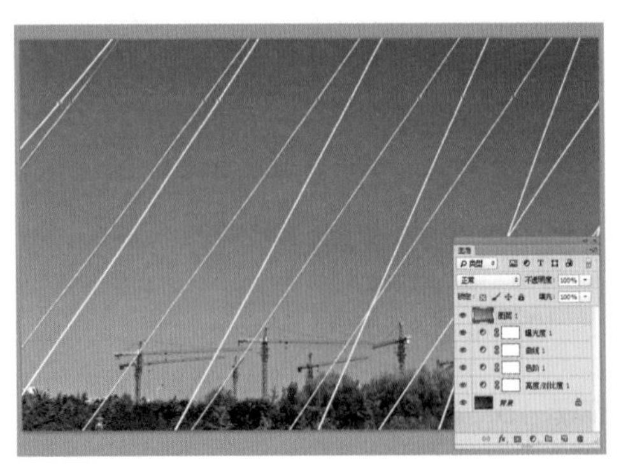

图10-21　图像效果

专家提醒

在逆光拍摄过程中，当照片中的元素如果因强光而形成阴影，或者被摄对象由于太接近相机闪光灯而产生有些发白的焦点时，可以运用“阴影/高光”命令进行校正。

在“阴影/高光”对话框中，用户可以拖曳“阴影”或“高光”选项区中的“数量”滑块，对图像阴影或高光区域进行调整，该数值越大则调整的幅度越大。

◆ 核心2：色彩处理

关键技术 | “高斯模糊”命令、“选取颜色”调整图层、“高反差保留”命令

实例解析 | 有时候风光照片的真实色彩反而会让照片趋于平淡，而对照片的色调进行一些大胆的调整，更能让照片出彩。下面就通过应用Photoshop中的“高斯模糊”命令、“选取颜色”调整图层、“高反差保留”命令等命令结合图层混合模式，调整出风光照片的青黄色调。

步骤 1　展开“图层”面板，复制“图层1”图层，得到“图层1拷贝”图层，如图10-22所示。

步骤 2　首先运用“高斯模糊”滤镜模糊背景，使线条主体更加突出。在菜单栏中单击“滤镜”|“模糊”|“高斯模糊”命令，如图10-23所示。

图10-22　复制图层

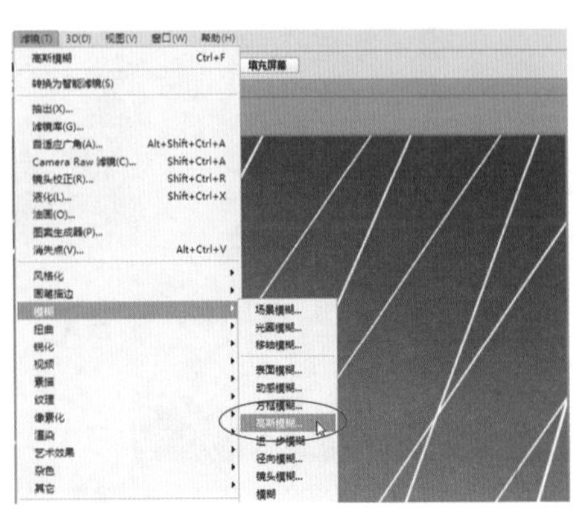

图10-23　单击“高斯模糊”命令

步骤3 弹出“高斯模糊”对话框，设置“半径”为8像素，如图10-24所示。

步骤4 单击“确定”按钮，即可模糊图像，效果如图10-25所示。

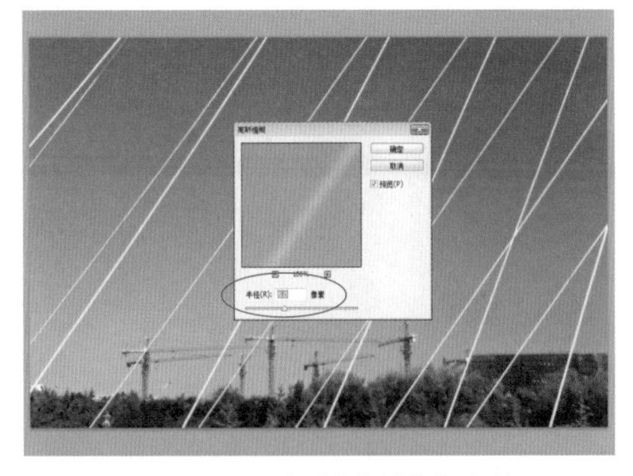

图10-24 设置“高斯模糊”参数

图10-25 模糊图像

步骤5 设置“图层1拷贝”图层的“混合模式”为“叠加”，效果如图10-26所示。

步骤6 复制“图层1拷贝”图层，得到“图层1拷贝2”图层，如图10-27所示。

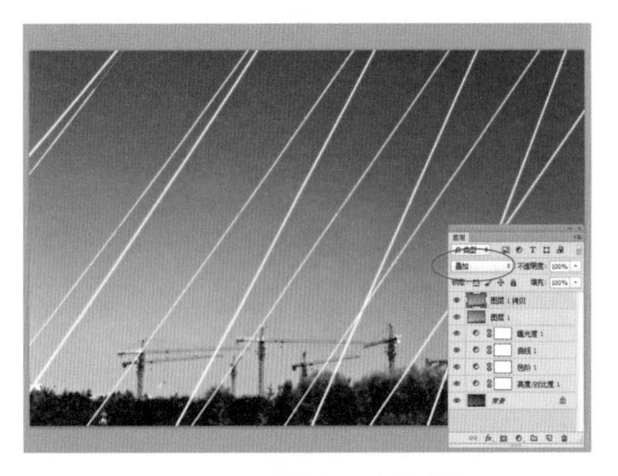

图10-26 设置图层混合模式效果

图10-27 复制图层

步骤7 设置“图层1拷贝2”图层的“不透明度”为60%，虚化背景区域，效果如图10-28所示。

步骤8 展开“图层”面板，新建“选取颜色1”调整图层，如图10-29所示。

图10-28 虚化背景区域

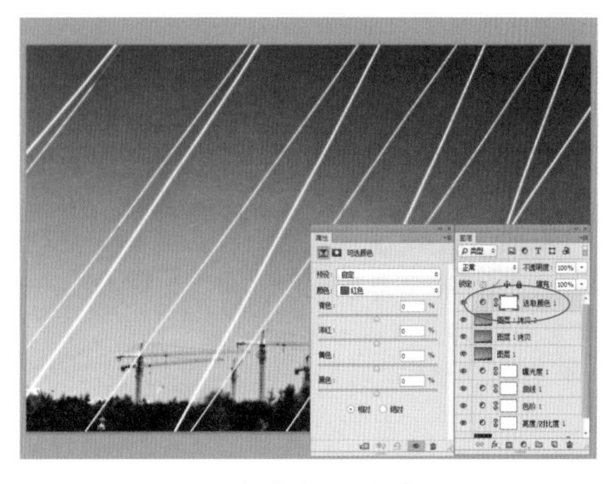

图10-29 新建“选取颜色1”调整图层

步骤 9　展开“属性”面板，在“颜色”列表框中选择“红色”选项，设置“青色”为58%、“洋红”为50%、“黄色”为38%、“黑色”为68%，效果如图10-30所示。

步骤 10　在“颜色”列表框中选择“中性色”选项，设置“青色”为-30%、“洋红”为-19%、“黄色”为-13%、“黑色”为33%，效果如图10-31所示。

图10-30　设置“红色”参数

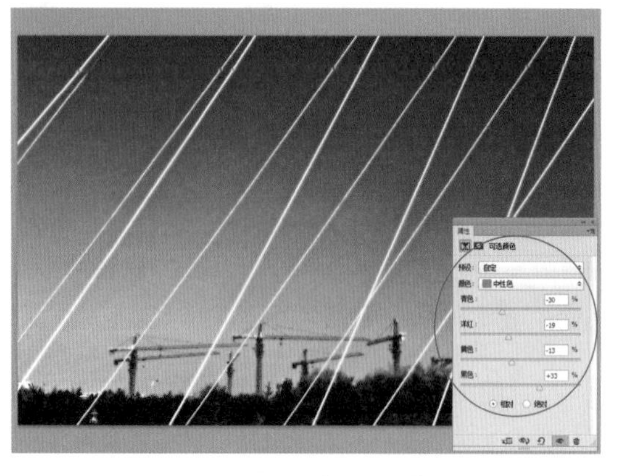

图10-31　设置“中性色”参数

步骤 11　按【Ctrl+Alt+Shift+E】组合键，盖印图层，得到“图层2”图层，如图10-32所示。

步骤 12　选择“图层2”图层，单击鼠标右键，在弹出的列表框中选择“转换为智能对象”选项，如图10-33所示。

图10-32　盖印图层

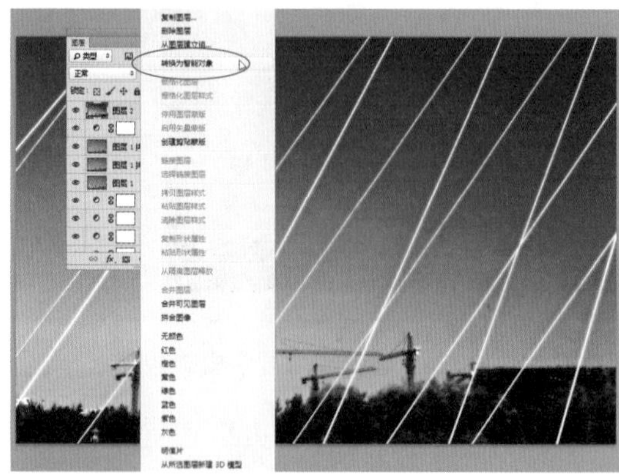

图10-33　选择“转换为智能对象”选项

步骤 13　执行操作后，即可将“图层2”图层转换为智能对象，智能对象可以最大化地保存照片的原始信息，可以使用大部分滤镜，如图10-34所示。

步骤 14　在菜单栏中单击“滤镜”|“其他”|“高反差保留”命令，如图10-35所示。

专家提醒

锐化和降噪通常是风光照片后期处理的最后步骤。Photoshop中有很多锐化和降噪的功能，其中“高反差保留”就是一种常用的方式，它的过程比较简单，对照片的处理也几乎是无损的，并且具有相当高的弹性和控制度。

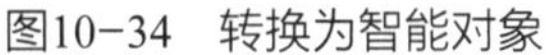

图10-34　转换为智能对象

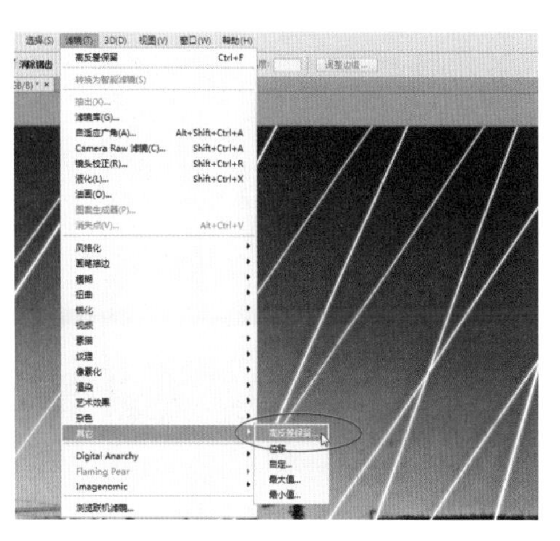

图10-35　单击“高反差保留”命令

步骤 15　执行操作后，弹出“高反差保留”对话框，设置“半径”为5.5像素，如图10-36所示。

步骤 16　单击“确定”按钮，应用“高反差保留”滤镜，效果如图10-37所示。

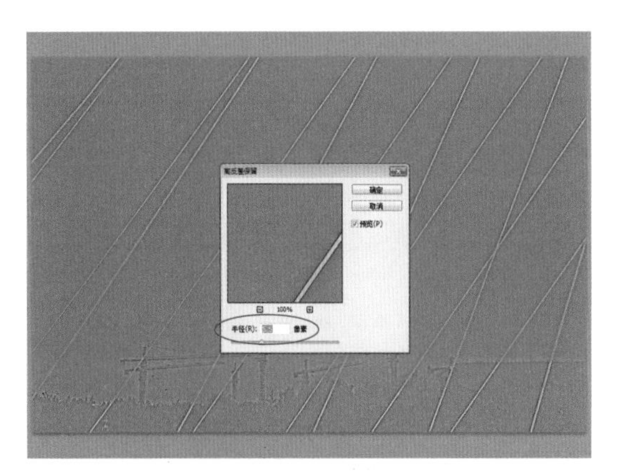

图10-36　设置“高反差保留”参数

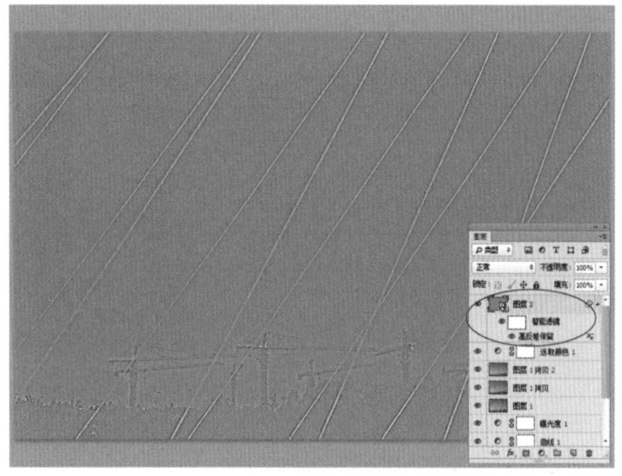

图10-37　应用“高反差保留”滤镜

专家提醒

“高反差保留”功能可以自动过滤出照片中的一些对比较高的部分，主要就是风光照片中的边缘/轮廓部分，并对这些部分进行利化处理。

其他的锐化功能往往是对整幅画面进行修饰，这样很容易产生不必要的噪点。因此，在风光照片后期处理中，“高反差保留”锐化还是较受推崇的。

步骤 17　在“图层”面板中选择“图层2”图层，在“混合模式”列表框中选择“亮光”选项，如图10-38所示。

步骤 18　执行操作后，即可锐化照片，效果如图10-39所示。

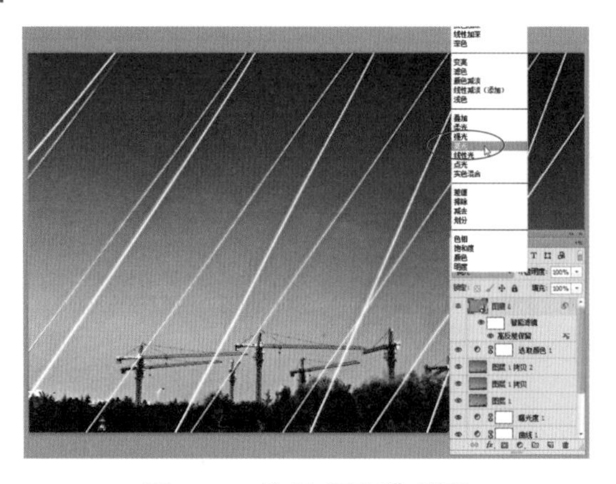

图10-38　选择“亮光”选项

图10-39　锐化照片

专家提醒

“高频轮廓，低频色块”是“高反差保留”的原理，再利用图层混合，进而达到锐化图像的目的。一般情况下，选择“对比度”混合模式组下的颜色混合，可以让锐化的效果更加明显，特别是“线性光”“柔光”“叠加”模式，设置后可以达到强化边缘的效果，如图10-40所示。

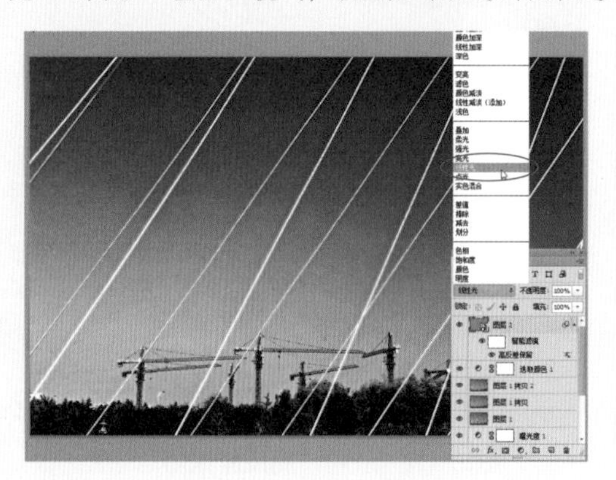

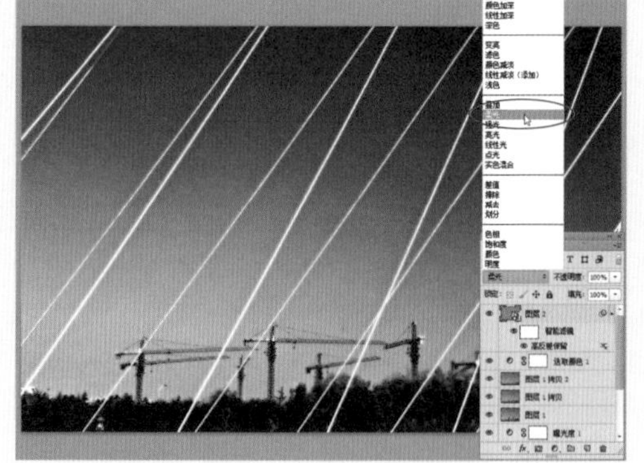

图10-40　使用“线性光”（左图）与“柔光”（右图）混合模式的锐化效果

在本实例中，为了让风光照片变得清晰，在“图层”面板中将锐化后的图像混合模式设置为“亮光”，可以看到线条、树林以及远处的塔吊的纹理都变得清晰起来，如图10-41所示。

图10-41　放大照片查看锐化效果

第11章

娇艳欲滴的花朵

花卉摄影往往不需要使用专业的微距镜头，事实上，只要掌握了Photoshop后期处理技巧，即可用任何镜头拍摄花卉，然后通过后期处理展现娇艳欲滴的花朵效果。

本章知识提要

- 核心1：局部精修
- 核心2：影调调整
- 核心3：色彩处理

本实例拍摄的是一张花卉照片。花卉摄影多采用竖幅构图，这是由花朵的形状特征决定的。原素材构图非常好，但画面却因缺乏光影而显得平淡无奇、毫无生气，效果非常一般。

在后期中用Photoshop CC进行修饰，为照片添加有趣的光影效果，加强照片的感染力，并通过调整其色彩，化腐朽为神奇，使其充满无限的生命力。

本实例最终效果如图11-1所示。

图11-1　实例效果

5项核心技法　完善构图　瑕疵修补　局部精修　影调调整　色彩处理

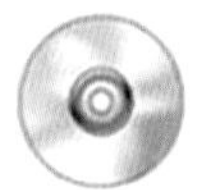

素材文件	光盘\素材\第11章\娇艳欲滴的花朵.jpg
效果文件	光盘\效果\第11章\娇艳欲滴的花朵.psd、展现娇艳欲滴的花朵.jpg
视频文件	光盘\视频\第11章\第11章　娇艳欲滴的花朵.mp4

◆ 核心1：局部精修

关键技术 | "移轴模糊"滤镜

实例解析 | 对于花卉摄影作品来说，可以利用景深将重叠在一起的品种相同的一枝花或几枝花提炼出来。当然，如果前期没有实现景深效果，可以在后期利用Photoshop中的"移轴模糊"滤镜将虚化的景致与写实的对象分离开，加强虚实对比效果，更好地烘托主体。

专家提醒

"移轴模糊"滤镜可以用来模仿倾斜偏移镜头拍摄的图像效果，适合俯拍或者拍摄镜头有点倾斜的图像。"移轴模糊"滤镜将会定义锐化区域，然后在边缘处逐渐产生模糊的效果，表现微型对象的艺术效果。使用"移轴模糊"滤镜处理的花卉照片可以呈现出一种柔软、甜腻的效果，充满画面的色彩和虚影可以让画面美轮美奂。

步骤 1　单击“文件”|“打开”命令，打开一幅素材图像，如图11-2所示。

步骤 2　为了保留原始图像，我们首先复制并创建一个新智能图层，按【Ctrl+J】组合键，复制“背景”图层，得到“图层1”图层，如图11-3所示。

图11-2　打开素材图像

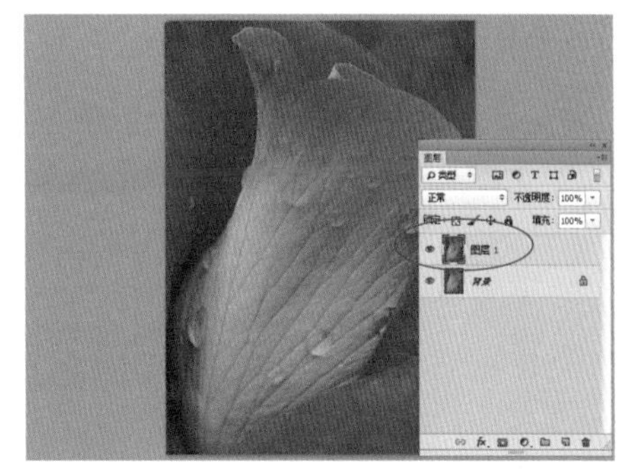

图11-3　复制图层

步骤 3　选择“图层1”图层，单击鼠标右键，在弹出的列表框中选择“转换为智能对象”选项，执行操作后，即可将“图层1”图层转换为智能对象，如图11-4所示。

步骤 4　在菜单栏中，单击“滤镜”|“模糊”|“移轴模糊”命令，如图11-5所示。

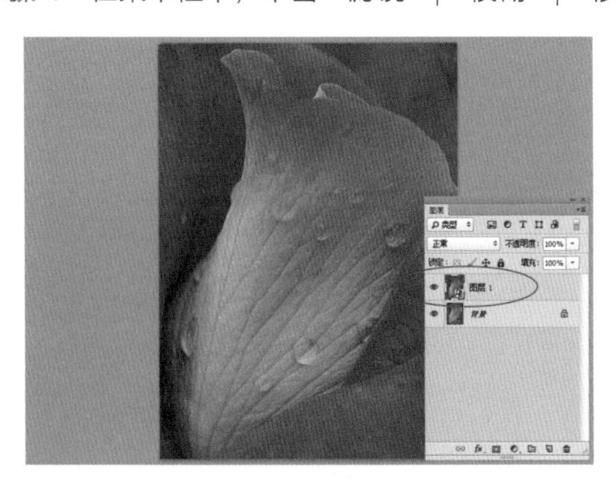

图11-4　转换为智能对象

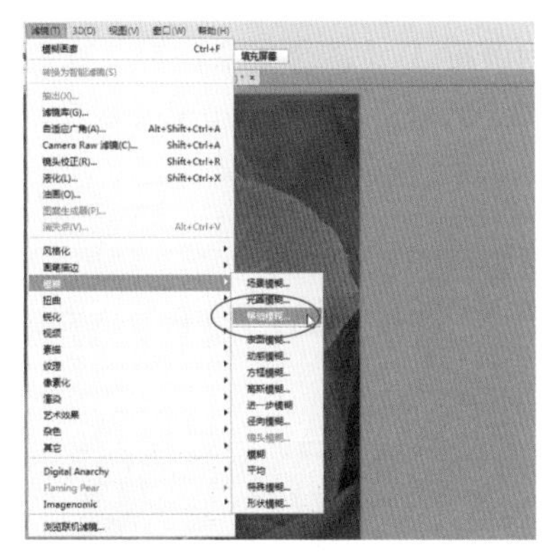

图11-5　单击“移轴模糊”命令

步骤 5　执行操作后，进入“移轴模糊”编辑窗口，如图11-6所示。

步骤 6　把中心点移动到主体位置，并适当调整模糊区域的角度和大小，如图11-7所示。

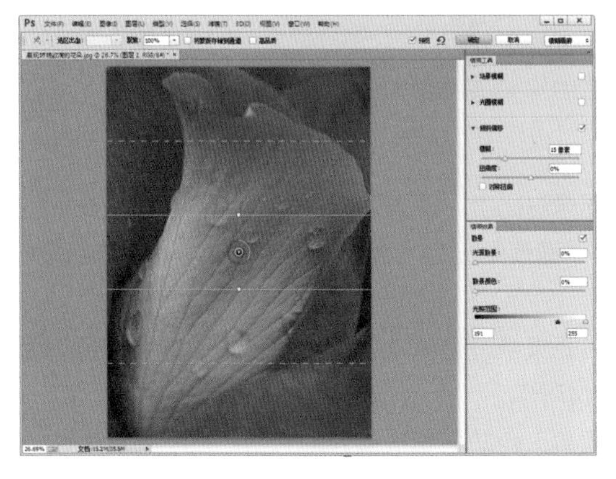

图11-6　进入“移轴模糊”编辑窗口

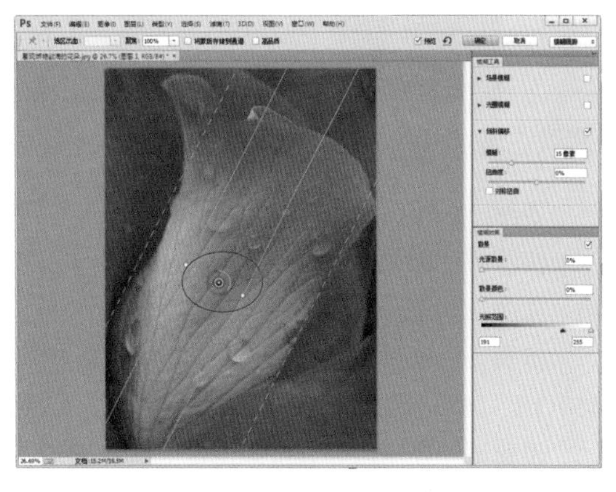

图11-7　调整模糊区域的角度和大小

步骤 7 在“模糊工具”面板的“倾斜偏移”选项区中，设置“模糊”为16像素、“扭曲度”为8%，如图11-8所示。

步骤 8 单击“确定”按钮，即可应用“移轴模糊”滤镜虚化背景，使背景变得更为简洁，效果如图11-9所示。

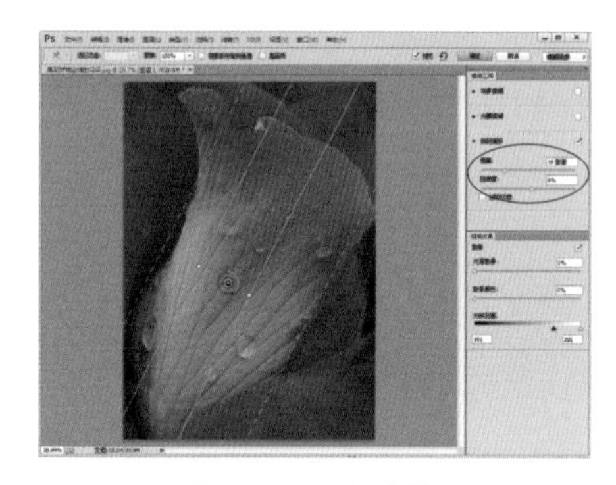

图11-8 设置参数

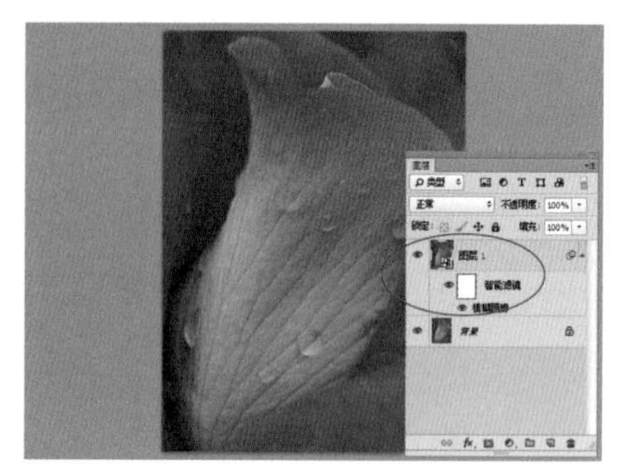

图11-9 虚化背景

◆ 核心 2：影调调整

关键技术 |“亮度/对比度”调整图层、“曝光度”调整图层、“色阶”调整图层、“曲线”调整图层

实例解析 | 拍摄这张照片时光线较暗，如果想要得到最为丰富的影调细节，还需要依靠Photoshop中的影调调整工具，增强画面的层次感。接下来，我们将展示如何正确地调整花卉照片的影调，和平淡乏味的照片说再见。

步骤 1 展开“图层”面板，新建“亮度/对比度 1”调整图层，如图11-10所示。

步骤 2 展开“属性”面板，向右调节“亮度”滑块至12，增加图像亮度，效果如图11-11所示。

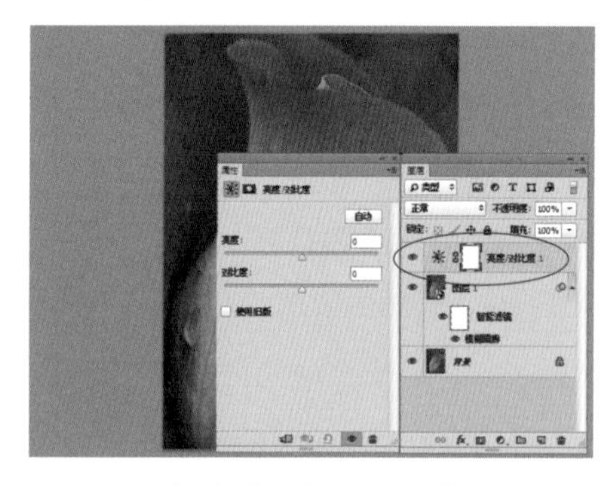

图11-10 新建“亮度/对比度1”调整图层

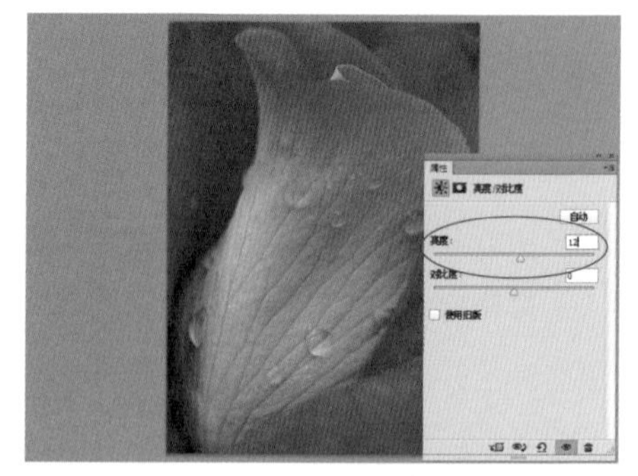

图11-11 增加图像亮度

步骤 3 向右调节“对比度”滑块至27，增加图像对比度，效果如图11-12所示。

步骤 4 新建“曝光度1”调整图层，在“属性”面板中设置“曝光度”为0.25，调整图像曝光度，如图11-13所示。

步骤 5 新建“色阶1”调整图层，在“属性”面板中设置RGB通道的输入色阶参数值分别为15、1.1、239，调整画面的整体明暗关系，如图11-14所示。

步骤 6 在通道列表框中选择“红”选项，设置输入色阶各参数值分别为18、1.03、250，校正画面中红色像素的亮度强弱，效果如图11-15所示。

步骤 7　在通道列表框中选择“绿”选项，设置输入色阶各参数值分别为16、1、237，校正画面中绿色像素的亮度强弱，效果如图11-16所示。

步骤 8　在通道列表框中选择“蓝”选项，设置输入色阶各参数值分别为12、1.08、241，校正画面中蓝色像素的亮度强弱，效果如图11-17所示。

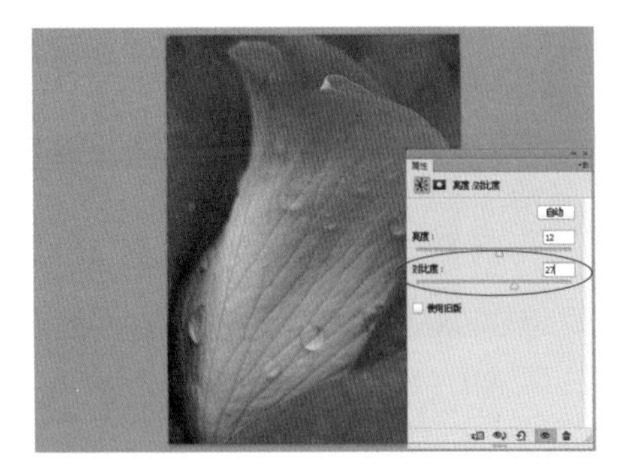

图11-12　增加图像对比度

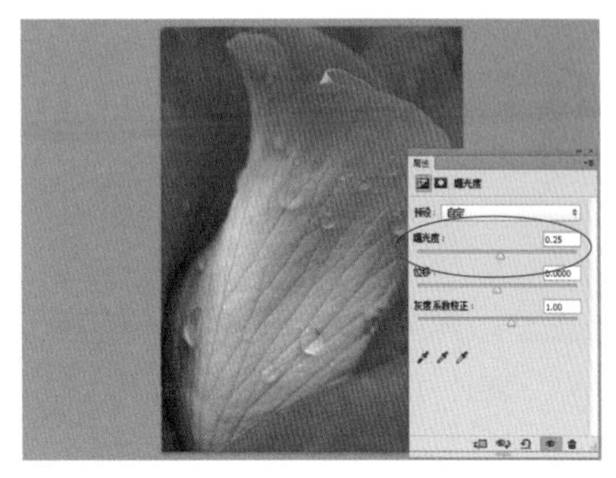

图11-13　调整图像曝光度

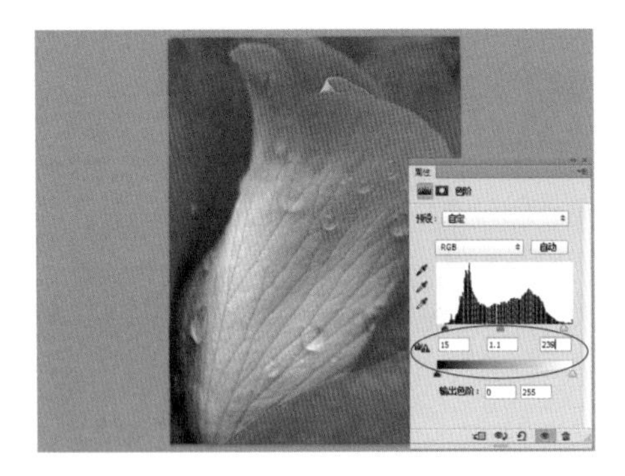

图11-14　调整画面的整体明暗关系

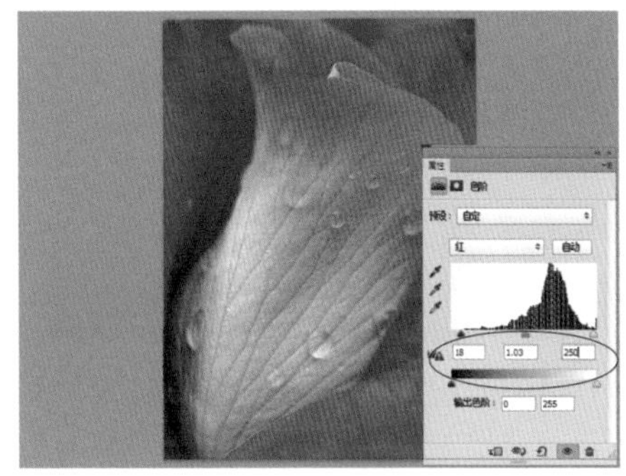

图11-15　校正红色像素

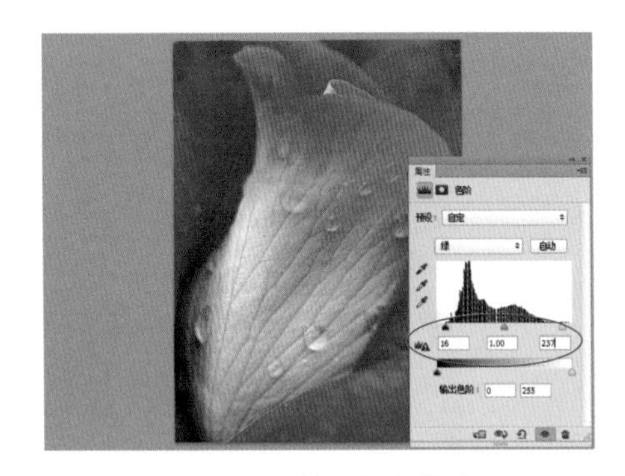

图11-16　校正绿色像素

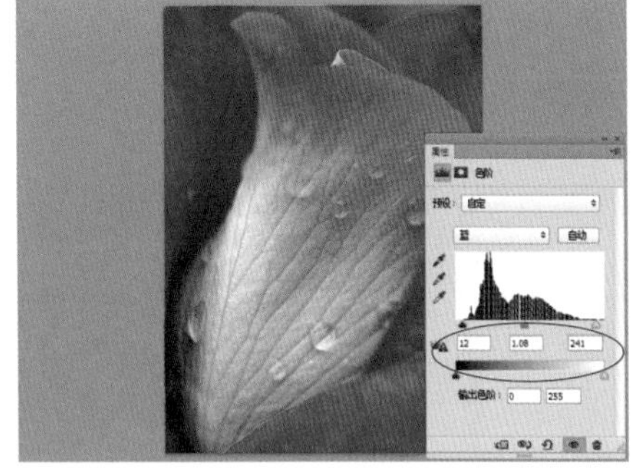

图11-17　校正蓝色像素

步骤 9　新建“曲线1”调整图层，在“属性”面板中的网格上单击鼠标左键，建立坐标点，设置“输出”为211、“输入”为202，如图11-18所示。

步骤 10　在曲线上再添加一个坐标点，设置“输出”为81、“输入”为89，调整图像的整体影调，效果如图11-19所示。

步骤 11　在通道列表框中选择“红”选项，在曲线上添加一个坐标点，设置“输出”为236、“输入”为232，加强高光部分的红色影调，效果如图11-20所示。

步骤 12　在曲线上再添加一个坐标点，设置“输出”为81、“输入”为97，降低暗调部分的红色影调，效果如图11-21所示。

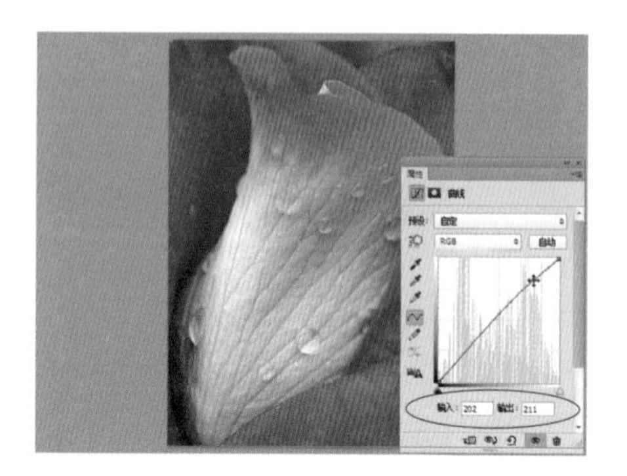

图11-18　调整RGB通道（1）

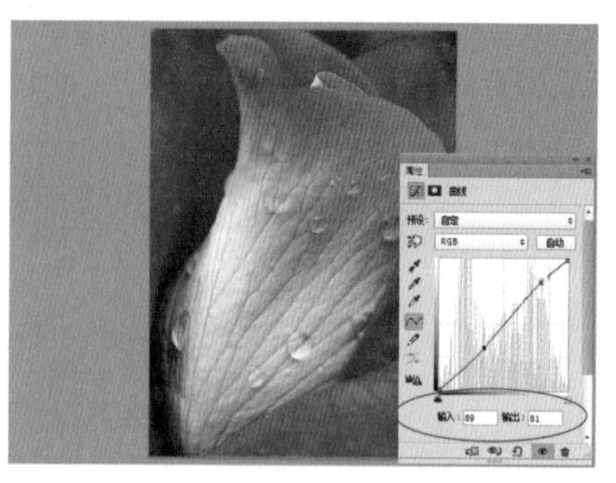

图11-19　调整RGB通道（2）

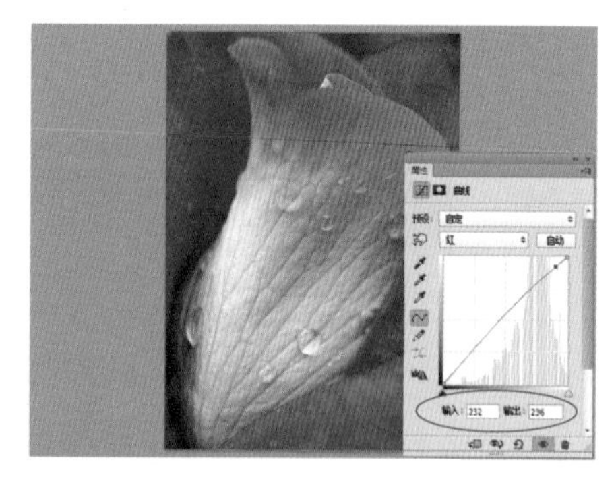

图11-20　调整红色通道（1）

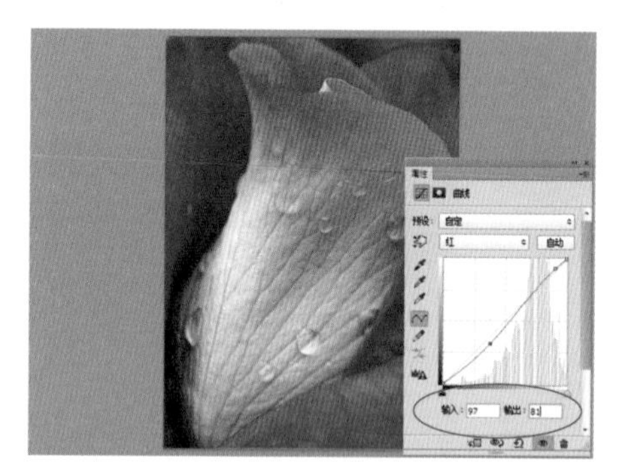

图11-21　调整红色通道（2）

专家提醒

通道曲线主要是调整画面中单个颜色的色调，例如，向右上角拖曳红色曲线，则画面偏红色，如图11-22所示；向右下角拖曳红色曲线，则画面偏青色，如图11-23所示。

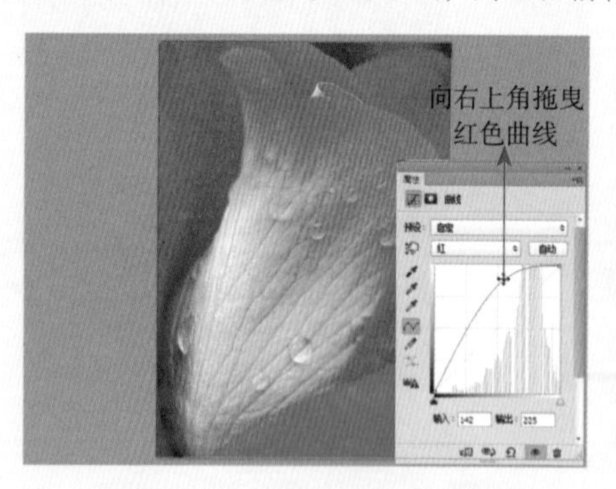

图11-22　调整红色曲线（1）

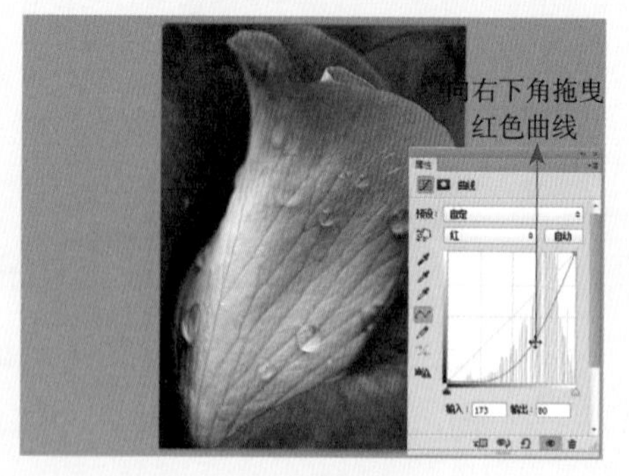

图11-23　调整红色曲线（2）

步骤 13　在通道列表框中选择“绿”选项，在曲线上添加一个坐标点，设置“输出”为230、“输入”为221，加强高光区域的绿色影调，效果如图11-24所示。

步骤 14　在曲线上再添加一个坐标点，设置“输出”为77、“输入”为86，增加阴影区域的绿色影调，效果如图11-25所示。

步骤 15　在通道列表框中选择“蓝”选项，在曲线上添加一个坐标点，设置“输出”为195、“输入”为180，加强亮调区域的蓝色影调，效果如图11-26所示。

步骤 16　在曲线上再添加一个坐标点，设置“输出”为91、“输入”为101，降低暗调区域的蓝色影调，效果如图11-27所示。

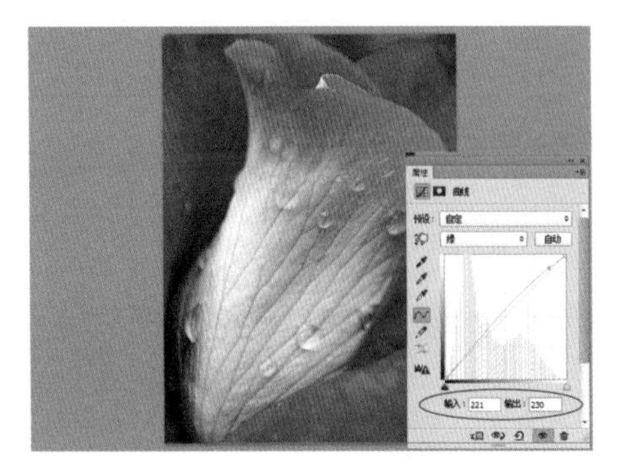

图11-24　调整绿色通道（1）

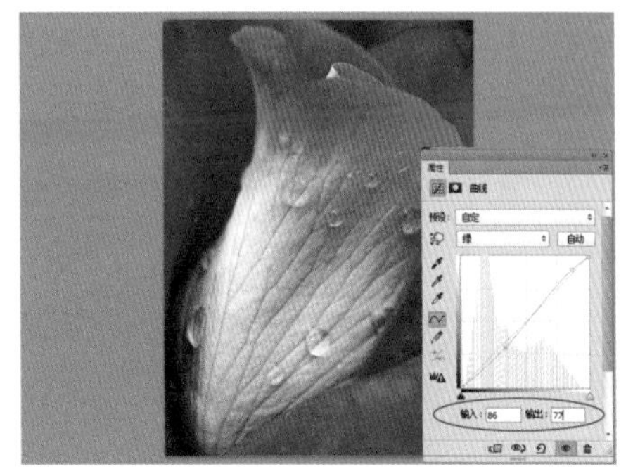

图11-25　调整绿色通道（2）

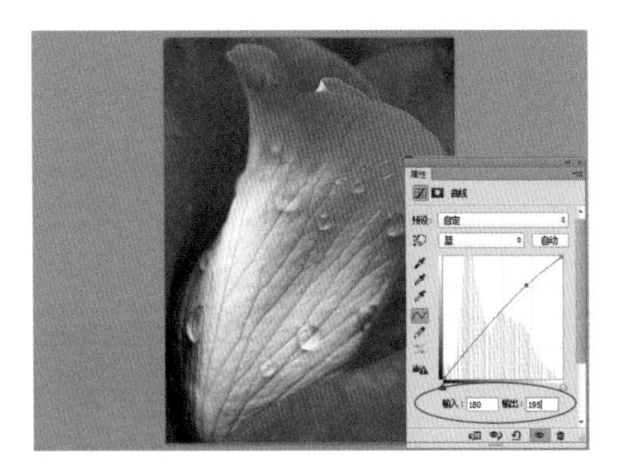

图11-26　调整蓝色通道（1）

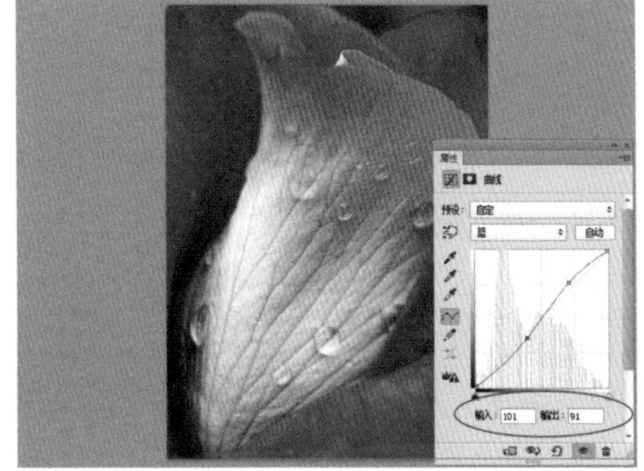

图11-27　调整蓝色通道（2）

专家提醒

在“曲线”对话框中的“预设”列表框中，包含了Photoshop CC提供的各种预设调整文件，如“彩色负片”“反冲”（如图11-28所示）“较暗”“增加对比度”（如图11-29所示）“较亮”“线性对比度”“中对比度”“负片”“强对比度”等选项，可以用于快速调整风光照片的影调。

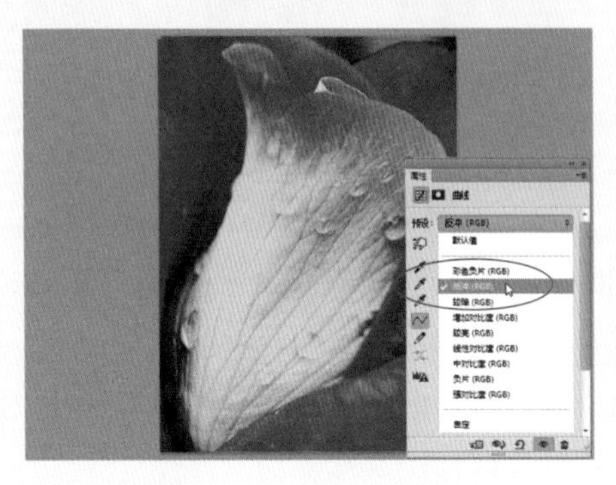

图11-28　“反冲”预设效果

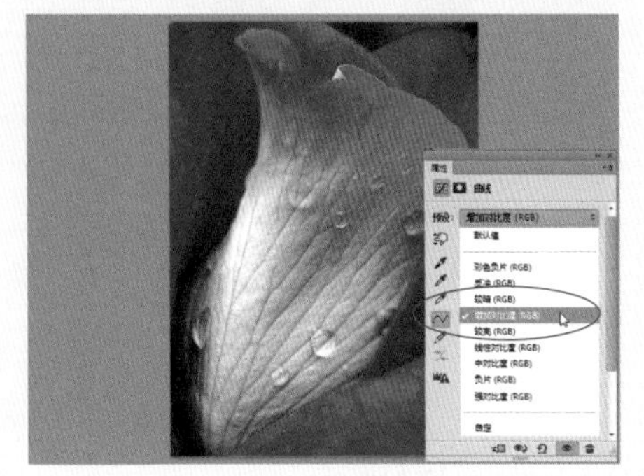

图11-29　“增加对比度”预设效果

◆ 核心3：色彩处理

关键技术 |“自然饱和度”调整图层、“色相/饱和度”调整图层、“色彩平衡”调整图层、“通道混合器”调整图层、“USM锐化”滤镜

实例解析 |在下面的处理操作中，主要介绍如何使用Photoshop中的色彩命令提升花卉照片的主体颜色饱和度，以及提亮颜色，增加画面对比度，使照片更具视觉冲击力。

步骤1　展开“图层”面板，新建“自然饱和度1”调整图层，如图11-30所示。

步骤2　展开“属性”面板，设置“自然饱和度”为22、“饱和度”为5，增加画面的色彩饱和度，效果如图11-31所示。

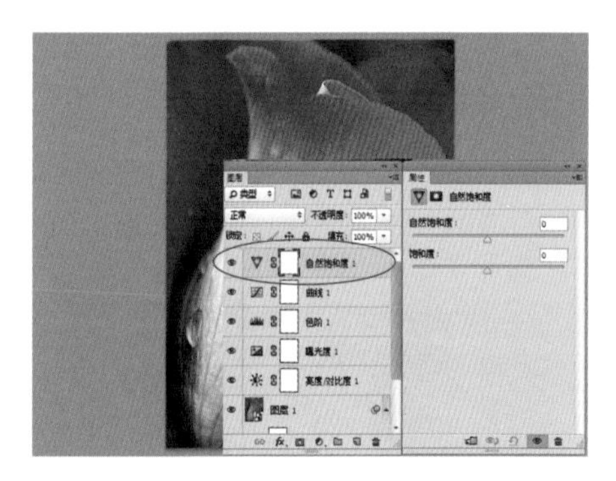

图11-30　新建“自然饱和度1”调整图层

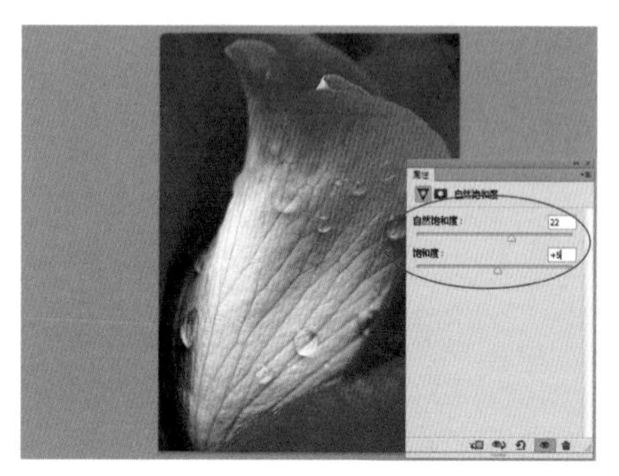

图11-31　增加画面的色彩饱和度

专家提醒

“自然饱和度”是用来调整图片色彩浓淡的工具，其“属性”面板非常简单，仅有“自然饱和度”和“饱和度”两个选项。在风光照片后期处理时，增加“自然饱和度”数值会智能地增加色彩浓度较淡的部分，浓度较大的部分不会有太大变化；而增大“饱和度”数值时会增加画面中所有颜色的饱和度，这样画面就会很容易失真，如图11-32所示，因此用户必须慎重调整。

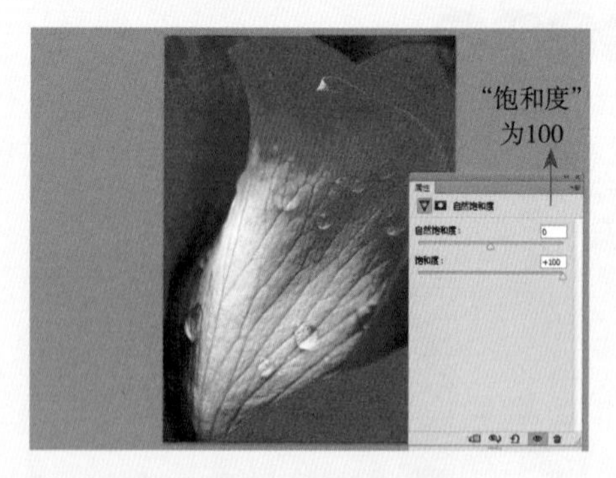

图11-32　“自然饱和度”与“饱和度”数值为100时的不同调整效果

步骤3　选中“自然饱和度1”调整图层的图层蒙版，运用黑色的画笔工具涂抹图像，隐藏部分图像效果，如图11-33所示。

步骤4　按住【Ctrl】键的同时，单击“自然饱和度1”调整图层的图层蒙版缩览图，建立选区，如图11-34所示。

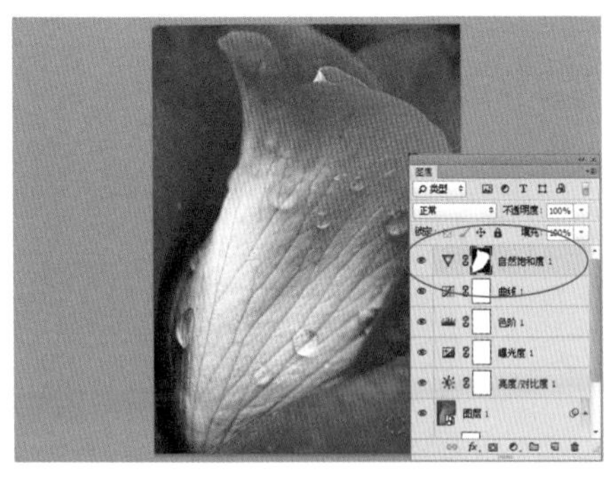

图11-33　隐藏部分图像效果

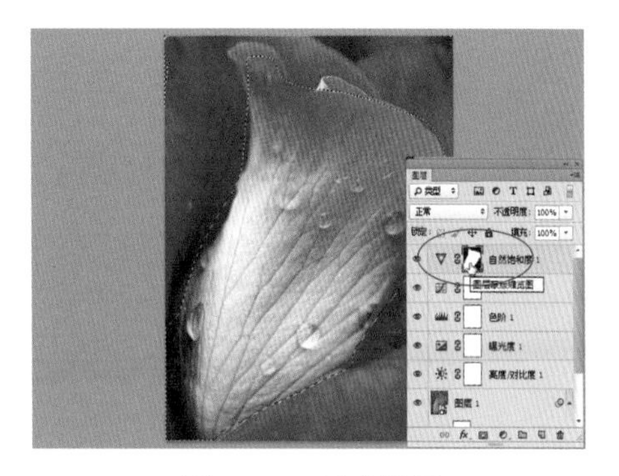

图11-34　建立选区

步骤 5　单击“选择”|“反向”命令，反选选区，如图11-35所示。

步骤 6　选取工具箱中的魔棒工具，在工具属性栏中单击“添加到选区”按钮，在图像中单击添加选区，如图11-36所示。

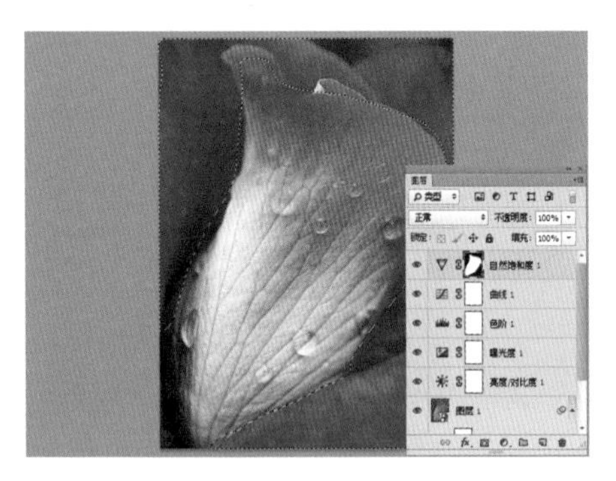

图11-35　反选选区

图11-36　添加选区

步骤 7　单击“选择”|“修改”|“羽化”命令，弹出“羽化选区”对话框，设置“羽化半径”为200像素，如图11-37所示。

步骤 8　单击“确定”按钮，即可羽化选区，如图11-38所示。

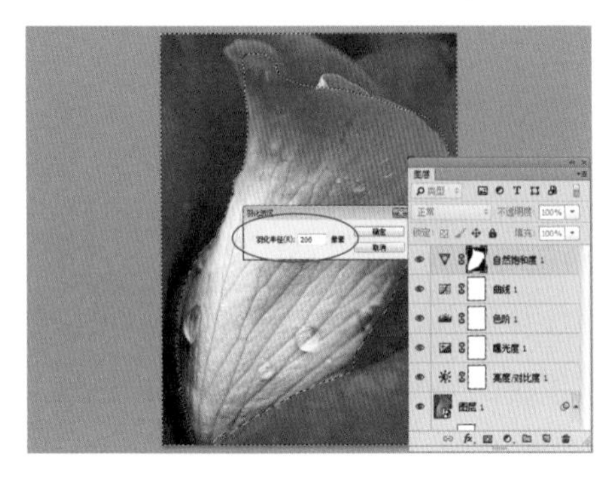

图11-37　设置“羽化半径”参数

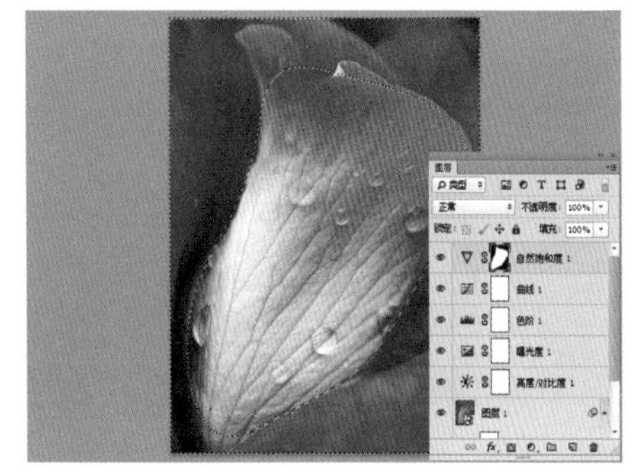

图11-38　羽化选区

步骤 9　展开“图层”面板，新建“自然饱和度2”调整图层，自动应用选区为蒙版，如图11-39所示。

步骤 10　展开“属性”面板，设置“自然饱和度”为-18、“饱和度”为-12，降低背景画面的色彩饱和度，效果如图11-40所示。

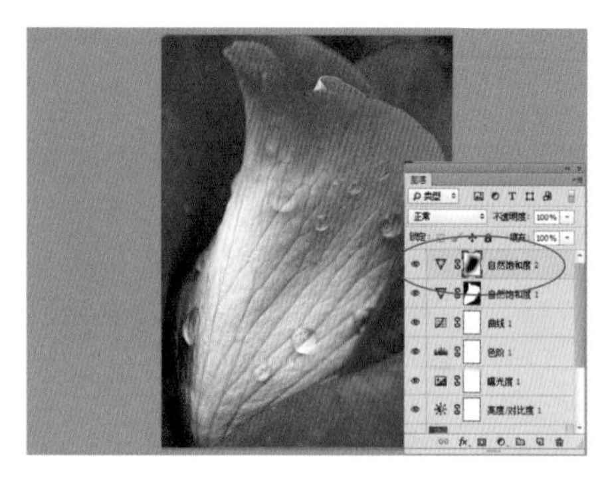

图11-39　新建“自然饱和度2”调整图层

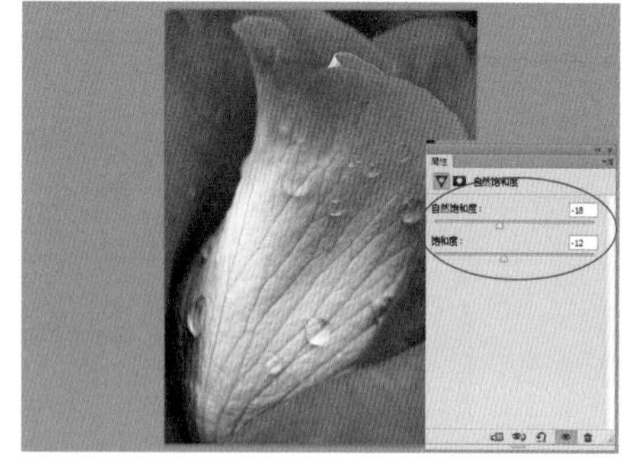

图11-40　降低背景画面的色彩饱和度

步骤 11　展开“图层”面板，新建“色相/饱和度1”调整图层，如图11-41所示。

步骤 12　展开“属性”面板，设置“色相”为-2，效果如图11-42所示。

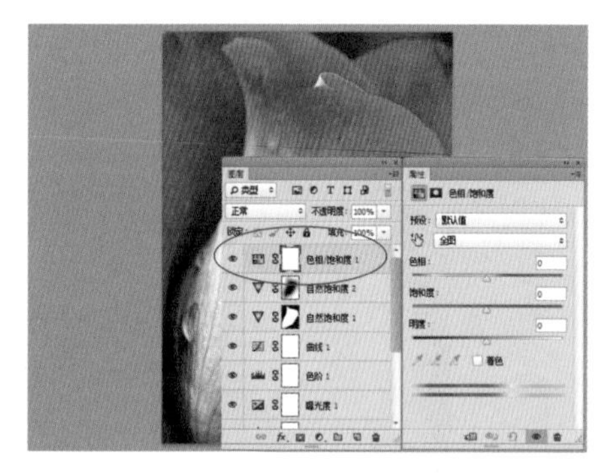

图11-41　新建“色相/饱和度1”调整图层

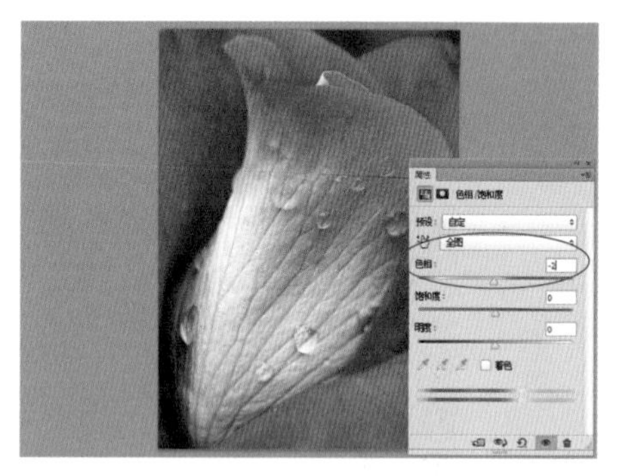

图11-42　设置参数

步骤 13　展开“图层”面板，新建“色彩平衡1”调整图层，如图11-43所示。

步骤 14　展开“属性”面板，设置“中间调”的色阶参数值分别为-21、5、15，效果如图11-44所示。

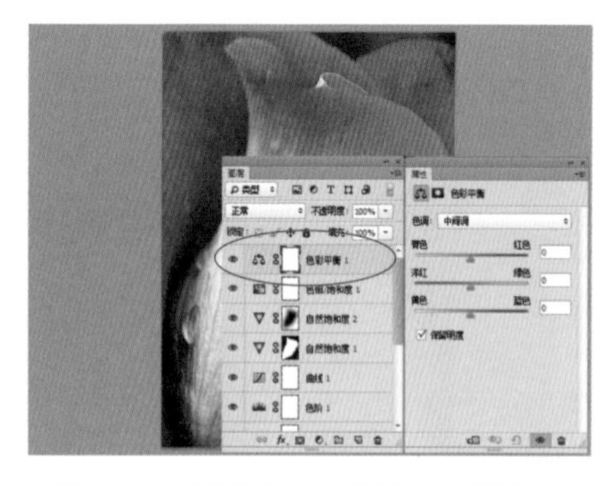

图11-43　新建“色彩平衡1”调整图层

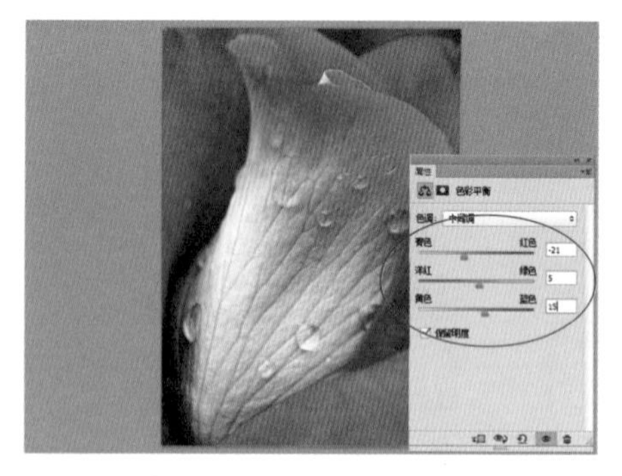

图11-44　设置“中间调”色阶参数

步骤 15　在“色调”列表框中选择“阴影”选项，设置其色阶参数值分别为15、12、9，效果如图11-45所示。

步骤 16　在“色调”列表框中选择“高光”选项，设置其色阶参数值分别为-6、3、1，效果如图11-46所示。

步骤 17　展开“图层”面板，新建“通道混合器1”调整图层，如图11-47所示。

步骤 18　展开“属性”面板，在“红”输出通道中设置“红色”为90%、“绿色”为-5%、“蓝色”为-33%，效果如图11-48所示。

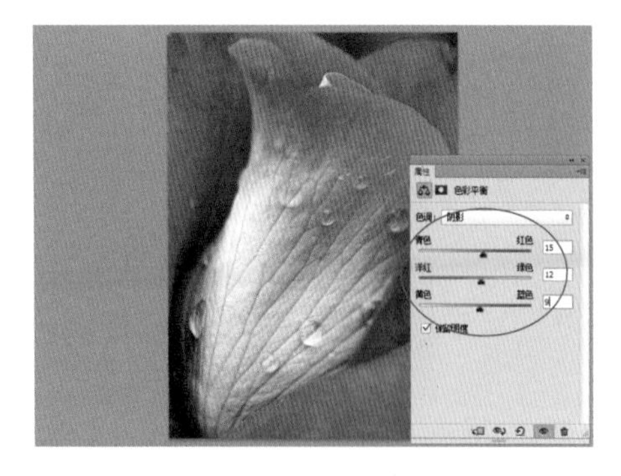

图11-45　设置“阴影”色阶参数

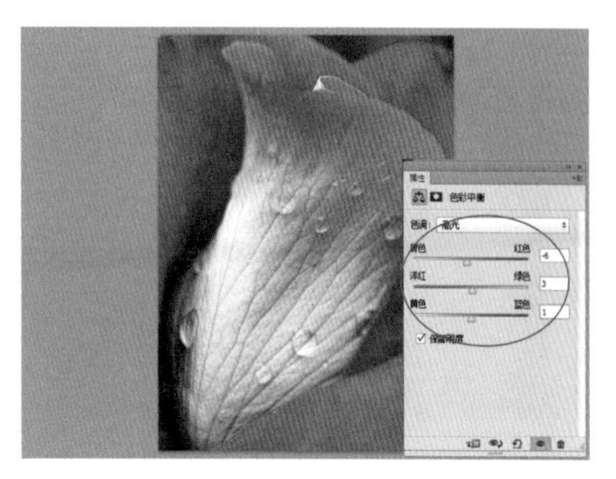

图11-46　设置“高光”色阶参数

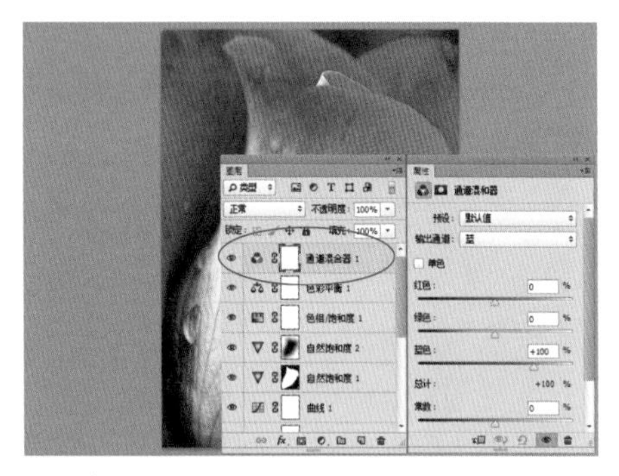

图11-47　新建“通道混合器1”调整图层

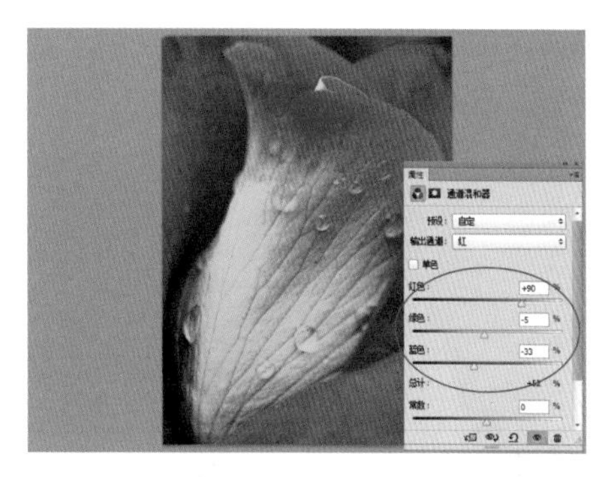

图11-48　设置“红”输出通道参数

步骤 19　在“输出通道”列表框中选择“绿”选项，设置“红色”为50%、“绿色”为87%、“蓝色”为0%，效果如图11-49所示。

步骤 20　在“输出通道”列表框中选择“蓝”选项，设置“红色”为23%、“绿色”为52%、“蓝色”为85%，效果如图11-50所示。

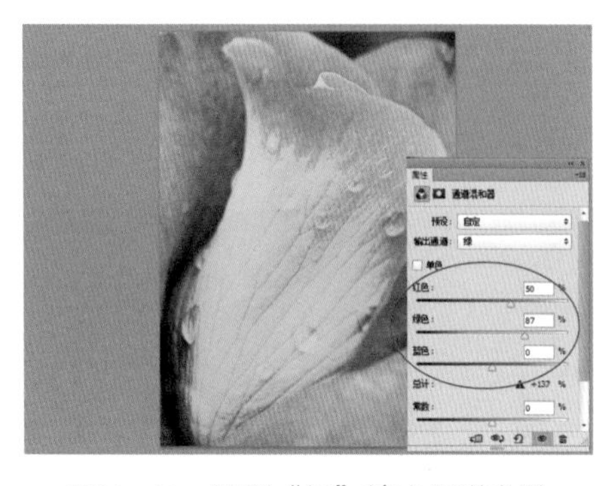

图11-49　设置“绿”输出通道参数

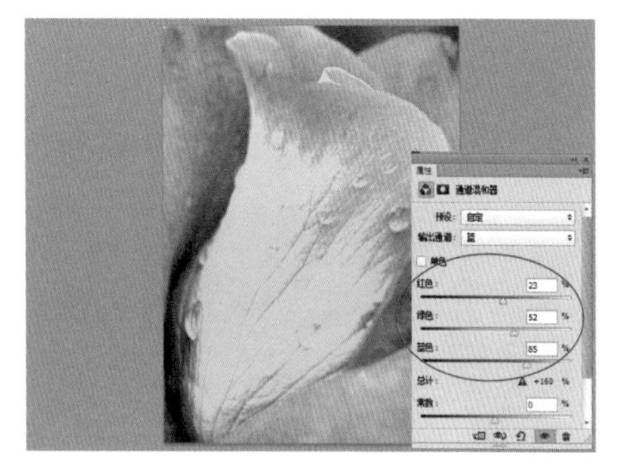

图11-50　设置“蓝”输出通道参数

步骤 21　在“图层”面板中选择“通道混合器”调整图层，在“混合模式”列表框中选择“柔光”选项，效果如图11-51所示。

步骤 22　设置“通道混合器1”调整图层的“不透明度”为30%，效果如图11-52所示。

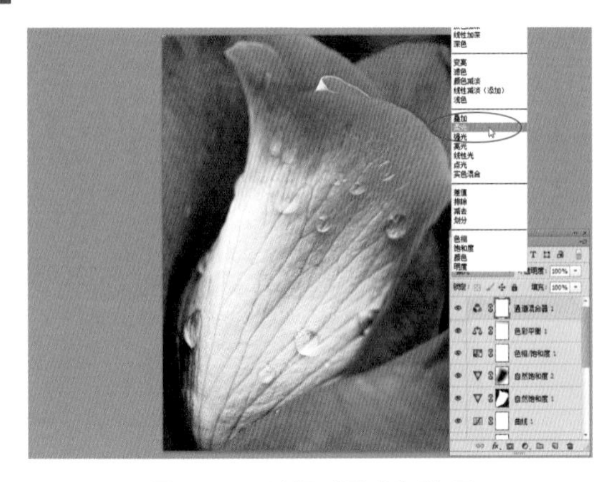

图11-51　选择“柔光”选项

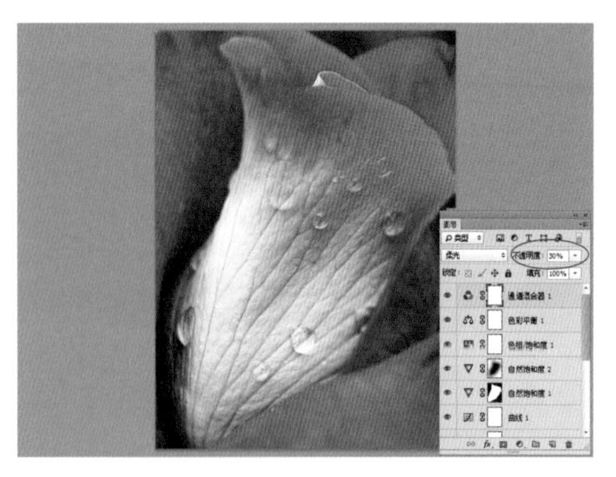

图11-52　设置图层“不透明度”参数

步骤 23　至此，我们已完成所有的编辑，现在要做的就是应用锐化。按【Ctrl + Alt + Shift + E】组合键，盖印图层，得到“图层2”图层，如图11-53所示。

步骤 24　在菜单栏中，单击“滤镜”|“锐化”|“USM锐化”命令，如图11-54所示。

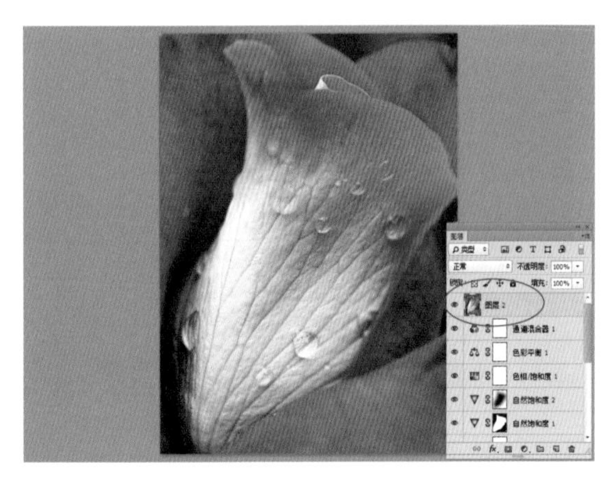

图11-53　盖印图层

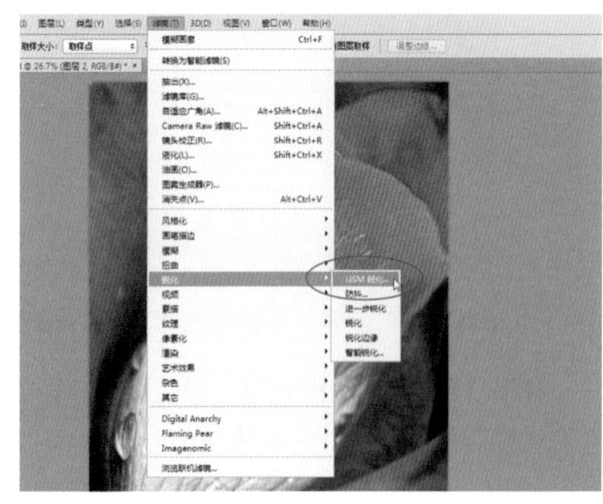

图11-54　单击“USM锐化”命令

步骤 25　执行操作后，弹出“USM锐化”对话框，设置“数量”为111%、“半径”为2.8像素、“阈值”为10色阶，如图11-55所示。

步骤 26　单击“确定”按钮，即可锐化图像，效果如图11-56所示。

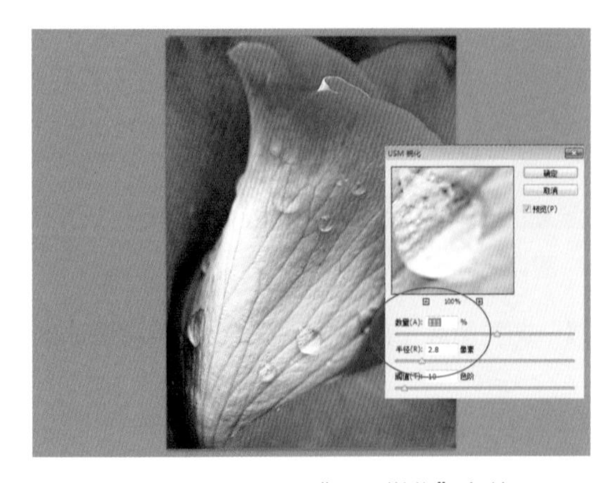

图11-55　设置“USM锐化”参数

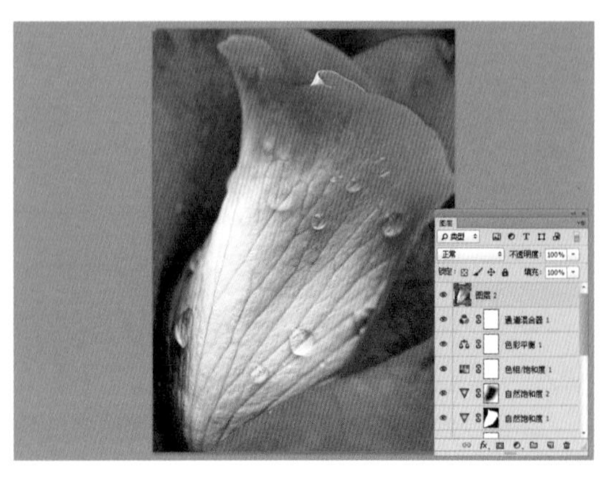

图11-56　锐化图像

步骤 27　单击菜单栏中的“编辑”|“渐隐USM锐化”命令，弹出“渐隐”对话框，在“模式”列表框中选择“明度”选项，如图11-57所示。

步骤 28　单击“确定”按钮，即可对图像进行锐化处理，效果如图11-58所示。

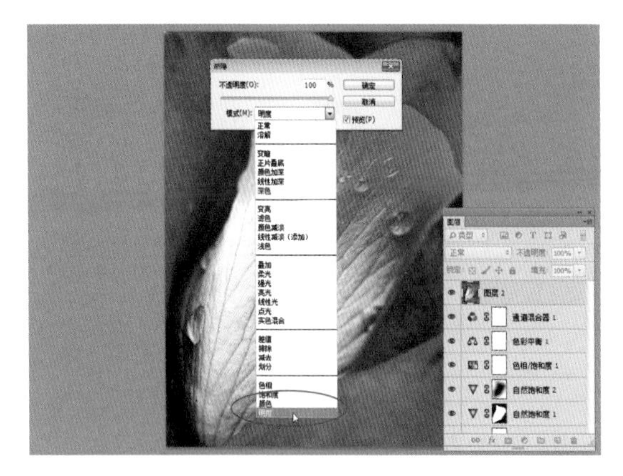

图11-57　选择“明度”选项

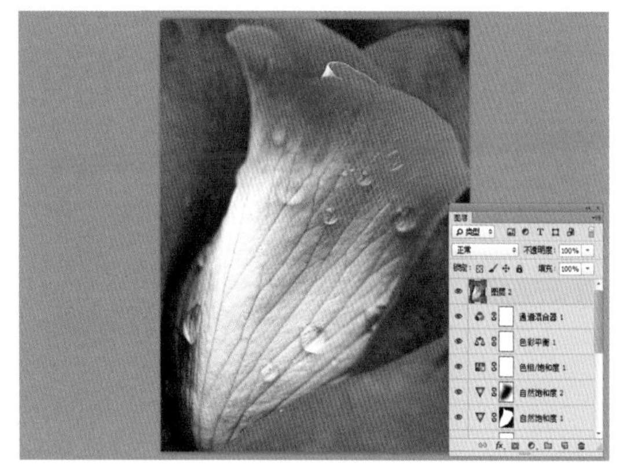

图11-58　最终效果

专家提醒

在Photoshop的“滤镜”菜单中，用户可以从“锐化”子菜单中选择“USM锐化”对照片进行锐化。本实例是一张保存许多清晰边缘的花卉照片，因此可以使用较强的参数进行锐化处理。

第12章

清雅幽静的水乡古镇

在黄昏时拍摄水乡古镇照片，通常要选择逆光的角度，此时天空的颜色最丰富，不但可以使画面呈现金光闪烁的效果，也可以将被摄主体的特色表现出来。本章就是介绍水乡古镇照片的后期处理技法，通过调整黄昏的光线营造出朦胧的气氛，烘托出古镇的清雅幽静。

本章知识提要

- 核心1：完善构图
- 核心2：局部精修
- 核心3：影调调整
- 核心4：色彩处理

本实例是一张水乡古镇照片，利用右边的阁楼和湖面由近及远形成的斜线进行构图拍摄。画面整体偏暗，明暗对比较差，主体没有得到突出，而且图像中的暗部细节几乎无法清楚地显现出来。

在后期处理时利用Photoshop CC的快速调色功能，为画面添加清新的蓝色渐变效果，加上简单的边框效果和暗角效果，让主体得到突出，同时也让画面更具艺术性。本实例最终效果如图12-1所示。

图12-1　实例效果

5项核心技法　完善构图　瑕疵修补　局部精修　影调调整　色彩处理

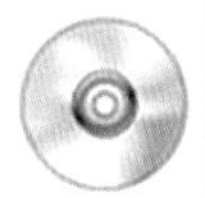

素材文件	光盘\素材\第12章\清雅幽静的水乡古镇.CR2
效果文件	光盘\效果\第12章\清雅幽静的水乡古镇.psd、清雅幽静的水乡古镇.jpg
视频文件	光盘\视频\第12章\第12章　清雅幽静的水乡古镇.mp4

◆ 核心 1：完善构图

关键技术 | 裁剪工具

实例解析 | 裁剪照片可以让画面的构图更加简洁，有利于突出照片的主题和主体，给欣赏者带来和谐与轻松的视觉体验。

步骤 1　单击“文件” | “打开”命令，在Camera Raw对话框中打开一张RAW格式的照片，如图12-2所示。

步骤 2　选取工具栏中的裁剪工具，如图12-3所示。

图12-2　打开素材图像

图12-3　选取裁剪工具

步骤 3　拖曳鼠标，在图像上创建一个合适大小的裁剪框，如图12-4所示。

步骤 4　按【Enter】键即可确认图像的裁剪，裁剪框以外的区域被裁剪，对照片进行二次构图，效果如图12-5所示。

图12-4　创建一个合适大小的裁剪框

图12-5　对照片进行二次构图

◆ 核心2：局部精修

关键技术｜渐变滤镜工具、径向滤镜工具

实例解析｜在照片的局部处理时，运用了渐变滤镜工具为图像添加多重渐变效果，并通过径向滤镜工具添加暗角，使主体图像更加突出。

步骤 1　在Camera Raw对话框中，选取工具栏上的渐变滤镜工具，在图像预览窗口中，由上至下拖曳鼠标创建渐变区域，如图12-6所示。

步骤 2　在右侧的“渐变滤镜”面板中，设置“色温”为-50、“色调”为-30，调整天空区域的白平衡，效果如图12-7所示。

图12-6　创建渐变区域

图12-7　调整天空区域的白平衡

步骤 3　在“渐变滤镜”面板中，将“曝光”滑块调节至-1.45，降低天空区域的曝光度，效果如图12-8所示。

步骤 4　将“对比度”滑块调节至-21，降低天空区域的对比度，效果如图12-9所示。

步骤 5　将“高光”滑块调节至7，稍微增加天空中较亮区域的亮度，效果如图12-10所示。

步骤 6　将“阴影”滑块调节至-11，稍微降低天空中较暗区域的亮度，进一步增加天空区域的明暗对比，效果如图12-11所示。

图12-8　降低天空区域的曝光度

图12-9　降低天空区域的对比度

图12-10　调整“高光”滑块

图12-11　调整“阴影”滑块

步骤 7　将“清晰度”滑块调节至-12，降低天空区域的清晰度，效果如图12-12所示。

步骤 8　将“饱和度”滑块调节至11，增加天空区域的色彩饱和度，效果如图12-13所示。

图12-12　调整“清晰度”滑块

图12-13　调整“饱和度”滑块

步骤 9　单击“颜色”右侧的颜色选择框，在弹出的“拾色器”对话框中设置“色相”为243、“饱和度”为100，如图12-14所示。

步骤 10　单击“确定”按钮，加深天空区域的色彩，并适当调整渐变区域的大小，效果如图12-15所示。

图12-14　设置“颜色”参数

图12-15　加深天空区域色彩

步骤 11　选中“新建”单选按钮，在图像预览窗口中，由下至上拖曳鼠标创建新的渐变区域，如图12-16所示。

步骤 12　在右侧的“渐变滤镜”面板中，设置“色温”为-28、“色调”为-30，调整水面局部区域的白平衡，效果如图12-17所示。

图12-16　创建渐变区域

图12-17　调整白平衡

步骤 13　将“曝光”滑块调节至-2.05，降低水面局部区域的曝光度，效果如图12-18所示。

步骤 14　将“对比度”滑块调节至-30，降低水面局部区域的对比度，效果如图12-19所示。

图12-18　调整“曝光”滑块

图12-19　调整“对比度”滑块

步骤 15　将“高光”滑块调节至-4，稍微降低水面较亮区域的亮度，效果如图12-20所示。

步骤 16　将“阴影”滑块调节至36，增加水面较暗区域的亮度，效果如图12-21所示。

图12-20　调整“高光”滑块

图12-21　调整“阴影”滑块

步骤 17　将“清晰度”滑块调节至-15，降低水面局部区域的清晰度，效果如图12-22所示。

步骤 18　将“饱和度”滑块调节至-43，降低水面局部区域的色彩饱和度，效果如图12-23所示。

图12-22　调整“清晰度”滑块

图12-23　调整“饱和度”滑块

步骤 19　单击“颜色”右侧的颜色选择框，在弹出的“拾色器”对话框中设置“色相”为228、“饱和度”为72，如图12-24所示。

步骤 20　单击“确定”按钮，加深水面局部区域的色彩，效果如图12-25所示。

图12-24　设置“颜色”参数

图12-25　加深水面局部区域的色彩

步骤 21　选取工具栏上的径向滤镜工具，在图像预览窗口中，拖曳鼠标创建径向滤镜区域，并适当调整其位置和大小，如图12-26所示。

步骤 22　在右侧的“径向滤镜”面板中，设置“色温”为5、“色调”为-13，调整照片四周的白平衡，效果如图12-27所示。

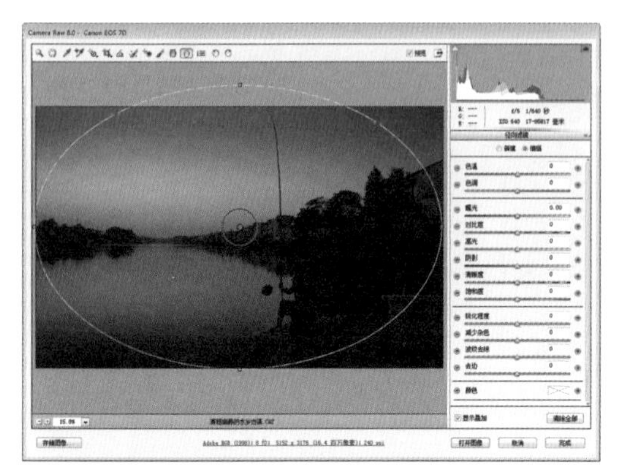

图12-26　创建径向滤镜区域

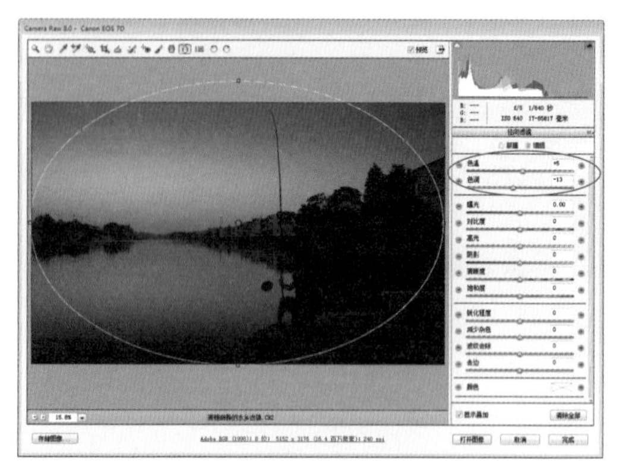

图12-27　调整照片四周的白平衡

步骤 23　在“径向滤镜”面板中，将“曝光”滑块调节至-1.7，形成暗角效果，如图12-28所示。

步骤 24　将“对比度”滑块调节至15，增加照片四周的对比度，效果如图12-29所示。

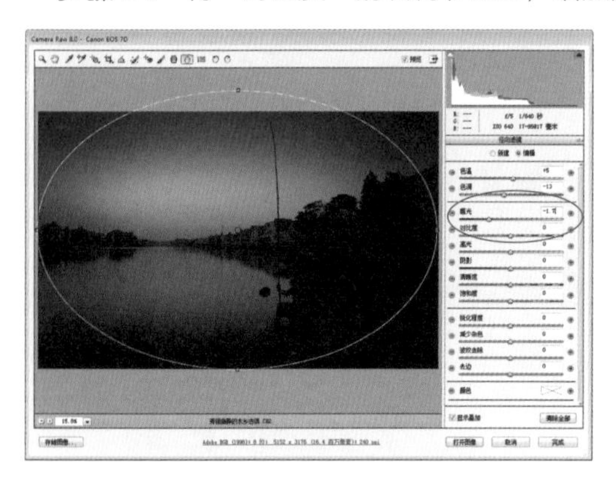

图12-28　调整“曝光”滑块

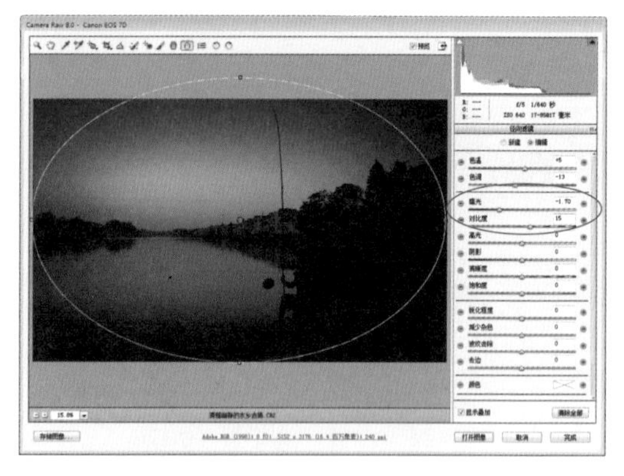

图12-29　调整“对比度”滑块

步骤 25　将“高光”滑块调节至-12，稍微降低照片四周较亮区域的亮度，效果如图12-30所示。

步骤 26　将“阴影”滑块调节至8，稍微增加照片四周较暗区域的亮度，效果如图12-31所示。

图12-30　调整“高光”滑块

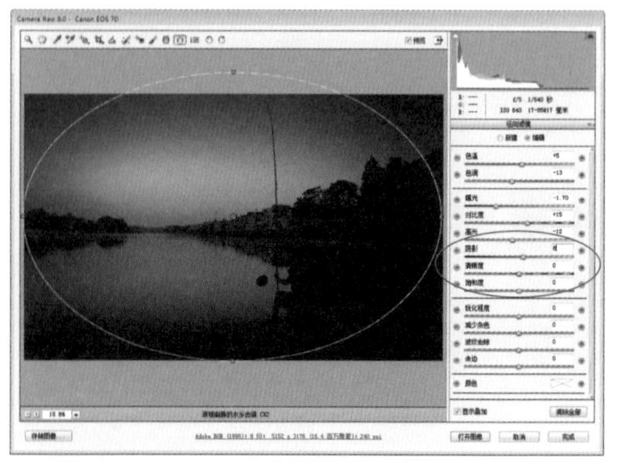

图12-31　调整“阴影”滑块

径向滤镜工具可以创建圆形的选区进行编辑，利用该工具的特性可以对一些聚焦效果不理想的照片进行处理，改变或者增强照片的聚焦效果。

步骤 27　将“清晰度”滑块调节至-20，降低照片四周局部区域的清晰度，效果如图12-32所示。

步骤 28　将“饱和度”滑块调节至17，增加照片四周局部区域的色彩饱和度，效果如图12-33所示，选取抓手工具，应用径向滤镜。

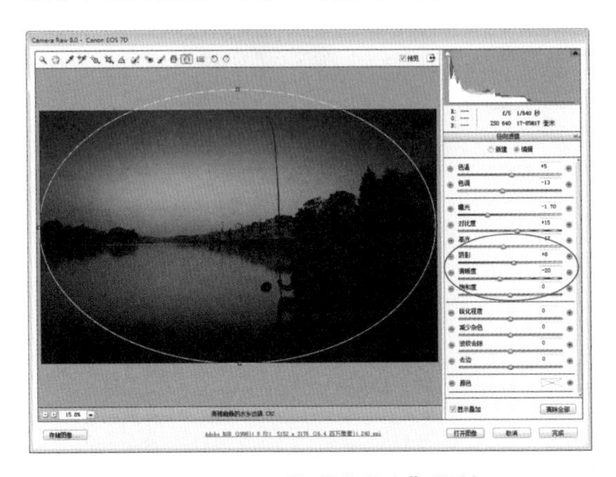

图12-32　调整“清晰度”滑块

图12-33　调整“饱和度”滑块

◆ 核心 3：影调调整

关键技术 | 色调选项、“色调曲线”面板

实例解析 | 在调整这张照片的光影时，主要运用了明暗对比的原则，使照片中的近景变暗、远景变亮，可以渲染画面的反差，通过亮度的变化给欣赏者强烈的视觉印象。

步骤 1　切换至“基本”面板，将“曝光”滑块调节至2.1，增加照片的整体曝光度，让细节更加清晰，效果如图12-34所示。

步骤 2　由于画面的对比度不够，因此需要对对比度进行调整，将“对比度”滑块调节至18，效果如图12-35所示。

图12-34　增加照片的整体曝光度

图12-35　稍微调整对比度

步骤 3　将“高光”滑块调节至38，增加天空的亮度，效果如图12-36所示。

步骤 4　将“阴影”滑块调节至35，可以看到画面中天空的亮度基本上没有变化，而前景比较暗的区域如右下角的建筑和河岸部分稍微提亮，效果如图12-37所示。

图12-36　增加较亮区域的亮度

图12-37　提亮较暗的区域

步骤 5　将“白色”滑块调节至43，画面中的天空和水面的白色部分被大幅提亮，效果如图12-38所示。

步骤 6　将“黑色”滑块调节至37，降低画面的黑色，恢复画面细节，效果如图12-39所示。

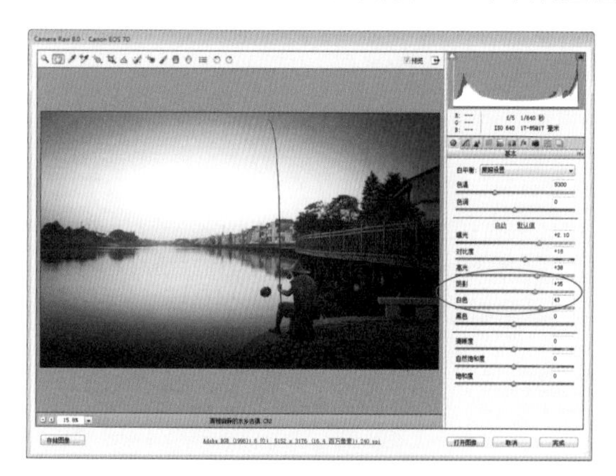

图12-38　大幅提亮白色部分

图12-39　降低画面的黑色

步骤 7　在工具栏上选取调整画笔工具，在右侧的“调整画笔”选项面板中设置“大小”为10、“羽化”为50、“浓度”为100，选中“自动蒙版”与“显示蒙版”复选框，在图像上进行涂抹，如图12-40所示。

步骤 8　在“调整画笔”选项面板中，将“曝光”滑块调节至-1.5，降低照片中的局部曝光度，并取消选中“显示蒙版”复选框，效果如图12-41所示，选取抓手工具应用调整效果。

步骤 9　切换至“色调曲线”面板的“参数”选项卡，将“高光”滑块调节至22，增加画面中的高光部分亮度，效果如图12-42所示。

步骤 10　将“亮调”滑块调节至11，提亮图像中较亮的部分，效果如图12-43所示。

步骤 11　将“暗调”滑块调节至21，提亮图像中的暗部部分，效果如图12-44所示。

步骤 12　将“阴影”滑块调节至30，提亮图像中的阴影部分，效果如图12-45所示。

图12-40　创建蒙版区域

图12-41　降低照片中的局部曝光度

图12-42　设置“高光”参数

图12-43　设置“亮调”参数

图12-44　设置“暗调”参数

图12-45　设置“阴影”参数

步骤 13　切换至“点”选项卡，在RGB通道中，设置“曲线”为“强对比度”，控制图像反差，效果如图12-46所示。

步骤 14　设置“通道”为“红色”，为曲线添加一个坐标点，设置“输入”和“输出”分别为99、88，加强暗调部分的红色影调，效果如图12-47所示。

步骤 15　在曲线上再添加一个坐标点，设置“输入”和“输出”分别为202、195，调整高光部分的红色影调，效果如图12-48所示。

步骤 16　设置“通道”为“绿色”，为曲线添加一个坐标点，设置“输入”和“输出”分别为182、191，加强亮调部分的绿色影调，效果如图12-49所示。

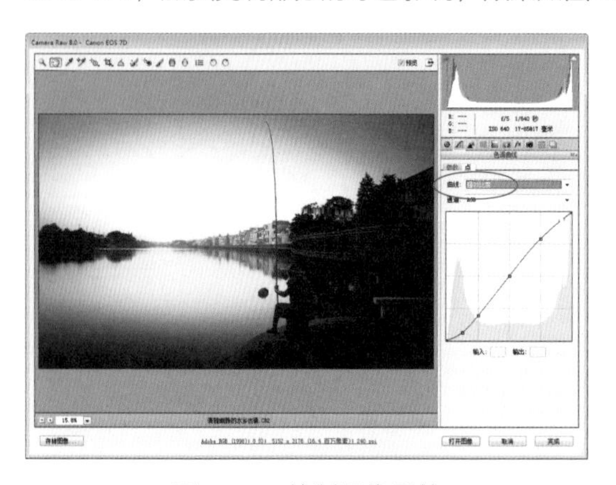

图12-46　控制图像反差

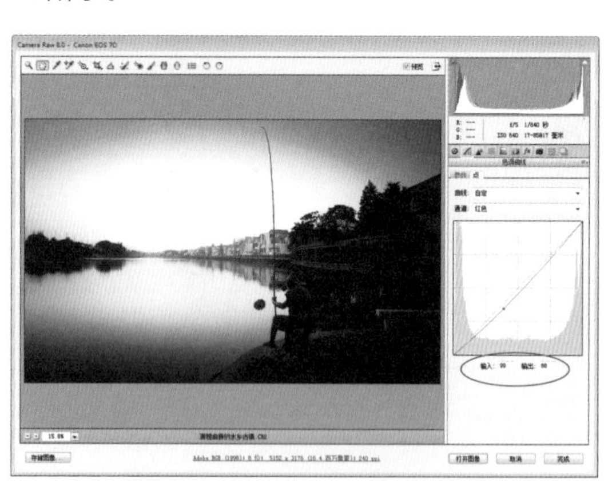

图12-47　调整红色影调（1）

图12-48　调整红色影调（2）

图12-49　调整绿色影调（1）

步骤 17　为曲线添加一个坐标点，设置“输入”和“输出”分别为87、93，调整暗调部分的绿色影调，效果如图12-50所示。

步骤 18　设置“通道”为“蓝色”，为曲线添加一个坐标点，设置“输入”和“输出”分别为128、136，加强画面中的蓝色影调，效果如图12-51所示。

图12-50　调整绿色影调（2）

图12-51　调整蓝色影调

◆ 核心 4：色彩处理

关键技术 |“基本”面板、“细节”面板、“色彩平衡”调整图层

实例解析 | 这张照片由于是逆光拍摄的，而且光线较暗，因此拍摄出来的画面对比感不够强烈。下面将通过对照片的色彩处理，增强照片的色彩冲击力，并添加黑色的边框使照片独具特色。

步骤 1　切换至“基本”面板，在“白平衡”选项区中设置“色温”为5100、“色调”为9，调整画面白平衡，效果如图12-52所示。

步骤 2　将“清晰度”滑块调节至18，对照片进行基本的锐化处理，效果如图12-53所示。

图12-52　调整画面白平衡

图12-53　提高画面清晰度

步骤 3　将“自然饱和度”滑块调节至59，增加低饱和度颜色的饱和度，效果如图12-54所示。

步骤 4　将“饱和度”滑块调节至11，增加整体画面的色彩饱和度，效果如图12-55所示。

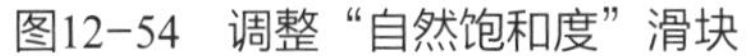

图12-54　调整“自然饱和度”滑块

图12-55　调整“饱和度”滑块

步骤 5　切换至“细节”面板，在左下角的“选择缩放级别”列表框中选择100%视图级别，放大图像，便于观察调整的细节，如图12-56所示。

步骤 6　在“锐化”选项区中，向右调节“数量”滑块至36，增强锐化效果，可以看到画面上的颗粒感也明显增加，效果如图12-57所示。

步骤 7　向右调节“半径”滑块至1.5，对画面锐度进行改善，效果如图12-58所示。

步骤 8　按住调整“细节”滑块的同时按下【Alt】键，向左调节“细节”滑块至9，降低照片的颗粒感，效果如图12-59所示。

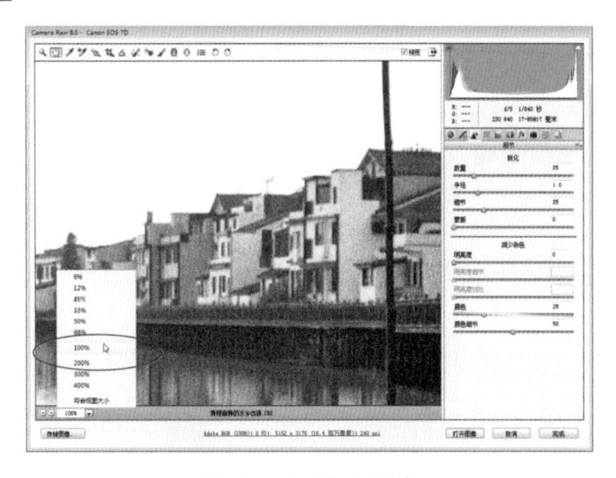

图12-56　放大图像

图12-57　增强锐化效果

图12-58　改善画面锐度

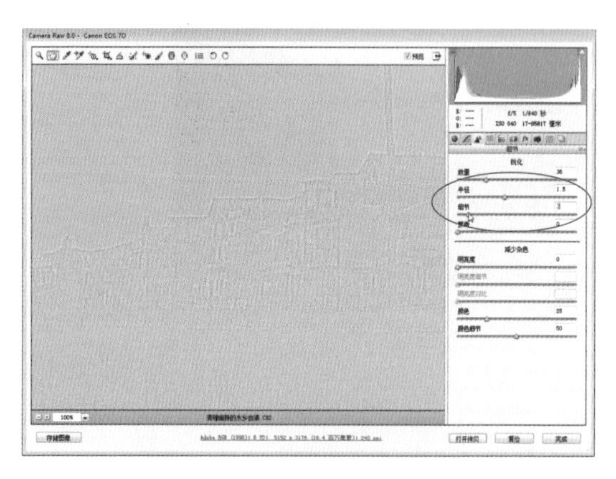

图12-59　降低照片的颗粒感

步骤 9　按住调整“蒙版”滑块的同时按下【Alt】键，向右调节“蒙版”滑块至81，调整画面的锐化区域大小，如图12-60所示。

步骤 10　执行操作后，即可完成锐化图像的操作，效果如图12-61所示。

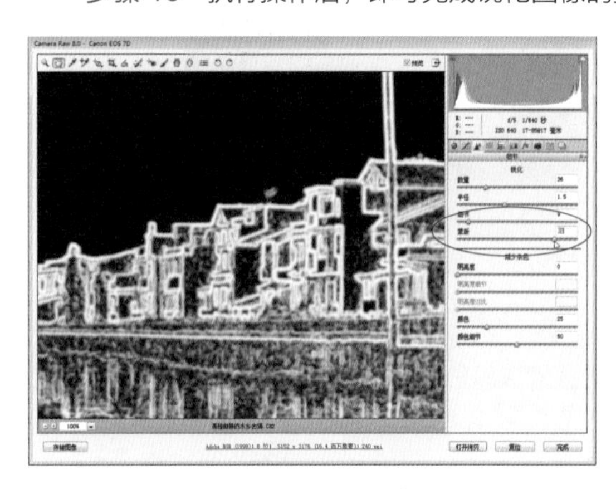

图12-60　调整“蒙版”滑块

图12-61　锐化图像

步骤 11　在“减少杂色”选项区中，设置“明亮度”为56、“明亮度细节”为50、“明亮度对比”为90，即可减少画面中的灰度噪点，效果如图12-62所示。

步骤 12　继续在“减少杂色”选项区中设置“颜色”为80、“颜色细节”为66，即可减少画面中的颜色噪点，效果如图12−63所示。

图12−62　减少画面中的灰度噪点

图12−63　减少画面中的颜色噪点

步骤 13　在左下角的“选择缩放级别”列表框中选择“符合视图大小”选项，效果如图12−64所示。

步骤 14　单击“打开图像”按钮，完成Camera Raw滤镜的编辑操作，并在Photoshop中打开编辑后的RAW格式照片文件，效果如图12−65所示。

图12−64　选择缩放级别

图12−65　应用Camera Raw滤镜

步骤 15　单击“图层”面板底部的“创建新的填充或调整图层”按钮，在弹出的列表框中选择“色彩平衡”选项，如图12−66所示。

步骤 16　执行操作后，即可创建“色彩平衡1”调整图层，如图12−67所示。

图12−66　选择“色彩平衡”选项

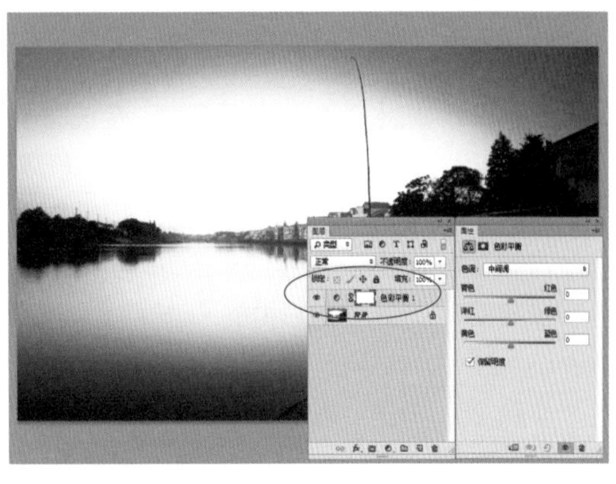

图12−67　创建“色彩平衡1”调整图层

步骤 17　在“属性”面板中，设置“中间调”的参数值分别为-20、19、5，效果如图12-68所示。

步骤 18　在“色调”列表框中选择“阴影”选项，设置其参数值分别为21、-60、-32，效果如图12-69所示。

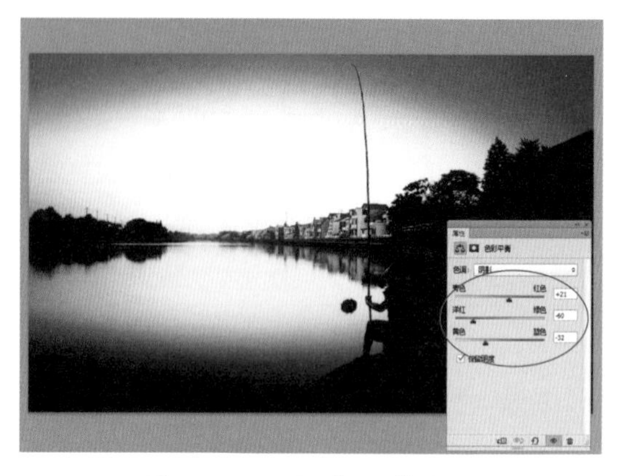

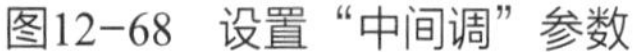

图12-68　设置“中间调”参数

图12-69　设置“阴影”参数

步骤 19　选取工具箱中的画笔工具，在工具属性栏中设置“大小”为500像素，效果如图12-70所示。

步骤 20　选中“色彩平衡1”调整图层的图层蒙版缩览图，运用黑色的画笔工具涂抹图像，隐藏部分图像效果，如图12-71所示。

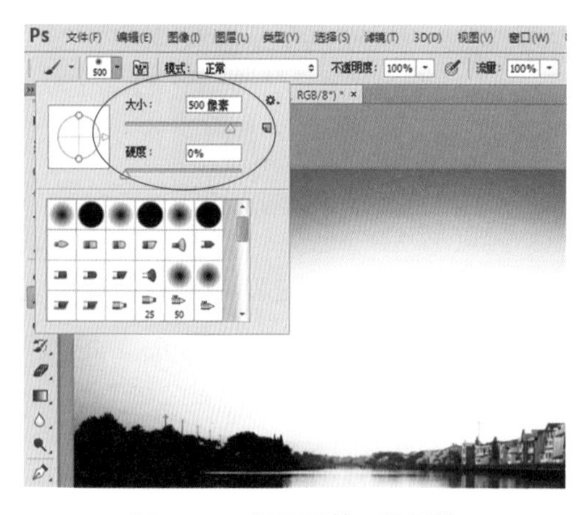

图12-70　设置画笔工具属性

图12-71　隐藏部分图像效果

步骤 21　按【Ctrl＋A】组合键，全选图像，如图12-72所示。

步骤 22　单击菜单栏中的“选择”|“修改”|“边界”命令，如图12-73所示。

步骤 23　弹出“边界选区”对话框，设置“宽度”为30像素，如图12-74所示。

步骤 24　单击“确定”按钮，即可创建边界选区，如图12-75所示。

步骤 25　单击菜单栏中的“选择”|“修改”|“羽化”命令，弹出“羽化选区”对话框，设置“羽化半径”为100像素，如图12-76所示。

步骤 26　单击“确定”按钮，即可羽化选区，如图12-77所示。

图12-72　全选图像

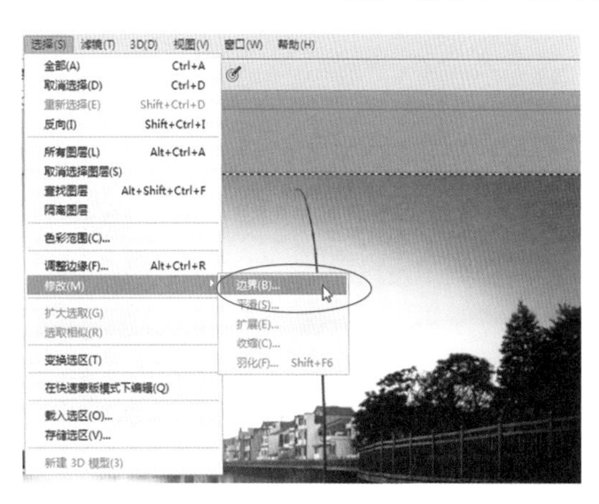

图12-73　单击“边界”命令

图12-74　设置“边界选区”参数

图12-75　创建边界选区

图12-76　设置“羽化选区”参数

图12-77　羽化选区

步骤 27　在工具箱中单击前景色色块，在弹出的“拾色器（前景色）”对话框中设置前景色为黑色（RGB参数值均为0），如图12-78所示，单击“确定”按钮。

步骤 28　展开“图层”面板，新建“图层1”图层，如图12-79所示。

步骤 29　按【Alt + Delete】组合键，填充前景色，效果如图12-80所示。

步骤 30　按【Ctrl + D】组合键，取消选区，效果如图12-81所示。

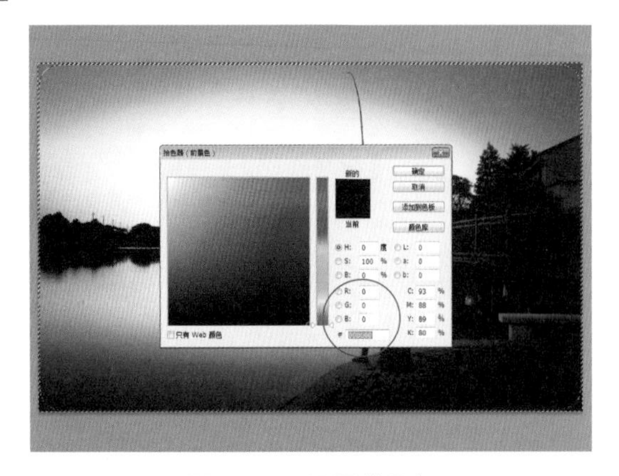

图12-78　设置前景色

图12-79　新建“图层1”图层

图12-80　填充前景色

图12-81　取消选区

步骤 31　按【Ctrl + Alt + Shift + E】组合键，盖印图层，得到“图层2”图层，如图12-82所示。

步骤 32　双击“图层2”图层，弹出“图层样式”对话框，选中“描边”复选框，设置“大小”为50像素、“位置”为“内部”，如图12-83所示。

图12-82　盖印图层

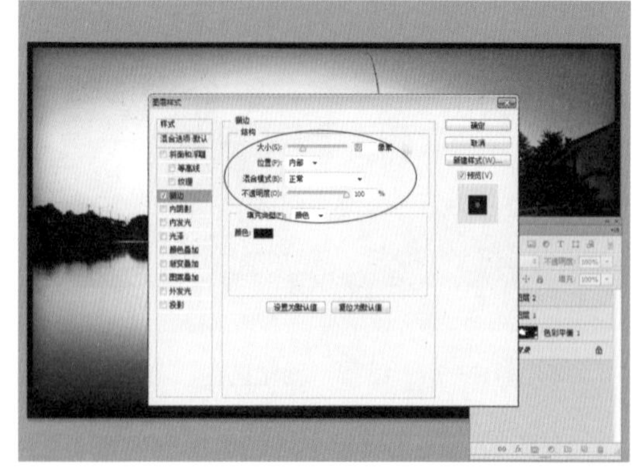

图12-83　设置“描边”参数

步骤 33　单击“确定”按钮，即可添加“描边”图层样式，效果如图12-84所示。

步骤 34　展开“图层”面板，新建“选取颜色1”调整图层，效果如图12-85所示。

图12-84　添加“描边”图层样式

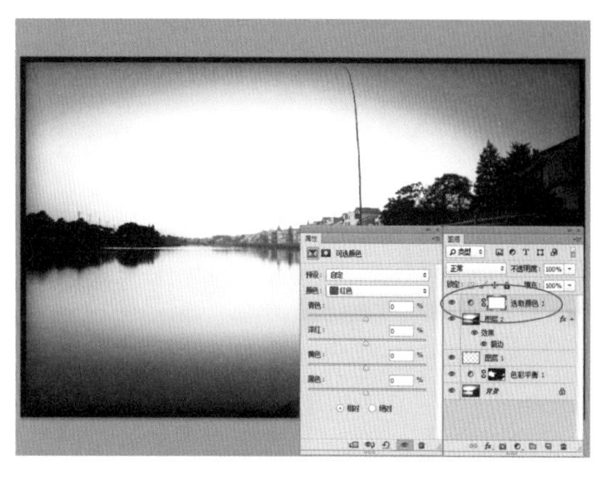

图12-85　新建“选取颜色1”调整图层

步骤 35　展开“属性”面板，在“颜色”列表框中选择“红色”选项，设置“青色”为0%、“洋红”为72%、“黄色”为-60%、“黑色”为0%，效果如图12-86所示。

步骤 36　在“颜色”列表框中选择“蓝色”选项，设置“青色”为51%、“洋红”为-40%、“黄色”为0%、“黑色”为-50%，效果如图12-87所示。

图12-86　设置“红色”参数

图12-87　设置“蓝色”参数

第13章

残阳如血的落日余晖

夕阳和夕阳下的景物是风光摄影爱好者喜爱拍摄的风景。夕阳下的景物被金色的光芒笼罩，画面会呈现暖调，但并不是每天的夕阳都拥有完美的光线和色温效果。当你发现照片中夕阳的影调和色彩都不够理想时，可以通过Photoshop后期处理打造残阳如血的落日余晖效果。

本章知识提要

- 核心1：完善构图
- 核心2：影调调整
- 核心3：色彩处理

本实例是一张逆光拍摄的落日照片，但太阳已经快要落山，照片显得非常暗淡，失去了亮丽的色彩。

在后期中用Photoshop CC进行修饰时，首先裁剪照片重新进行构图，使画面更加简洁，然后为其添加渐变的色彩过渡效果，为画面增添活力，增加了整体美感。

本实例最终效果如图13-1所示。

图13-1　实例效果

5项核心技法　完善构图　瑕疵修补　局部精修　影调调整　色彩处理

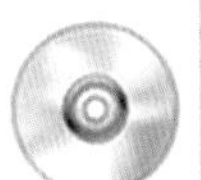

素材文件	光盘\素材\第13章\残阳如血的落日余晖.jpg
效果文件	光盘\效果\第13章\残阳如血的落日余晖.psd、残阳如血的落日余晖.jpg
视频文件	光盘\视频\第13章\第13章　残阳如血的落日余晖.mp4

◆ 核心 1：完善构图

关键技术 | 裁剪工具

实例解析 | 对于风光照片来说，裁剪是一种创意，更是一种有效改善构图的方法。本实例通过裁剪工具改变照片的画幅长宽比例，使构图更为丰满，主体也更为突出。

步骤 1　单击“文件”|“打开”命令，打开一幅素材图像，如图13-2所示。

步骤 2　选取工具箱中的裁剪工具，如图13-3所示。

图13-2　打开素材图像

图13-3　选取裁剪工具

步骤3 执行操作后，即可调出裁剪控制框，如图13-4所示。

步骤4 在裁剪工具的工具属性栏中，设置裁剪框的长宽比为1000：350，如图13-5所示。

图13-4 调出裁剪控制框

图13-5 设置裁剪框的长宽比

步骤5 执行操作后，即可创建固定大小的裁剪框，并适当调整其位置，如图13-6所示。

步骤6 按【Enter】键确认裁剪，将照片裁剪为全景图，效果如图13-7所示。

图13-6 创建固定大小的裁剪框

图13-7 将照片裁剪为全景图

◆ 核心2：影调调整

关键技术｜"亮度/对比度"调整图层、"曝光度"调整图层、"色阶"调整图层、"曲线"调整图层

实例解析｜在逆光条件下拍摄的日落照片，通常景象的光比会比较大，因此在后期可以通过Photoshop将背景中的天空还原，而将前景处理成剪影，使画面的层次更加丰富。

专家提醒

当用户在拍摄日出日落照片时，如果面对着光源照射的方向拍摄，此时的光线就是逆光，简单点说就是用相机对着太阳拍摄。

◆ 优点：可以体现主体轮廓，对比更强。

◆ 缺点：层次感和立体感不如侧光。

清楚逆光的优点和缺点后，用户在后期处理时应该重点加强其优点，掩饰其缺陷。

步骤1 展开"图层"面板，新建"亮度/对比度1"调整图层，如图13-8所示。

步骤2 展开"属性"面板，向右调节"亮度"滑块至12，增加图像亮度，效果如图13-9所示。

图13-8　新建“亮度/对比度1”调整图层

图13-9　增加图像亮度

步骤 3　向右调节“对比度”滑块至26，增加图像对比度，效果如图13-10所示。

步骤 4　新建“曝光度1”调整图层，在“属性”面板中设置“曝光度”为-0.37，降低图像曝光度，恢复天空的细节，效果如图13-11所示。

图13-10　增加图像对比度

图13-11　降低图像曝光度

专家提醒

在拍摄日出日落时，如果没有设置曝光补偿，则有可能导致照片上没有一丁点儿日出日落的气氛，反而看起来好像中午时候一样，如图13-12所示。

图13-12　在拍摄日落照片时有无运用曝光补偿的不同效果

步骤 5　新建“色阶1”调整图层，在“属性”面板中设置RGB通道的输入色阶参数值分别为10、1.11、255，调整画面的整体明暗关系，如图13-13所示。

步骤 6　在通道列表框中选择“红”选项，设置输入色阶各参数值分别为12、1.22、226，校正画面中红色像素的亮度强弱，效果如图13-14所示。

图13-13　调整画面的整体明暗关系

图13-14　校正红色像素

步骤 7　在通道列表框中选择“绿”选项，设置输入色阶各参数值分别为10、0.93、225，校正画面中绿色像素的亮度强弱，效果如图13-15所示。

步骤 8　在通道列表框中选择“蓝”选项，设置输入色阶各参数值分别为8、0.43、228，校正画面中蓝色像素的亮度强弱，效果如图13-16所示。

图13-15　校正绿色像素

图13-16　校正蓝色像素

步骤 9　新建“曲线1”调整图层，在“属性”面板中的网格上单击鼠标左键，建立坐标点，设置“输出”为232、“输入”为225，如图13-17所示。

步骤 10　在曲线上再添加一个坐标点，设置“输出”为122、“输入”为91，调整图像的整体影调，效果如图13-18所示。

步骤 11　在通道列表框中选择“红”选项，在曲线上添加一个坐标点，设置“输出”为216、“输入”为191，加强高光部分的红色影调，效果如图13-19所示。

步骤 12　在曲线上再添加一个坐标点，设置“输出”为83、“输入”为92，降低暗调部分的红色影调，效果如图13-20所示。

图13-17　调整RGB通道（1）

图13-18　调整RGB通道（2）

图13-19　调整红色通道（1）

图13-20　调整红色通道（2）

专家提醒

对于曝光不足的日出日落风光照片，可以使用曲线工具校正其曝光，同时还可以用通道曲线消除偏色。如图13-21所示，照片画面明显偏蓝，用户可以在后期通过调整“红色”通道曲线，恢复夕阳的光影效果，如图13-22所示。

图13-21　画面偏蓝

图13-22　恢复夕阳的光影效果

步骤 13　在通道列表框中选择“绿”选项，在曲线上添加一个坐标点，设置“输出”为219、“输入”为210，加强高光区域的绿色影调，效果如图13-23所示。

步骤 14　在曲线上再添加一个坐标点，设置“输出”为80、“输入”为95，降低暗调区域的绿色影调，效果如图13-24所示。

图13-23　调整绿色通道（1）

图13-24　调整绿色通道（2）

步骤 15　在通道列表框中选择“蓝”选项，在曲线上添加一个坐标点，设置“输出”为205、“输入”为216，降低高光区域的蓝色影调，效果如图13-25所示。

步骤 16　在曲线上再添加一个坐标点，设置“输出”为89、“输入”为81，增加暗调区域的蓝色影调，效果如图13-26所示。

图13-25　调整蓝色通道（1）

图13-26　调整蓝色通道（2）

专家提醒

对于在弱光环境下拍摄的日出日落照片，很容易出现曝光严重不足的现象，此时用户也可以采用Photoshop的图层混合模式来校正曝光。例如，通过复制图层和设置“滤色”混合模式的方法，可以较好地校正曝光不足，如图13-27所示。

图13-27　利用图层混合模式校正日落照片的曝光

◆ 核心 3：色彩处理

关键技术 | “自然饱和度”调整图层、“渐变叠加”图层样式、“Lab颜色”模式、“镜头光晕”滤镜、“减少杂色”滤镜

实例解析 | 经过前面的影调调整，照片的光线变得更加突出，但这还远远不够。下面通过“自然饱和度”调整图层、“渐变叠加”图层样式、“Lab颜色”模式等进一步加强照片的色彩和锐度，使画面的视觉冲击力更强，然后运用滤镜修饰照片，使其更具特色。

步骤 1　展开“图层”面板，新建“自然饱和度1”调整图层，如图13-28所示。

步骤 2　展开“属性”面板，设置“自然饱和度”为50、“饱和度”为8，增加画面的色彩饱和度，效果如图13-29所示。

图13-28　新建“自然饱和度1”调整图层

图13-29　增加画面的色彩饱和度

步骤 3　接下来将运用利用“渐变叠加”图层样式快速调出亮丽的色彩，按【Ctrl+Alt+Shift+E】组合键，盖印图层，得到“图层1”图层，如图13-30所示。

步骤 4　在菜单栏中，单击“图层”|“图层样式”|“渐变叠加”命令，如图13-31所示。

图13-30　盖印图层

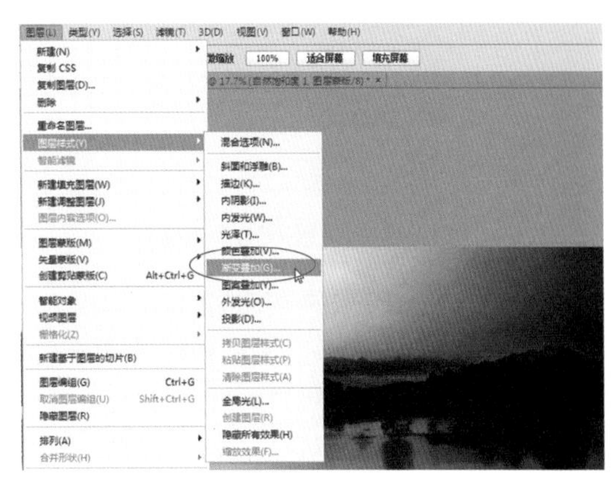

图13-31　单击“渐变叠加”命令

步骤 5　弹出“图层样式”对话框，在“渐变叠加”选项卡中单击“点按可编辑渐变”色块，如图13-32所示。

步骤 6　弹出“渐变编辑器”对话框，双击第一个色标，如图13-33所示。

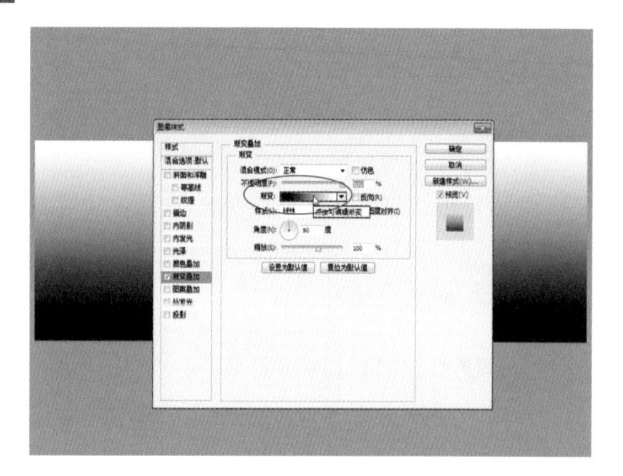
图13-32　单击“点按可编辑渐变”色块

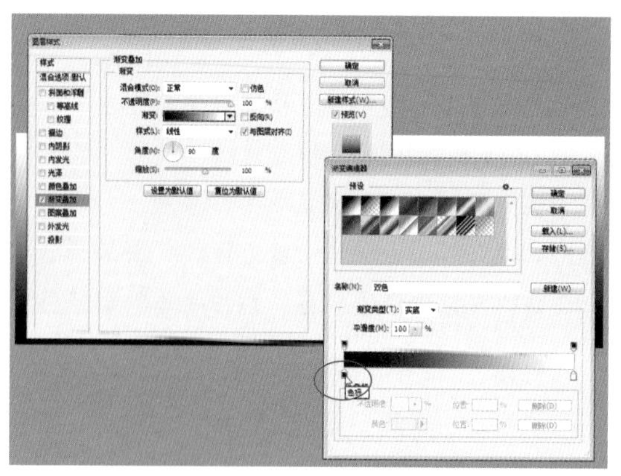
图13-33　双击第一个色标

专家提醒

在处理风光照片时，用户可以应用Photoshop的“渐变叠加”图层样式为图层中的图像覆盖渐变色，快速调出极具特色的色彩效果。

步骤 7　弹出“拾色器（色标颜色）”对话框，设置RGB参数值分别为255、110、2，如图13-34所示。

步骤 8　单击“确定”按钮，即可修改第一个色标的颜色，如图13-35所示。

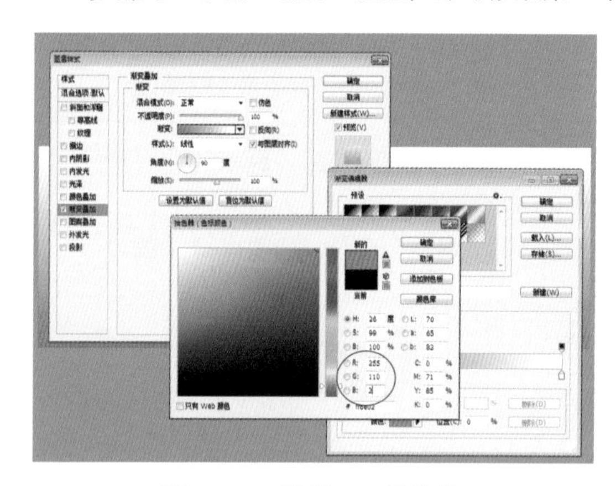
图13-34　设置RGB参数值

图13-35　修改第一个色标的颜色

步骤 9　在渐变条的中间位置单击添加一个色标，并设置其“位置”为50%，如图13-36所示。

步骤 10　双击中间位置的色标，弹出“拾色器（色标颜色）”对话框，设置RGB参数值分别为255、255、0，如图13-37所示。

步骤 11　单击“确定”按钮，即可修改中间位置的色标颜色，如图13-38所示。

步骤 12　双击渐变条最右侧的色标，弹出“拾色器（色标颜色）”对话框，设置RGB参数值分别为199、2、2，如图13-39所示。

步骤 13　单击“确定”按钮，即可修改最右侧的色标颜色，如图13-40所示。

步骤 14　在“渐变编辑器”对话框中，单击“确定”按钮，返回“图层样式”对话框，完成渐变颜色的编辑，如图13-41所示。

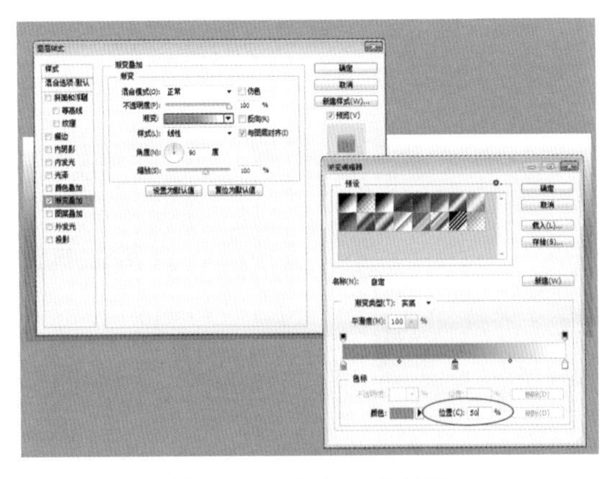

图13-36　添加一个色标

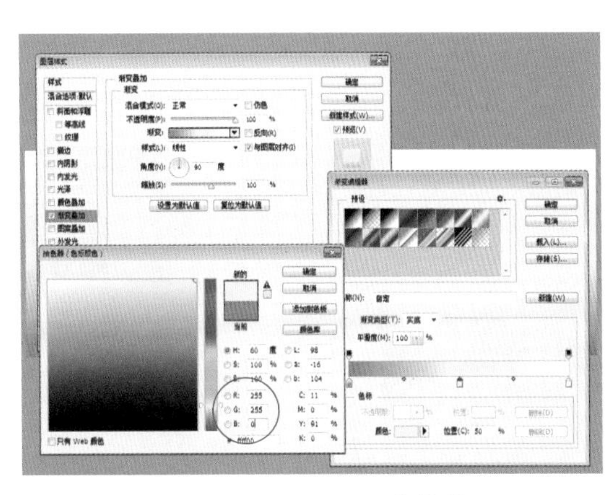

图13-37　设置RGB参数值

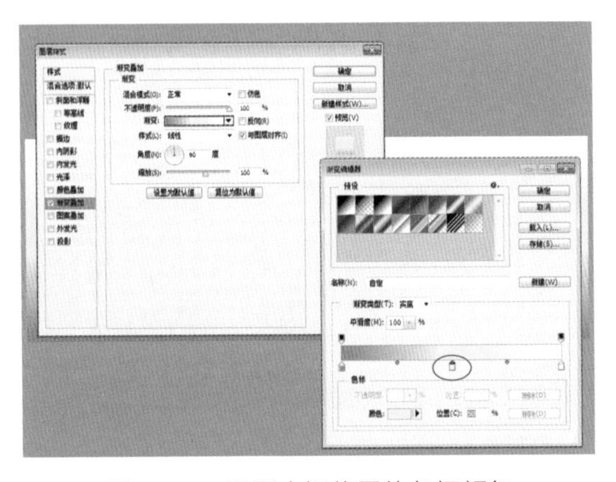

图13-38　设置中间位置的色标颜色

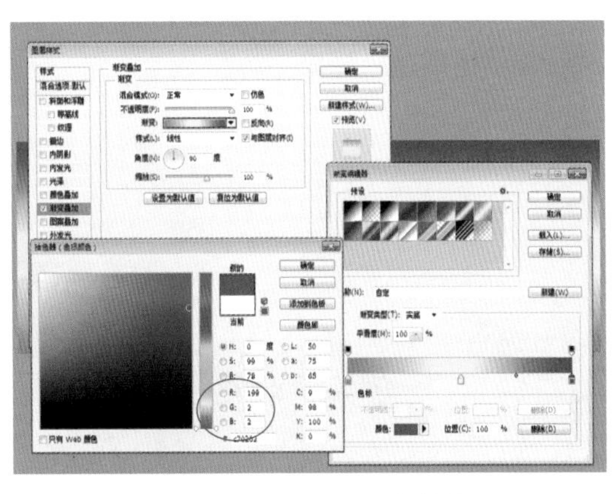

图13-39　设置RGB参数值

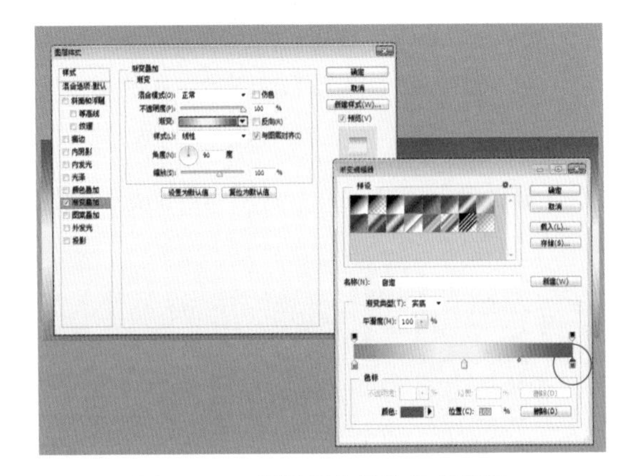

图13-40　设置最右侧的色标颜色

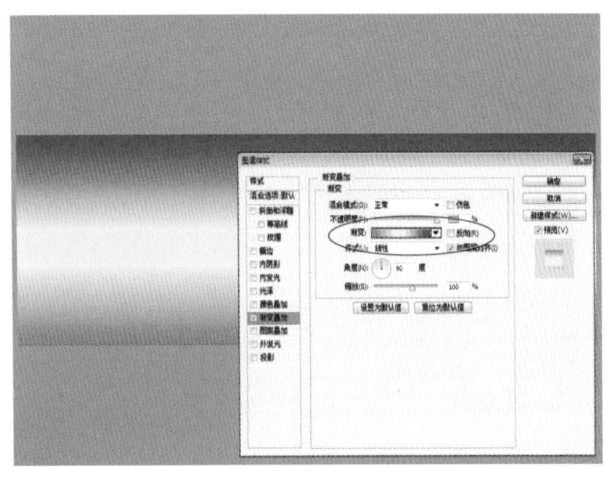

图13-41　完成渐变颜色的编辑

步骤 15　在“混合模式”列表框中选择“柔光”选项，如图13-42所示。

步骤 16　在“渐变”选项区中设置“不透明度”为60%，如图13-43所示。

步骤 17　单击“确定”按钮，为“图层1”图层添加“渐变叠加”图层样式，效果如图13-44所示。

步骤 18　接下来使用颜色通道对照片进行锐化，有助于避免照片大量锐化时所产生的色晕或

色彩不自然的现象，进而能够对照片执行更多的锐化。单击“图像”|“模式”|“Lab颜色”命令，如图13-45所示。

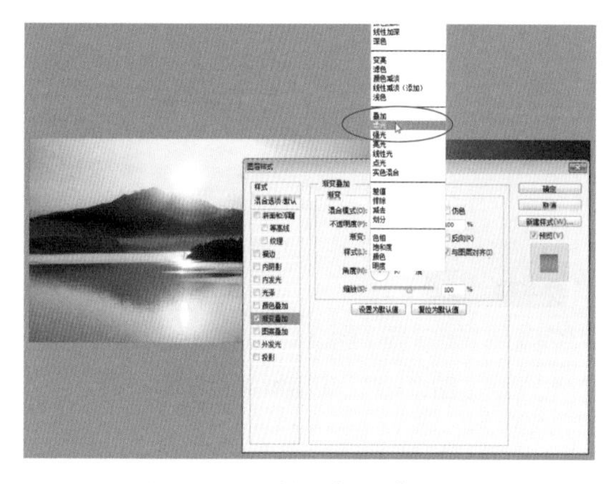

图13-42　选择“柔光”选项

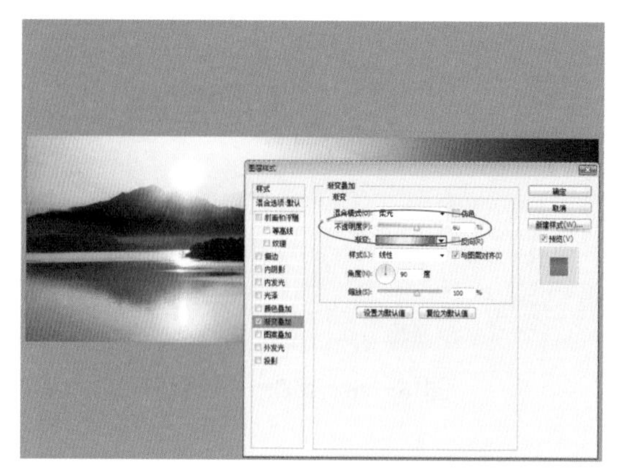

图13-43　设置“不透明度”参数

图13-44　添加“渐变叠加”图层样式

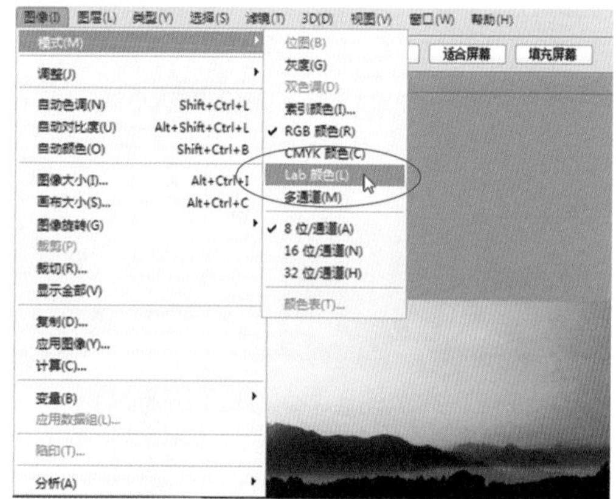

图13-45　单击“Lab颜色”命令

步骤 19　弹出信息提示框，单击“拼合”按钮，如图13-46所示。

步骤 20　执行操作后，即可将图像模式转换为“Lab颜色”模式，并合并所有的图层，如图13-47所示。

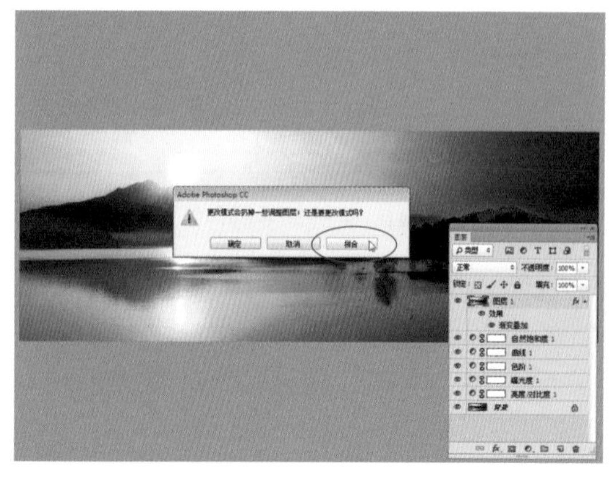

图13-46　单击“拼合”按钮

图13-47　合并所有的图层

步骤 21　展开“通道”面板，可以看到原来的RGB通道已经发生改变，转换为明度通道、a通道和b通道，如图13-48所示。

步骤 22　在“通道”面板中选择“明度”通道，图像效果会随之发生改变，并显示照片的亮度和细节，如图13-49所示。

图13-48　展开“通道”面板

图13-49　选择“明度”通道

步骤 23　单击菜单栏中的“滤镜”|“锐化”|“USM锐化”命令，弹出“USM锐化”对话框，设置“数量”为60%、“半径”为5.0像素、“阈值”为20色阶，如图13-50所示。

步骤 24　单击“确定”按钮，应用“USM锐化”滤镜，效果如图13-51所示。

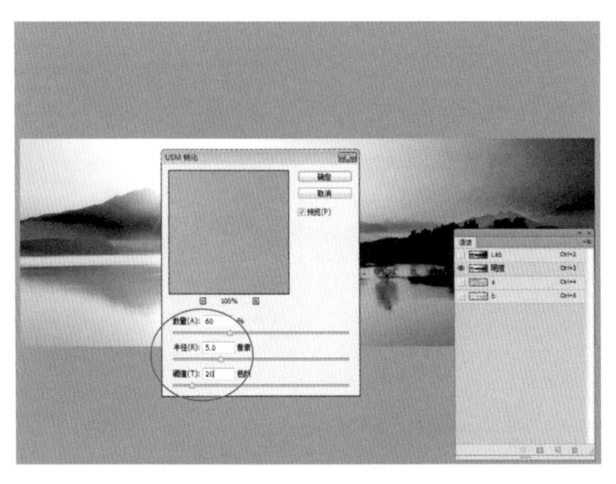

图13-50　设置“USM锐化”参数

图13-51　应用“USM锐化”滤镜

步骤 25　在“通道”面板中选择Lab通道，显示图像，效果如图13-52所示。

步骤 26　在菜单栏中，单击“图像”|“模式”|“RGB颜色”命令，如图13-53所示。

步骤 27　执行操作后，即可将图像转换为“RGB颜色”模式，如图13-54所示。

步骤 28　为了保留原始图像，我们首先复制并创建一个新智能图层，按【Ctrl＋J】组合键，复制“背景”图层，得到“图层1”图层，如图13-55所示。

步骤 29　选择“图层1”图层，单击鼠标右键，在弹出的列表框中选择“转换为智能对象”选项，如图13-56所示。

步骤 30　执行操作后，即可将“图层1”图层转换为智能对象，如图13-57所示。

图13-52　选择Lab通道

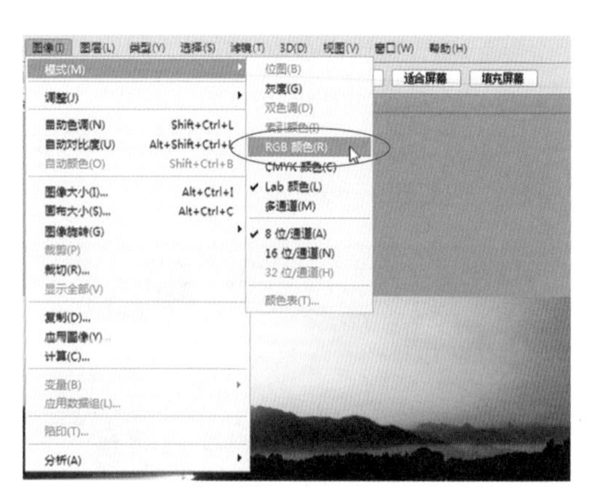

图13-53　单击“RGB颜色”命令

图13-54　转换颜色模式

图13-55　复制图层

图13-56　选择“转换为智能对象”选项

图13-57　转换为智能对象

步骤 31　在菜单栏中，单击“滤镜”|“渲染”|“镜头光晕”命令，如图13-58所示。

步骤 32　执行操作后，弹出“镜头光晕”对话框，设置“亮度”为80%、“镜头类型”为“50-300毫米变焦”，并适当调整效果位置，如图13-59所示。

步骤 33　单击“确定”按钮，即可应用“镜头光晕”滤镜，加强光照效果，如图13-60所示。

步骤 34　在菜单栏中，单击“滤镜”|“杂色”|“减少杂色”命令，如图13-61所示。

图13-58　单击“镜头光晕”命令

图13-59　设置“镜头光晕”选项

图13-60　应用“镜头光晕”滤镜

图13-61　单击“减少杂色”命令

步骤 35　执行操作后，弹出“减少杂色”对话框，设置“强度”为6、“保留细节”为20%、“减少杂色”为80%、“锐化细节”为10%，如图13-62所示。

步骤 36　选中“高级”按钮，切换至该选项面板，如图13-63所示。

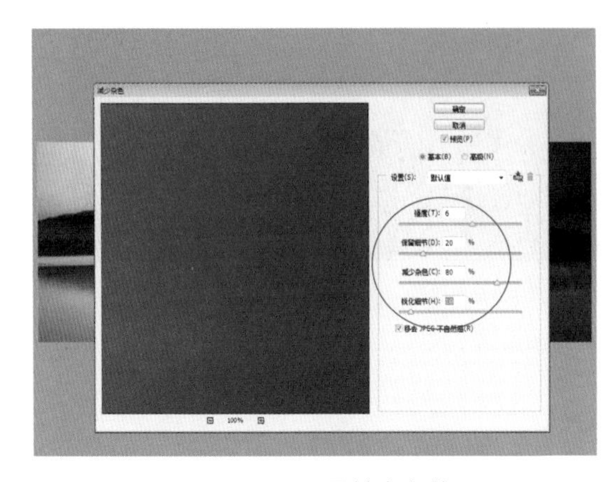

图13-62　设置基本参数

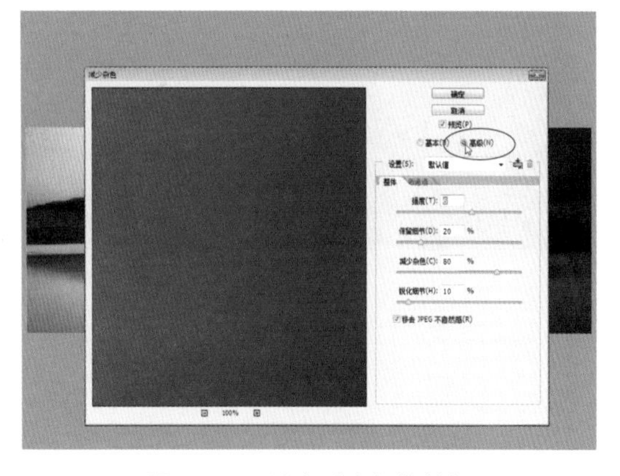

图13-63　选中“高级”按钮

步骤 37　切换至“每通道”选项卡，设置“通道”为“红”、“强度”为6、“保留细节”为

20%，如图13-64所示。

步骤 38　单击“确定”按钮，即可应用“减少杂色”滤镜，降低画面噪点，效果如图13-65所示。

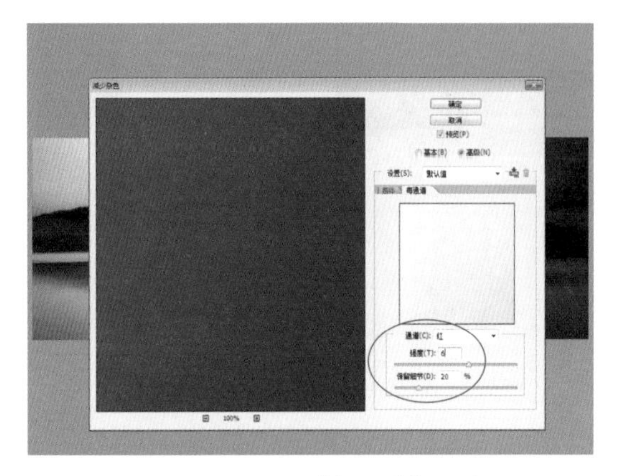

图13-64　设置“每通道”参数

图13-65　降低画面噪点

专家提醒

“镜头光晕”滤镜可以模拟亮光照射到相机镜头所产生的折射效果，常用来表现玻璃、金属等反射的反射光，或用来增强日光和灯光效果，如图13-66所示。

图13-66　“镜头光晕”滤镜模拟的“电影镜头”光晕效果

制作层次分明的山峦

在拍摄山川风光时，用俯视角度拍摄可以使场景显得更加宏大，画面的透视效果也更强。本章主要介绍山川照片的后期处理技法，只要前期的拍摄角度够好，再加上后期的影调和色彩处理，使其层次更加分明，就能加强画面的视觉冲击力。

- 核心1：完善构图
- 核心2：局部精修
- 核心3：影调调整
- 核心4：色彩处理

本实例是一张采用俯视角度拍摄的山川照片，原照片的画面比较灰暗，色彩感不强，导致其层次不够分明。

在后期中用Photoshop CC进行修饰时，首先运用Adobe Camera Raw对RAW格式的照片进行构图、影调和色彩的调整，然后运用直线工具和横排文字工具为其添加水印，使照片整体更加完美。

本实例最终效果如图14-1所示。

图14-1　实例效果

5项核心技法　完善构图　瑕疵修补　局部精修　影调调整　色彩处理

素材文件	光盘\素材\第14章\制作层次分明的山峦.CR2
效果文件	光盘\效果\第14章\制作层次分明的山峦.psd、制作层次分明的山峦.jpg
视频文件	光盘\视频\第14章\第14章　制作层次分明的山峦.mp4

◆ 核心 1：完善构图

关键技术 | 拉直工具

实例解析 | 由于拍摄者是站在山坡上拍摄的这张照片，因此原素材中的地平线稍微有些倾斜。后期需要先运用拉直工具进行纠正，完善画面构图。

步骤 1　单击“文件”|“打开”命令，在Camera Raw对话框中打开一张RAW格式的照片，如图14-2所示。

步骤 2　选取工具栏中的拉直工具，拖曳鼠标，在图像上绘制一条直线，如图14-3所示。

图14-2　打开素材图像

图14-3　绘制一条直线

步骤 3　松开鼠标按键后，即可调出裁剪控制框，适当调整其大小和位置，如图14-4所示。

步骤 4　按【Enter】键即可确认图像的裁剪，裁剪框以外的区域被裁剪，对照片进行二次构图，效果如图14-5所示。

图14-4　调整裁剪控制框

图14-5　对照片进行二次构图

◆ 核心 2：局部精修

关键技术｜渐变滤镜工具、调整画笔工具

实例解析｜下面主要运用渐变滤镜工具、调整画笔工具等局部调整工具对画面局部的曝光度、亮度、清晰度和其他色调进行调整。

步骤 1　在Camera Raw对话框中，选取工具栏上的渐变滤镜工具，在图像预览窗口中，由上至下拖曳鼠标创建渐变区域，如图14-6所示。

步骤 2　在右侧的“渐变滤镜”面板中，设置“色温”为-30、“色调”为-19，调整天空区域的白平衡，效果如图14-7所示。

图14-6　创建渐变区域

图14-7　调整天空区域的白平衡

步骤 3　在“渐变滤镜”面板中，将“曝光”滑块调节至0.7，增加天空区域的曝光度，效果如图14-8所示。

步骤 4　将“对比度”滑块调节至-41，降低天空区域的对比度，效果如图14-9所示。

步骤 5　将“高光”滑块调节至-45，降低天空中较亮区域的亮度，效果如图14-10所示。

步骤 6　将“阴影”滑块调节至3，稍微增加天空中较暗区域的亮度，进一步增加天空区域的明暗对比，效果如图14-11所示。

图14-8 增加天空区域的曝光度

图14-9 降低天空区域的对比度

图14-10 调整“高光”滑块

图14-11 调整“阴影”滑块

步骤7 将“清晰度”滑块调节至-6，降低天空区域的清晰度，效果如图14-12所示。

步骤8 将“饱和度”滑块调节至10，增加天空区域的色彩饱和度，效果如图14-13所示。

图14-12 调整“清晰度”滑块

图14-13 调整“饱和度”滑块

步骤9 单击“颜色”右侧的颜色选择框，在弹出的“拾色器”对话框中设置“色相”为239、“饱和度”为100，如图14-14所示。

步骤10 单击“确定”按钮，加深天空区域的色彩，效果如图14-15所示。

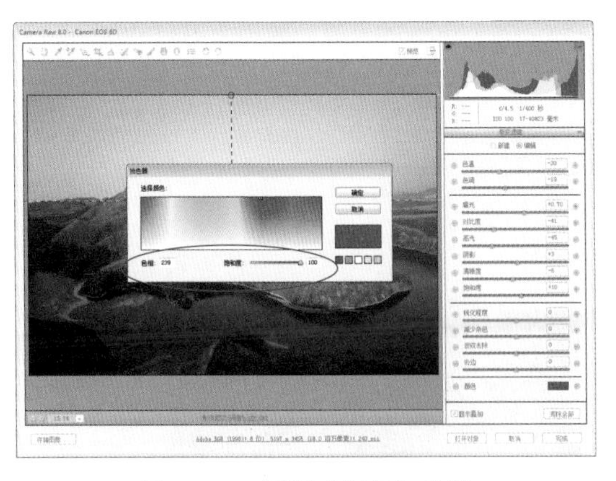

图14-14　设置“颜色”参数

图14-15　加深天空区域色彩

步骤 11　选中“新建”按钮，在图像预览窗口中，由下至上拖曳鼠标创建新的渐变区域，如图14-16所示。

步骤 12　在右侧的“渐变滤镜”面板中，设置“色温”为-59、“色调”为19，调整水面局部区域的白平衡，效果如图14-17所示。

图14-16　创建渐变区域

图14-17　调整白平衡

步骤 13　将“曝光”滑块调节至-1.2，降低水面局部区域的曝光度，效果如图14-18所示。

步骤 14　将“对比度”滑块调节至-10，降低水面局部区域的对比度，效果如图14-19所示。

图14-18　调整“曝光”滑块

图14-19　调整“对比度”滑块

步骤 15　将“高光”滑块调节至-10，稍微降低水面较亮区域的亮度，效果如图14-20所示。

步骤 16　将“阴影”滑块调节至21，增加水面较暗区域的亮度，效果如图14-21所示。

图14-20　调整“高光”滑块

图14-21　调整“阴影”滑块

步骤 17　将“清晰度”滑块调节至8，增加水面局部区域的清晰度，效果如图14-22所示。

步骤 18　将“饱和度”滑块调节至-12，降低水面局部区域的色彩饱和度，效果如图14-23所示。

图14-22　调整“清晰度”滑块

图14-23　调整“饱和度”滑块

步骤 19　选中“新建”单选按钮，在图像预览窗口中的地平线位置由下至上拖曳鼠标，创建新的渐变区域，如图14-24所示。

步骤 20　在右侧的“渐变滤镜”面板中，设置“色温”为-7、“色调”为-16，调整地平线附近区域的白平衡，效果如图14-25所示。

步骤 21　将“曝光”滑块调节至0.25，增加地平线附近区域的曝光度，效果如图14-26所示。

步骤 22　将“高光”滑块调节至11，增加地平线附近较亮区域的亮度，效果如图14-27所示。

步骤 23　在工具栏上选取调整画笔工具，在右侧的“调整画笔”选项面板中设置“大小”为10、“羽化”为50、“浓度”为100，选中“自动蒙版”与“显示蒙版”复选框，在图像上进行涂抹，如图14-28所示。

步骤 24　在“调整画笔”选项面板中，将“曝光”滑块调节至0.2，增加照片中的局部曝光度，并取消选中“显示蒙版”复选框，效果如图14-29所示。

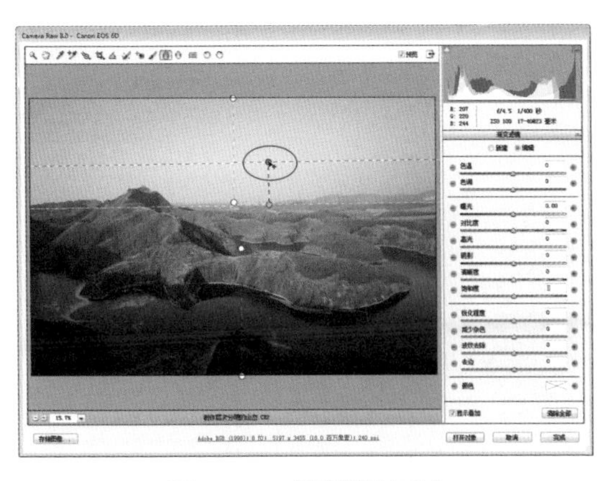

图14-24　创建渐变区域

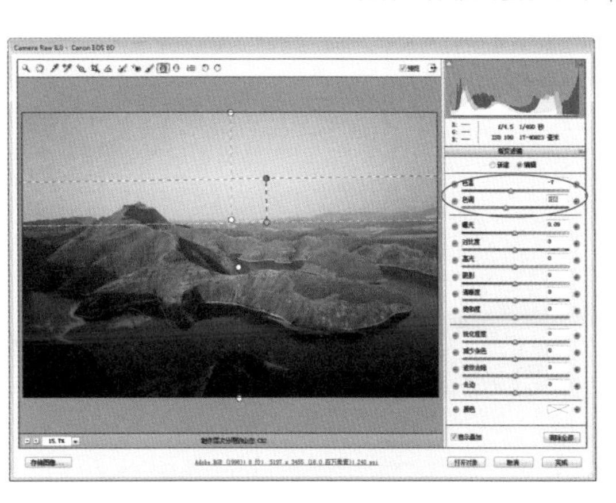

图14-25　调整白平衡

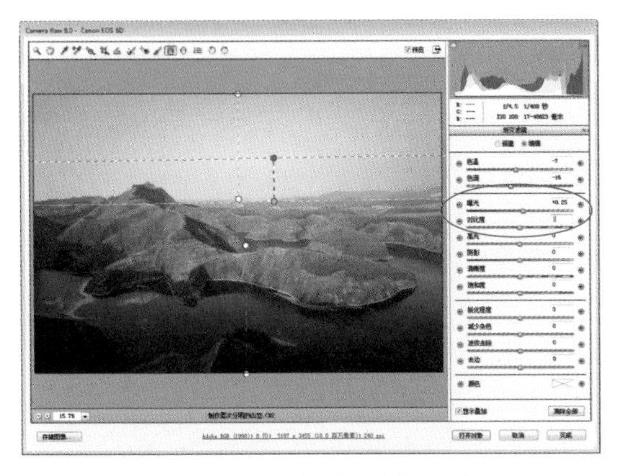

图14-26　调整“曝光”滑块

图14-27　调整“高光”滑块

图14-28　创建蒙版区域

图14-29　增加照片中的局部曝光度

步骤 25　单击“颜色”右侧的颜色选择框，在弹出的“拾色器”对话框中设置“色相”为16、“饱和度”为55，如图14-30所示。

步骤 26　单击“确定”按钮，加深山坡区域的色彩，效果如图14-31所示。

图14-30　设置“颜色”参数

图14-31　加深山坡区域色彩

◆ 核心3：影调调整

关键技术 | 色调选项、“色调曲线”面板

实例解析 | 在调整照片的影调时，使用Adobe Camera Raw中的色调选项和“色调曲线”面板进行详细调整，尽量模拟出自然光的画面效果，给欣赏者带来不一样的视觉感受，从而引起共鸣。

步骤1　切换至“基本”面板，将“曝光”滑块调节至0.25，增加照片的曝光度，让细节更加清晰，效果如图14-32所示。

步骤2　将“对比度”滑块调节至-9，降低画面的对比度，效果如图14-33所示。

图14-32　增加照片的曝光度

图14-33　降低照片的对比度

步骤3　将“高光”滑块调节至-38，降低画面中的天空亮度，效果如图14-34所示。

步骤4　将“阴影”滑块调节至38，可以看到画面中天空的亮度基本上没有变化，而前景比较暗的区域稍微提亮，效果如图14-35所示。

步骤5　将“白色”滑块调节至42，画面中的天空和水面的白色部分被大幅提亮，效果如图14-36所示。

步骤6　将“黑色”滑块调节至-9，增加画面的黑色效果，提升层次感，效果如图14-37所示。

步骤7　切换至“色调曲线”面板的“参数”选项卡，将“高光”滑块调节至22，增加画面中的高光部分亮度，效果如图14-38所示。

步骤8　将“亮调”滑块调节至8，提高图像中较亮的部分，效果如图14-39所示。

图14-34　降低较亮区域的亮度

图14-35　提亮较暗的区域

图14-36　大幅提亮白色部分

图14-37　增加画面的黑色

图14-38　设置“高光”参数

图14-39　设置“亮调”参数

步骤 9　将“暗调”滑块调节至7，提亮图像中的暗部部分，效果如图14-40所示。

步骤 10　将“阴影”滑块调节至-18，压暗图像中的阴影部分，通过参数曲线的调整，画面的明暗对比更加鲜明，效果如图14-41所示。

步骤 11　切换至“点”选项卡，在RGB通道中，为曲线添加一个坐标点，设置“输入”和“输出”分别为92、86，效果如图14-42所示。

步骤 12　在曲线上再添加一个坐标点，设置“输入”和“输出”分别为179、185，控制画面反差，效果如图14-43所示。

图14-40　设置“暗调”参数

图14-41　设置“阴影”参数

图14-42　调整RGB影调（1）

图14-43　调整RGB影调（2）

步骤 13　设置“通道”为“红色”，为曲线添加一个坐标点，设置“输入”和“输出”分别为207、198，降低高光部分的红色影调，效果如图14-44所示。

步骤 14　在曲线上再添加一个坐标点，设置“输入”和“输出”分别为75、65，降低暗调部分的红色影调，效果如图14-45所示。

图14-44　调整红色影调（1）

图14-45　调整红色影调（2）

步骤 15　设置“通道”为“绿色”，为曲线添加一个坐标点，设置“输入”和“输出”分别为196、187，降低高光部分的绿色影调，效果如图14-46所示。

步骤 16　为曲线添加一个坐标点，设置“输入”和“输出”分别为96、80，调整暗调部分的绿色影调，效果如图14-47所示。

图14-46　调整绿色影调（1）

图14-47　调整绿色影调（2）

步骤 17　设置“通道”为“蓝色”，为曲线添加一个坐标点，设置“输入”和“输出”分别为199、210，加强高光部分的蓝色影调，效果如图14-48所示。

步骤 18　在曲线上添加一个坐标点，设置“输入”和“输出”分别为86、80，降低暗调部分的蓝色影调，效果如图14-49所示。

图14-48　调整蓝色影调（1）

图14-49　调整蓝色影调（2）

◆ 核心4：色彩处理

关键技术｜“基本”面板、“HSL/灰度”面板、“色彩平衡”调整图层

实例解析｜这张照片中的天空、土地、草地以及水面的色彩都比较平淡，后期需要针对这些部分的色彩进行调整。此外，还可以为照片添加水印，增加欣赏者的印象。

步骤 1　切换至“基本”面板，在“白平衡”选项区中设置“色温”为6650、“色调”为16，调整画面白平衡，效果如图14-50所示。

步骤 2　将“清晰度”滑块调节至23，对照片进行基本的锐化处理，效果如图14-51所示。

图14-50　调整画面白平衡

图14-51　加强画面清晰度

步骤3　将“自然饱和度”滑块调节至69，增加低饱和度颜色的饱和度，效果如图14-52所示。

步骤4　将“饱和度”滑块调节至8，增加整体画面的色彩饱和度，效果如图14-53所示。

图14-52　调整“自然饱和度”滑块

图14-53　调整“饱和度”滑块

步骤5　切换至“HSL/灰度”面板的“色相”选项卡，设置“橙色”为-15、“黄色”为56、“绿色”为68，调整单个颜色的色相，效果如图14-54所示。

步骤6　切换至“HSL/灰度”面板的“饱和度”选项卡，设置“橙色”为50、“蓝色”为25，调整单个颜色的色彩浓度，效果如图14-55所示。

图14-54　调整单个颜色的色相

图14-55　调整单个颜色的色彩浓度

步骤 7　切换至“HSL/灰度”面板的“明亮度”选项卡，调整单个颜色的亮度，将“橙色”滑块调节至-23，调整画面中的土地颜色亮度，效果如图14-56所示。

步骤 8　将“蓝色”滑块调节至13，调整画面中的天空和水面的颜色亮度，效果如图14-57所示。

图14-56　调整画面中橙色的色彩明度

图14-57　调整画面中蓝色的色彩明度

步骤 9　切换至“细节”面板，在左下角的“选择缩放级别”列表框中选择100%视图级别，放大图像，便于观察调整的细节，如图14-58所示。

步骤 10　在“锐化”选项区中，向右调节“数量”滑块至57，增强锐化效果，可以看到画面上的颗粒感也明显增加，效果如图14-59所示。

图14-58　放大图像

图14-59　增强锐化效果

步骤 11　向右调节“半径”滑块至1.5，对画面锐度进行改善，效果如图14-60所示。

步骤 12　按住调整“细节”滑块的同时按下【Alt】键，向右调节“细节”滑块至52，增加照片的颗粒感，效果如图14-61所示。

步骤 13　按住调整“蒙版”滑块的同时按下【Alt】键，向右调节“蒙版”滑块至35，调整画面的锐化区域大小，如图14-62所示。

步骤 14　执行操作后，即可完成锐化图像的操作，效果如图14-63所示。

步骤 15　在左下角的“选择缩放级别”列表框中选择“符合视图大小”选项，效果如图14-64所示。

步骤 16　单击“打开图像”按钮，完成Camera Raw滤镜的编辑操作，并在Photoshop中打开编辑后的RAW格式照片文件，效果如图14-65所示。

图14-60　改善画面锐度

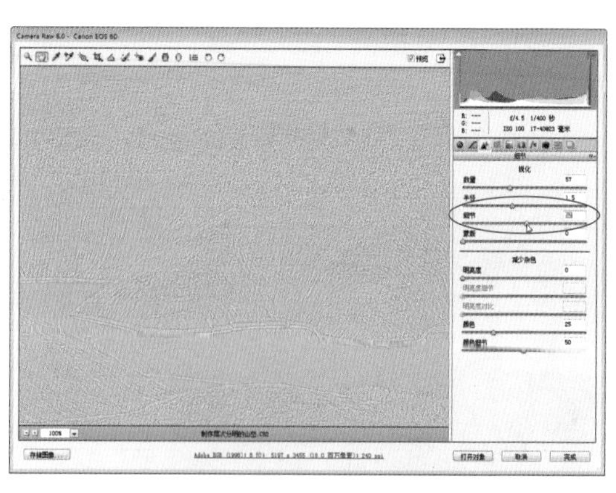

图14-61　增加照片的颗粒感

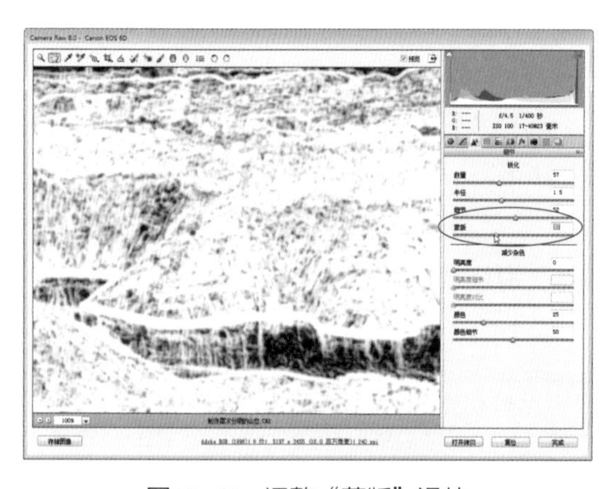

图14-62　调整“蒙版”滑块

图14-63　锐化图像

图14-64　选择缩放级别

图14-65　应用Camera Raw滤镜

步骤 17　在“图层”面板中，新建“色彩平衡1”调整图层，如图14-66所示。

步骤 18　在“属性”面板中，设置“中间调”的参数值分别为-15、15、49，效果如图14-67所示。

步骤 19　在“色调”列表框中选择“阴影”选项，设置其参数值分别为-23、17、10，加深水面的蓝色显示，效果如图14-68所示。

步骤 20　在“色调”列表框中选择“高光”选项，设置其参数值分别为0、0、33，加深天空的蓝色显示，效果如图14-69所示。

图14-66　新建“色彩平衡1”调整图层

图14-67　设置“中间调”参数

图14-68　设置“阴影”参数

图14-69　设置“高光”参数

步骤 21　最后，为照片添加一个水印，说明拍摄时间和设备。在“图层”面板中，新建“图层1”图层，效果如图14-70所示。

步骤 22　选取工具箱中直线工具，如图14-71所示。

图14-70　新建“图层1”图层

图14-71　选取直线工具

步骤 23　在直线工具的工具属性栏中，设置“选择工具模式”为“像素”、“粗细”为20像素，如图14-72所示。

步骤 24　单击前景色色块，弹出“拾色器（前景色）”对话框，设置RGB参数值分别为218、

106、60，如图14-73所示，单击“确定”按钮。

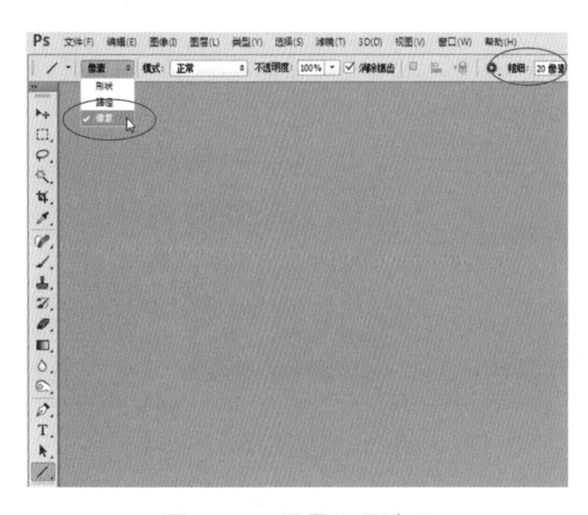

图14-72　设置工具选项

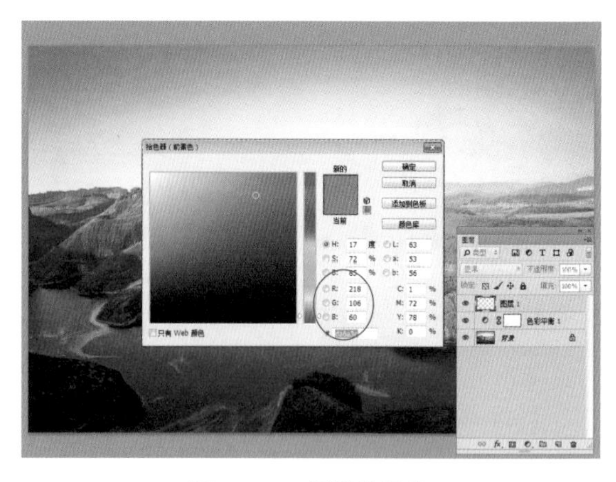

图14-73　设置前景色

步骤 25　运用直线工具在图像上绘制一条直线，效果如图14-74所示。

步骤 26　新建“图层2”图层，绘制另一条直线，效果如图14-75所示。

图14-74　绘制一条直线

图14-75　绘制另一条直线

步骤 27　新建“图层3”图层，继续绘制一条直线，效果如图14-76所示。

步骤 28　在“图层”面板中，按住【Ctrl】键并单击“图层1”图层、“图层2”图层、“图层3”图层，同时选中这3个图层，如图14-77所示。

图14-76　绘制一条直线

图14-77　同时选中3个图层

步骤 29　单击鼠标右键，在弹出的快捷菜单中选择“合并图层”选项，如图14-78所示。

步骤 30　执行操作后，即可合并图层，并将其重命名为“线条”，如图14-79所示。

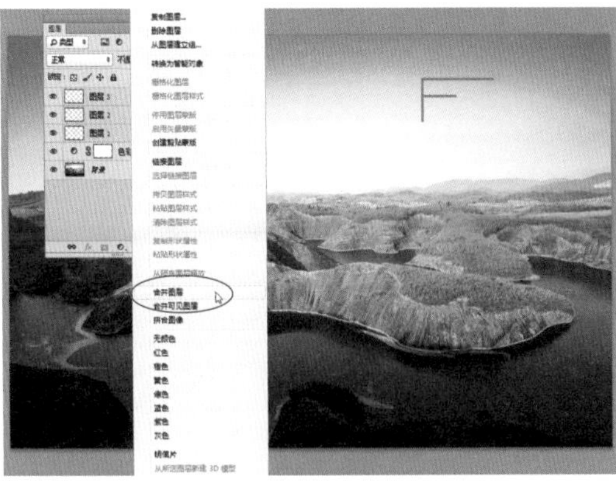

图14-78　选择“合并图层”选项

图14-79　合并并重命名图层

步骤 31　双击线条图层，弹出“图层样式”对话框，选中“投影”复选框，设置“不透明度”为30%、“角度”为120度、“距离”为1像素、“扩展”为0%、“大小”为10像素，如图14-80所示。

步骤 32　单击“确定”按钮，应用“投影”图层样式，效果如图14-81所示。

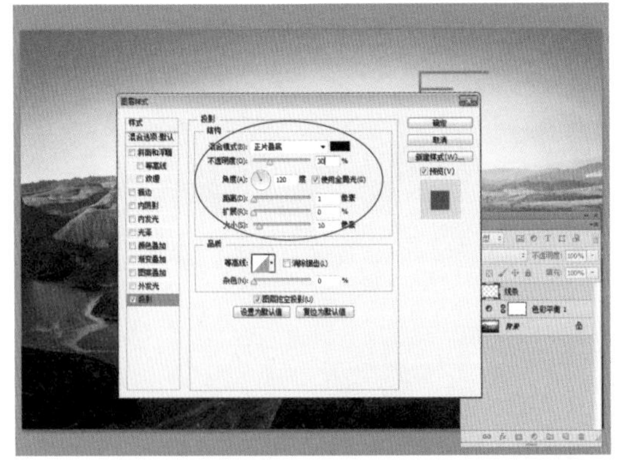

图14-80　设置“投影”参数

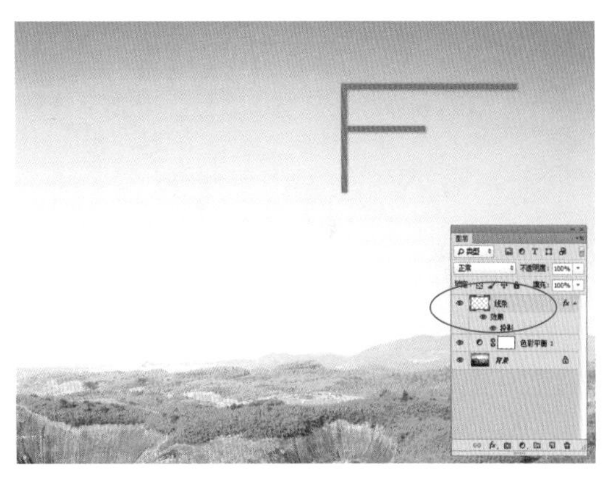

图14-81　应用“投影”图层样式

步骤 33　选取工具箱中的横排文字工具，如图14-82所示。

步骤 34　在图像编辑窗口中单击鼠标左键，确认文字插入点，展开“字符”面板，设置“字体系列”为“微软雅黑”、“字体大小”为36点，并激活“仿粗体”图标，如图14-83所示。

步骤 35　运用横排文字工具在图像中输入相应文字，效果如图14-84所示。

步骤 36　在图像编辑窗口中单击鼠标左键，确认文字插入点，展开“字符”面板，设置“字体系列”为“微软雅黑”、“字体大小”为18点、“行距”为30，并激活“仿粗体”图标，如图14-85所示。

步骤 37　运用横排文字工具在图像中输入相应文字，效果如图14-86所示。

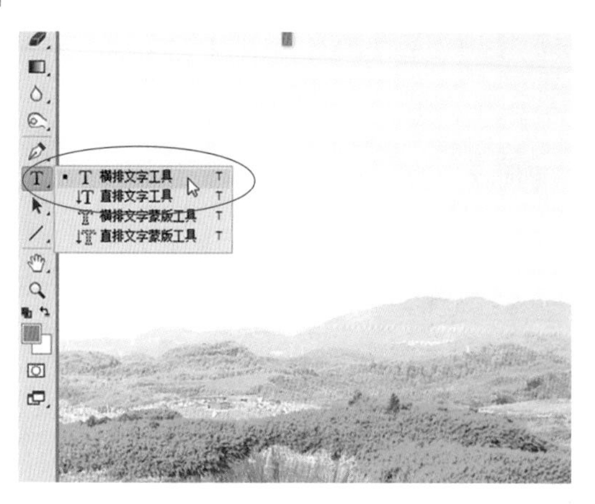

图14-82　选取横排文字工具

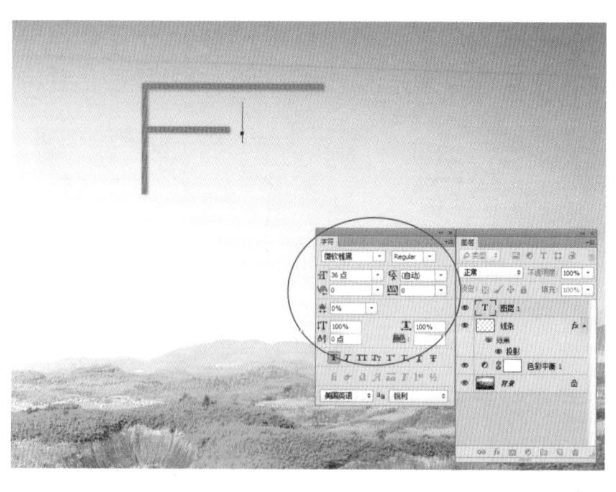

图14-83　设置“字符”参数

图14-84　输入相应文字

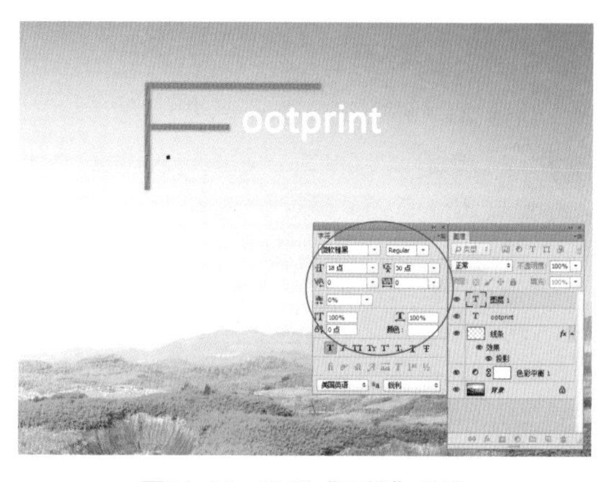

图14-85　设置“字符”参数

图14-86　输入相应文字

第15章

通明透亮的竹林小道

在早晨或者傍晚的竹林中，只要认真、仔细寻找适合拍摄的场景，再加上完美的后期处理，往往就可以获得戏剧性的光影效果。

本章知识提要

- 核心1：瑕疵修补
- 核心2：影调调整
- 核心3：色彩处理

本实例是一张逆光拍摄的竹林小道照片，由于竹林较高，遮挡了光源，而且光源本身也非常弱，因此画面的曝光和色彩都没有特色。

在后期处理时利用Photoshop CC对画面进行瑕疵修复、影调调整以及色彩处理等操作，并添加光线滤镜效果，打造出阳光在竹林上留下美丽的轮廓光效果，而且竹叶也被照射得十分透亮，使照片更加耐看。本实例最终效果如图15-1所示。

图15-1　实例效果

5项核心技法　完善构图　瑕疵修补　局部精修　影调调整　色彩处理

素材文件	光盘\素材\第15章\通明透亮的竹林小道.CR2
效果文件	光盘\效果\第15章\通明透亮的竹林小道.psd、通明透亮的竹林小道.jpg
视频文件	光盘\视频\第15章\第15章　通明透亮的竹林小道.mp4

◆ 核心1：瑕疵修补

关键技术｜“镜头校正”面板

实例解析｜打开素材照片后，通过观察可以发现照片高光部分的竹叶存在十分明显的紫边，这些紫边影响了画面的美观。紫边是在逆光摄影时经常会遇到的情况，它是因光线通过相机的镜片组后，光谱不平行而产生的光学现象，在后期可以运用Adobe Camera Raw轻松修复。

步骤1　单击“文件”|“打开”命令，在Camera Raw对话框中打开一张RAW格式的照片，如图15-2所示。

步骤2　单击“镜头校正”标签，切换至“镜头校正”面板，如图15-3所示。

图15-2　打开素材图像

图15-3　切换至“镜头校正”面板

步骤 3　切换至“颜色”选项卡，选中“删除色差”复选框，自动修复照片中的色差现象，效果如图15-4所示。

步骤 4　将“紫色数量”滑块调节至5，让紫色边缘看上去更加自然，效果如图15-5所示。

图15-4　选中“删除色差”复选框

图15-5　调节“紫色数量”滑块

步骤 5　将左侧的“紫色色相”滑块调节至15，控制去除紫边的颜色范围，效果如图15-6所示。

步骤 6　将右侧的“紫色色相”滑块调节至90，设置一个区间，这样Adobe Camera Raw就会仅去除这个颜色区间内的紫边，效果如图15-7所示。

图15-6　调节“紫色色相”滑块（1）

图15-7　调节“紫色色相”滑块（2）

◆ 核心 2：影调调整

关键技术 | 色调选项、“色调曲线”面板

实例解析 | 在竹林中拍摄时，可以找一些竹叶作为太阳光的遮挡物，然后在后期通过Photoshop对照片的影调进行调整，使画面的空间深度感和立体感更加强烈。

步骤 1　切换至“基本”面板，将“曝光”滑块调节至-0.1，降低照片的整体曝光度，恢复高光细节，效果如图15-8所示。

步骤 2　由于画面的明暗对比度太强，因此需要对对比度进行调整。将“对比度”滑块调节至-22，效果如图15-9所示。

步骤 3　将“高光”滑块调节至11，增加画面中的天空亮度，效果如图15-10所示。

步骤 4　将“阴影”滑块调节至36，可以看到画面中天空的亮度基本上没有变化，而前景比较暗的区域稍微提亮，效果如图15-11所示。

图15-8　降低照片的整体曝光度

图15-9　稍微调整对比度

图15-10　增加较亮区域的亮度

图15-11　提亮较暗的区域

专家提醒

在侧光、逆光等环境下拍摄的风光照片，由于光线不足，很容易导致被摄物体偏暗，而丢失阴影部分的细节。在后期处理时，可以在Adobe Camera Raw的“基本”面板中对图像影调进行设置，然后通过调整色调曲线，对画面中的暗调和阴影部分进行调整，补足照片的光线，使暗部细节得到恢复，将照片调整得更加明亮通透。

步骤 5　将“白色”滑块调节至37，大幅提亮画面中的白色部分，效果如图15-12所示。

步骤 6　将“黑色”滑块调节至26，调整照片的暗部光线，效果如图15-13所示。

步骤 7　切换至“色调曲线”面板的“参数”选项卡，将“高光”滑块调节至-15，降低画面中的高光部分亮度，效果如图15-14所示。

步骤 8　将“亮调”滑块调节至23，加强亮调的影调，效果如图15-15所示。

步骤 9　将“暗调”滑块调节至-11，压暗图像中的暗部部分，效果如图15-16所示。

步骤 10　将“阴影”滑块调节至9，稍微提亮图像中的阴影部分，效果如图15-17所示。

步骤 11　切换至“点”选项卡，在RGB通道中，设置“曲线”为“强对比度”，控制图像反差，效果如图15-18所示。

图15-12　大幅提亮白色部分

图15-13　调整照片的暗部光线

图15-14　设置“高光”参数

图15-15　设置“亮调”参数

图15-16　设置“暗调”参数

图15-17　设置“阴影”参数

步骤 12　设置“通道”为“红色”，为曲线添加一个坐标点，设置“输入”和“输出”分别为225、215，降低高光部分的红色影调，使竹叶部分显得更绿，效果如图15-19所示。

步骤 13　在曲线上再添加一个坐标点，设置“输入”和“输出”分别为90、100，增加暗调部分的红色影调，效果如图15-20所示。

步骤 14　设置“通道”为“绿色”，为曲线添加一个坐标点，设置“输入”和“输出”分别为215、222，增加高光部分的绿色影调，效果如图15-21所示。

图15-18　控制图像反差

图15-19　调整红色影调（1）

图15-20　调整红色影调（2）

图15-21　调整绿色影调

专家提醒

过暗或者过亮的照片会影响画面的整体效果，使用“色调曲线”面板可以精准控制照片的曝光，大幅提升图像的对比度。

◆ 核心 3：色彩处理

关键技术 |“基本”面板、“HSL/灰度”面板、“Knoll Light Factory（灯光工厂插件）”“色彩平衡”调整图层

实例解析 | 下面首先针对照片色彩的整体和局部进行调整，然后运用Knoll Light Factory（灯光工厂插件）为照片添加直射光，使竹叶在具有透明感的同时，还具有较高的饱和度，更加突出其鲜嫩、青翠的特性，同时也为画面增添动感。

专家提醒

Knoll Light Factory（灯光工厂插件）是Photoshop的一种外来插件，用户需要先下载并安装到计算计中，才能在Photoshop中调出相关命令。

步骤 1　切换至“基本”面板，选取工具栏中的白平衡工具，如图15-22所示。

步骤 2　在图像预览窗口中寻找中性色并单击应用，效果如图15-23所示。

图15-22　选取白平衡工具

图15-23　单击应用中性色

专家提醒

通常情况下，数码相机的白平衡功能可以应付大部分的拍摄需求，用户在可以拍摄过程中根据相机特色和拍摄环境加深对白平衡的了解。即使前期拍摄的照片白平衡效果不满意也不用担心，因为电脑后期处理能够为你解决这些后顾之忧。

使用Camera Raw对话框中的白平衡工具可以快速平衡照片中的光照效果。选择白平衡工具后，鼠标指针呈吸光状态，在图像预览窗口中最接近白色的灰色区域单击或者在中性灰色区域单击，即可对数码照片的白平衡进行设置，如图15-24所示。

图15-24　应用白平衡工具调整画面白平衡

步骤3　将“清晰度”滑块调节至21，对照片进行基本的锐化处理，效果如图15-25所示。

步骤4　将“自然饱和度”滑块调节至58，增加低饱和度颜色的饱和度，效果如图15-26所示。

图15-25　加强画面清晰度

图15-26　调整“自然饱和度”滑块

步骤5　将“饱和度”滑块调节至6，增加画面整体的色彩饱和度，效果如图15-27所示。

步骤6　切换至“HSL/灰度”面板的“色相”选项卡，将“黄色”滑块调节至-32，修改画面中的黄色色相，效果如图15-28所示。

图15-27　调整“饱和度”滑块

图15-28　调整“黄色”色相

步骤7　将“绿色”滑块调节至31，加深画面中绿色竹叶的色相，效果如图15-29所示。

步骤8　将“浅绿色”滑块调节至-52，降低画面中浅绿色竹叶的色相，效果如图15-30所示。

图15-29　调整“绿色”色相

图15-30　调整“浅绿色”色相

步骤 9　切换至“HSL/灰度”面板的“饱和度”选项卡，将“黄色”滑块调节至39，加深黄色竹叶的色彩浓度，效果如图15-31所示。

步骤 10　将“绿色”滑块调节至68，加深绿色竹叶图像的色彩浓度，效果如图15-32所示。

图15-31　调整“黄色”饱和度

图15-32　调整“绿色”饱和度

步骤 11　将“浅绿色”滑块调节至55，加深浅绿色竹叶的色彩浓度，效果如图15-33所示。

步骤 12　将“蓝色”滑块调节至-100，降低蓝色道路区域的色彩浓度，使其颜色更加真实，效果如图15-34所示。

图15-33　调整“浅绿色”饱和度

图15-34　调整“蓝色”饱和度

步骤 13　切换至“HSL/灰度”面板的“明亮度”选项卡，调整单个颜色的亮度，将“黄色”滑块调节至50，可以发现画面中的黄色竹叶部分变得更加明亮，效果如图15-35所示。

步骤 14　将“绿色”滑块调节至58，加深绿色竹叶的色彩亮度，效果如图15-36所示。

步骤 15　切换至“细节”面板，在左下角的“选择缩放级别”列表框中选择100%视图级别，放大图像，便于观察调整的细节，如图15-37所示。

步骤 16　在“锐化”选项区中，向右调节“数量”滑块至69，增强锐化效果，可以看到画面上的颗粒感也明显增加，效果如图15-38所示。

步骤 17　向右调节“半径”滑块至1.8，对画面锐度进行改善，效果如图15-39所示。

步骤 18　按住调整“细节”滑块的同时按下【Alt】键，向右调节“细节”滑块至36，增加照片的颗粒感，效果如图15-40所示。

图15-35　调整“黄色”明亮度

图15-36　调整“绿色”明亮度

图15-37　放大图像

图15-38　增强锐化效果

图15-39　改善画面锐度

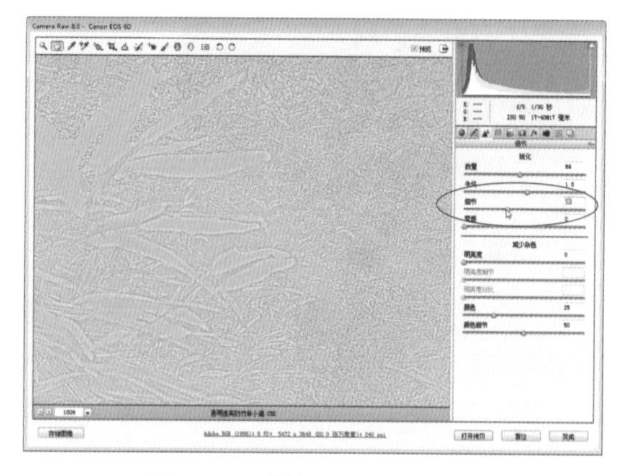

图15-40　增加照片的颗粒感

步骤 19　按住调整“蒙版”滑块的同时按下【Alt】键，向右调节“蒙版”滑块至72，调整画面的锐化区域大小，如图15-41所示。

步骤 20　执行操作后，即可完成锐化图像的操作，效果如图15-42所示。

步骤 21　在“减少杂色”选项区中，设置“明亮度”为33、“明亮度细节”为50、“明亮度对比”为27，即可减少画面中的灰度噪点，效果如图15-43所示。

步骤 22　继续在“减少杂色”选项区中设置“颜色”为56、“颜色细节”为50，即可减少画面中的颜色噪点，效果如图15-44所示。

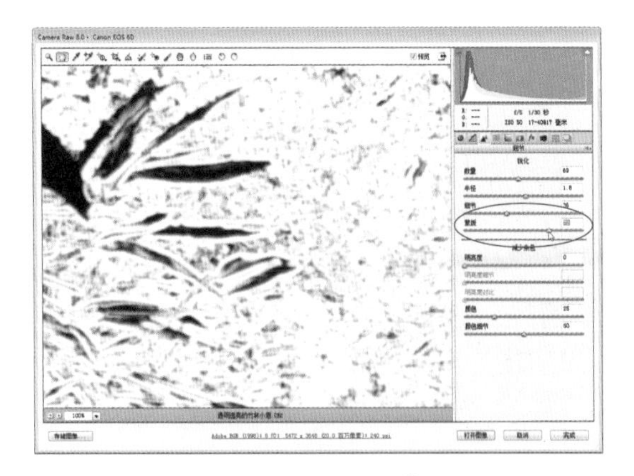

图15-41　调整“蒙版”滑块

图15-42　锐化图像

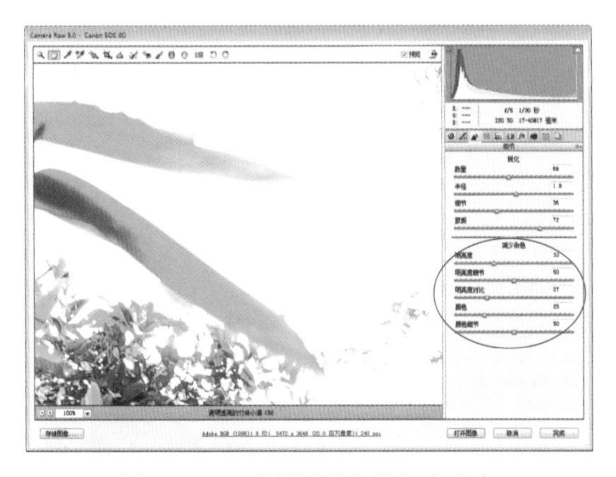

图15-43　减少画面中的灰度噪点

图15-44　减少画面中的颜色噪点

步骤 23　在左下角的“选择缩放级别”列表框中选择“符合视图大小”选项，效果如图15-45所示。

步骤 24　单击“打开图像”按钮，完成Camera Raw滤镜的编辑操作，并在Photoshop中打开编辑后的RAW格式照片文件，效果如图15-46所示。

图15-45　选择缩放级别

图15-46　应用Camera Raw滤镜

步骤 25　下面运用图层的混合模式加强画面的层次感，首先复制图层。在“图层”面板中，按【Ctrl + J】组合键，复制“背景”图层，得到“图层1”图层，如图15-47所示。

步骤 26　选择“图层1”图层，在“混合模式”列表框中选择“叠加”选项，如图15-48所示。

图15-47　复制图层

图15-48　选择“叠加”选项

专家提醒

“叠加”模式是一种比较特别的图层混合模式，它是通过分析基色通道的数值，对颜色进行正品叠加或滤色混合，同时结果色会保留基色的明暗对比，经常被运用于风景照片的色彩处理中。

步骤 27　执行操作后，即可混合图层，但效果比较强，如图15-49所示。

步骤 28　将“图层1”图层的“不透明度”设置为30%，降低图层的混合效果，恢复更多的画面细节，如图15-50所示。

图15-49　混合图层

图15-50　设置图层不透明度

步骤 29　接下来应用光线滤镜，首先按【Ctrl＋Alt＋Shift＋E】组合键盖印一个新图层，得到“图层2”图层，如图15-51所示。

步骤 30　选择“图层2”图层，单击鼠标右键，在弹出的快捷菜单中选择“转换为智能对象”选项，如图15-52所示。

专家提醒

将图层转换为智能对象后，用户即可在Photoshop中以非破坏性方式灵活地缩放、旋转图层和将图层变形。

例如，用户可以根据需要按任意比例缩放图层，而不会丢失原始图像数据。

图15-51　盖印图层

图15-52　选择“转换为智能对象”选项

步骤 31　执行操作后，即可将“图层2”图层转换为智能对象，以方便更好地编辑和修改滤镜效果，如图15-53所示。

步骤 32　单击菜单栏中的“滤镜”|“Diagital Anarchy（照片眩光滤镜）”|“Knoll Light Factory（灯光工厂插件）”命令，如图15-54所示。

图15-53　转换为智能对象

图15-54　单击“Knoll Light Factory”命令

专家提醒

Knoll Light Factory是一款非常绚丽的灯光效果插件，它提供了丰富的效果和预设，并且还具备实时预览功能，如图15-55所示。

图15-55　Knoll Light Factory滤镜效果

步骤 33　执行操作后，弹出“Knoll Light Factory（灯光工厂插件）”对话框，如图15-56所示。

步骤 34　在左侧的Presets（预设）下拉列表框中选择Desert sun（沙漠太阳）.lfp选项，如图15-57所示。

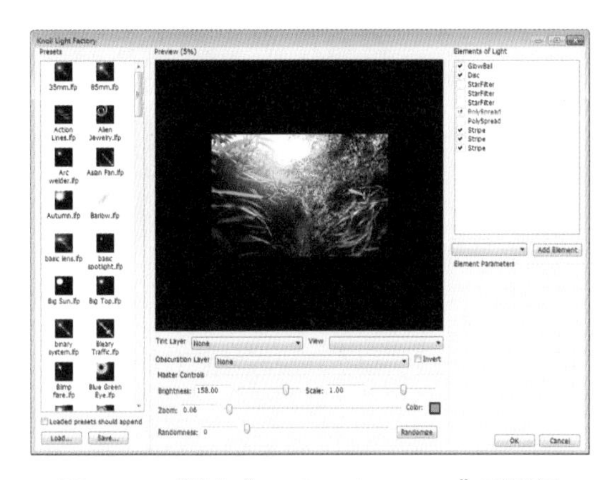

图15-56　弹出“Knoll Light Factory”对话框

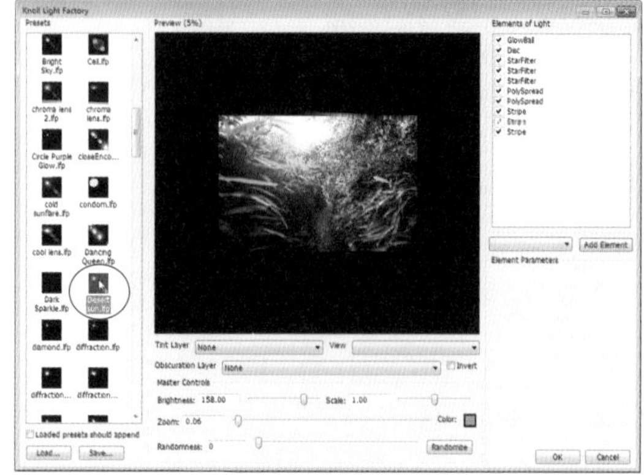

图15-57　选择“Desert sun.lfp”选项

步骤 35　将Zoom（窗口缩放）滑块调节至0.1，放大图像预览区域中的图像比例，便于观察效果，如图15-58所示。

步骤 36　单击Color（颜色）色块，在弹出的Choose Color（选择颜色）对话框中设置RGB参数值分别为255、147、0，如图15-59所示，单击“确定”按钮。

图15-58　放大图像比例

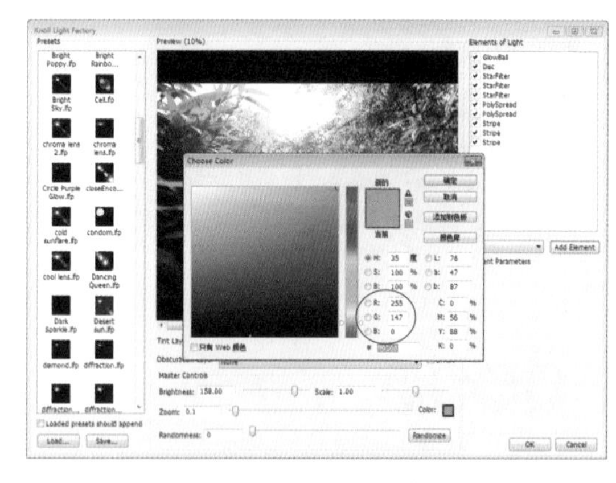

图15-59　设置颜色

步骤 37　在右侧的Elements of Light（光线元素）列表框中取消选中相应复选框，去除不必要的光线元素，如图15-60所示。

步骤 38　在Elements of Light（光线元素）列表框中选择Disc（圆盘色块）元素，在下方的选项区中设置相应的参数，改变该元素的光线效果，如图15-61所示。

步骤 39　在Elements of Light（光线元素）列表框中选择PolySpread（旋转五边形色块）元素，在下方的选项区中设置相应的参数，改变该元素的光线效果，如图15-62所示。

步骤 40　单击OK（确定）按钮，弹出进程对话框，开始渲染图像，并显示渲染进度，如图15-63所示。

图15-60　设置Elements of Light选项

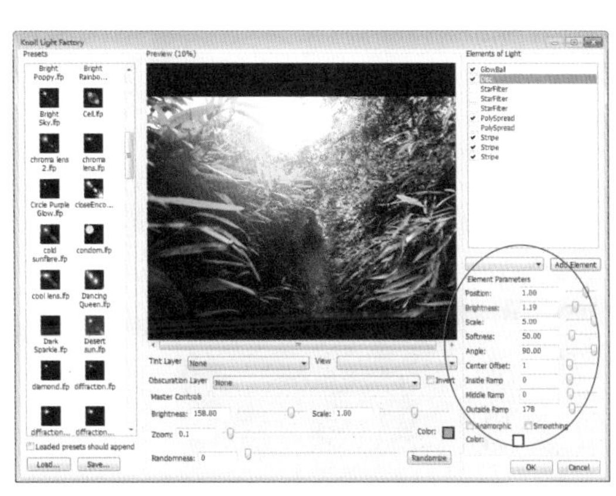

图15-61　设置Disc参数

图15-62　设置PolySpread参数

图15-63　显示渲染进度

步骤 41　稍等片刻，即可应用Knoll Light Factory（灯光工厂插件）滤镜，效果如图15-64所示。

步骤 42　在“图层”面板中，新建“自然饱和度 1”调整图层，如图15-65所示。

图15-64　应用Knoll Light Factory滤镜

图15-65　新建“自然饱和度1”调整图层

步骤 43　在“属性”面板中，设置“自然饱和度”为59、“饱和度”为12，加强画面的色彩效果，如图15-66所示。

步骤 44　设置“自然饱和度1”调整图层的“混合模式”为“柔光”、“不透明度”为30%，效果如图15-67所示。

图15-66　加强画面的色彩效果

图15-67　图像效果

步骤 45　在“图层”面板中，新建“色彩平衡1”调整图层，如图15-68所示。

步骤 46　在“属性”面板中，设置“中间调”各参数值分别为3、-8、-3，效果如图15-69所示。

图15-68　新建“色彩平衡1”调整图层

图15-69　设置“中间调”参数

步骤 47　在“色调”列表框中选择“阴影”选项，设置各参数值分别为5、1、-6，效果如图15-70所示。

步骤 48　在“色调”列表框中选择“高光”选项，设置各参数值分别为3、0、0，效果如图15-71所示。

图15-70　设置“阴影”参数

图15-71　设置“高光”参数

专家提醒

本实例的最后运用了“色彩平衡”调整图层来加深照片的黄绿色，如图15-72所示。在自然界中，绿色代表了活力和生机，尤其对于植物摄影而言，黄绿色更能突出蓬勃的生机感。

图15-72 自然的绿色

第16章

天空中飞舞的热气球

乘坐热气球在天空中俯视大地时，可能会因为空气中的雾气和灰尘较多而影响拍摄效果，即便如此也不要放弃按下快门，因为你还可以通过后期处理予以较为完美的弥补。

本章知识提要

- 核心1：影调调整
- 核心2：色彩处理

本实例是一张乘坐热气球航拍的照片，原片的画面十分模糊，显得灰蒙蒙的，令人难以接受。

照片的构图比较完美，因此只在后期用Photoshop CC重点对照片的影调和色彩进行调整即可，调出层次感更强的图像效果，丰富画面的同时也能加深意境。

本实例最终效果如图16-1所示。

图16-1　实例效果

5项核心技法　完善构图　瑕疵修补　局部精修　影调调整　色彩处理

素材文件	光盘\素材\第16章\天空中飞舞的热气球.jpg
效果文件	光盘\效果\第16章\天空中飞舞的热气球.psd、天空中飞舞的热气球.jpg
视频文件	光盘\视频\第16章\第16章　天空中飞舞的热气球.mp4

◆ 核心 1：影调调整

关键技术 |“应用图像”命令、“亮度/对比度”调整图层、“色阶”调整图层、“曲线”调整图层

实例解析 | 高空俯拍的照片可能会由于云雾等因素的影响，导致拍摄出来的照片显得非常暗淡，因此需要通过后期调整恢复照片的曝光。

步骤 1　单击“文件”|“打开”命令，打开一幅素材图像，如图16-2所示。

步骤 2　按【Ctrl+J】组合键，复制“背景”图层，得到“图层1”图层，如图16-3所示。

图16-2　打开素材图像

图16-3　复制图层

步骤 3　在菜单栏中，单击“图像”|“应用图像”命令，如图16-4所示。

步骤 4　弹出“应用图像”对话框，在“混合”列表框中选择“线性光”选项，如图16-5所示。

图16-4　单击“应用图像”命令

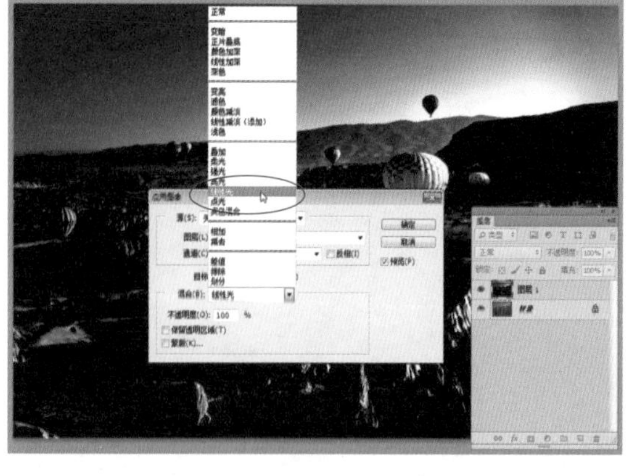
图16-5　选择“线性光”选项

步骤5　单击“确定”按钮，即可创建特殊的图像合成效果，如图16-6所示。

步骤6　将“图层1”图层的“混合模式”修改为“滤色”，提高图像的整体亮度，效果如图16-7所示。

图16-6　创建图像合成效果

图16-7　提高图像的整体亮度

步骤7　展开“图层”面板，新建“亮度/对比度1”调整图层，如图16-8所示。

步骤8　展开“属性”面板，向右调节“亮度”滑块至10，增加图像亮度，效果如图16-9所示。

图16-8　新建“亮度/对比度1”调整图层

图16-9　增加图像亮度

步骤 9　向右调节“对比度”滑块至12，增加图像对比度，效果如图16-10所示。

步骤 10　新建“曝光度1”调整图层，在“属性”面板中设置“曝光度”为0.05，增加图像曝光度，恢复天空的细节，效果如图16-11所示。

图16-10　增加图像对比度

图16-11　调整图像曝光度

专家提醒

如图16-12所示，左图是在乘坐热气球拍摄的地面，画面显得平淡，缺乏对比度右图是进行后期调整后的照片，效果明显好多了。

图16-12　原片与调整后的效果对比

步骤 11　新建“色阶1”调整图层，在“属性”面板中设置RGB通道的输入色阶参数值分别为15、1、255，调整画面的整体明暗关系，如图16-13所示。

步骤 12　在通道列表框中选择“红”选项，设置输入色阶各参数值分别为10、1.11、255，校正画面中红色像素的亮度，效果如图16-14所示。

步骤 13　在通道列表框中选择“绿”选项，设置输入色阶各参数值分别为8、1.15、255，校正画面中绿色像素的亮度，效果如图16-15所示。

步骤 14　在通道列表框中选择“蓝”选项，设置输入色阶各参数值分别为15、1.19、255，校正画面中蓝色像素的亮度，效果如图16-16所示。

步骤 15　新建“曲线1”调整图层，在“属性”面板中的网格上单击鼠标左键，建立坐标点，设置“输出”为188、“输入”为175，如图16-17所示。

步骤 16　在曲线上再添加一个坐标点，设置“输出”为152、“输入”为150，调整图像的整体影调，效果如图16-18所示。

图16-13　调整画面的整体明暗关系

图16-14　校正红色像素

图16-15　校正绿色像素

图16-16　校正蓝色像素

图16-17　调整RGB通道（1）

图16-18　调整RGB通道（2）

步骤 17　在曲线上添加第3个坐标点，设置“输出”为50、“输入”为75，加强图像的对比度，效果如图16-19所示。

步骤 18　在通道列表框中选择“红”选项，在曲线上添加一个坐标点，设置“输出”为182、“输入”为161，加强亮调部分的红色影调，效果如图16-20所示。

图16-19　调整RGB通道（3）

图16-20　调整红色通道

专家提醒

“曲线”属性面板左侧有3个吸管工具，用户只需要在照片上单击即可改变照片的亮度、反差或色彩。如图16-21所示，选取设置白场吸管工具，在图像中的天空部分单击鼠标，即可改变图像中的白场光影效果，如图16-22所示。

图16-21　单击天空部分

图16-22　改变白场光影效果

步骤 19　在通道列表框中选择“绿”选项，在曲线上添加一个坐标点，设置“输出”为146、“输入”为135，加强亮调区域的绿色影调，效果如图16-23所示。

步骤 20　在曲线上再添加一个坐标点，设置“输出”为88、“输入”为99，降低暗调区域的绿色影调，效果如图16-24所示。

步骤 21　在通道列表框中选择“蓝”选项，在曲线上添加一个坐标点，设置“输出”为237、“输入”为210，加强高光区域的蓝色影调，效果如图16-25所示。

步骤 22　在曲线上再添加一个坐标点，设置“输出”为72、“输入”为92，降低暗调区域的蓝色影调，效果如图16-26所示。

步骤 23　在“曲线1”调整图层的“混合模式”列表框中选择“滤色”选项，加强照片的整体亮度，效果如图16-27所示。

步骤 24　设置“曲线1”调整图层的“不透明度”为50%，进一步加强照片的明暗对比，效果如图16-28所示。

图16-23　调整绿色通道（1）

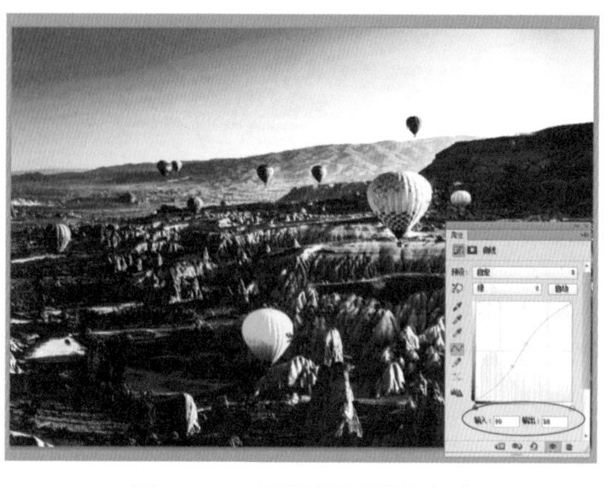

图16-24　调整绿色通道（2）

图16-25　调整蓝色通道（1）

图16-26　调整蓝色通道（2）

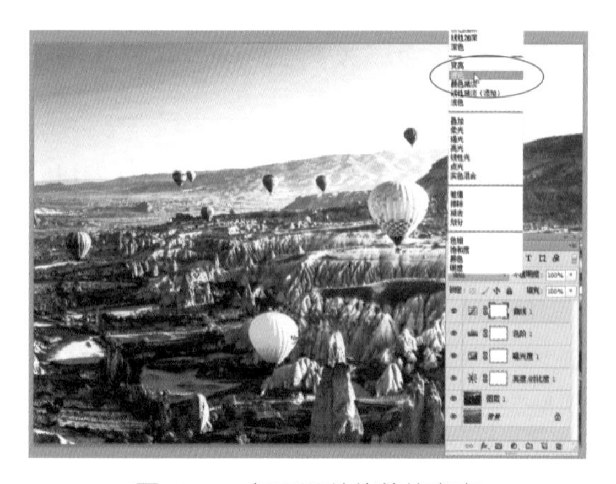

图16-27　加强照片的整体亮度

图16-28　加强照片的明暗对比

◆ 核心2：色彩处理

关键技术 |“自然饱和度”调整图层、“色彩范围”命令、“通道混合器”调整图层、“选取颜色”调整图层、“防抖”命令

实例解析 | 原图未经调整前，色彩缺乏戏剧性效果，感觉非常平淡。通过使用不同的调色工具，并针对照片中的高光、暗部和中间调的色彩进行调整，大大突显了远处的山岚、天空和气球等景物，获得让人意想不到的效果。

步骤1　展开“图层”面板，新建“自然饱和度1”调整图层，如图16-29所示。

步骤2　展开“属性”面板，设置“自然饱和度”为50、“饱和度”为12，增加画面的色彩饱和度，效果如图16-30所示。

图16-29　新建“自然饱和度1”调整图层　　图16-30　增加画面的色彩饱和度

步骤3　接下来将运用利用“色彩范围”命令调整图像中的部分区域色彩，首先按【Ctrl+Alt+Shift+E】组合键盖印图层，得到“图层2”图层，如图16-31所示。

步骤4　在菜单栏中，单击“选择”|“色彩范围”命令，如图16-32所示。

图16-31　盖印图层

图16-32　单击“色彩范围”命令

步骤5　弹出“色彩范围”对话框，选取吸管工具，如图16-33所示。

步骤6　在图像中的天空白色区域上单击鼠标左键，选择颜色范围，如图16-34所示。

图16-33　选取吸管工具

图16-34　选择颜色范围

步骤 7　单击“确定”按钮，即可选中图像中的白色部分，如图16-35所示。

步骤 8　单击前景色色块，弹出“拾色器（前景色）”对话框，设置RGB参数值分别为218、233、246，如图16-36所示。

图16-35　创建颜色选区

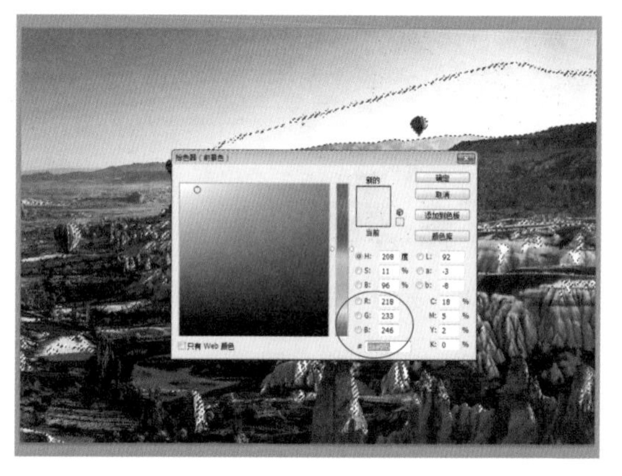

图16-36　设置前景色

步骤 9　单击“确定”按钮，在“图层”面板中新建“图层3”图层，如图16-37所示。

步骤 10　按【Alt＋Delelte】组合键，为选区填充淡蓝色，如图16-38所示。

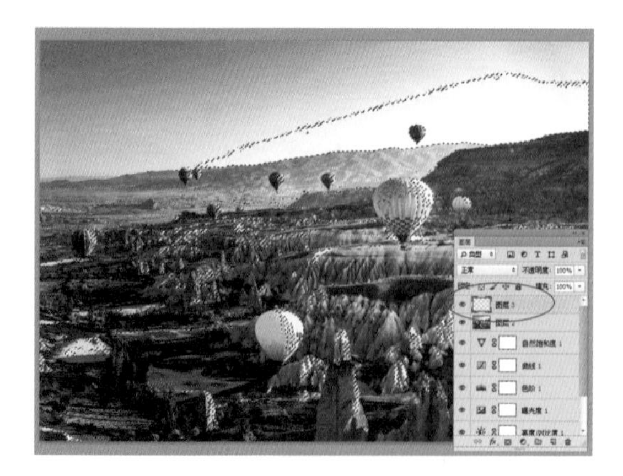

图16-37　新建“图层3”图层

图16-38　填充选区

步骤 11　设置“图层3”图层的“不透明度”为30%，效果如图16-39所示。

步骤 12　按【Ctrl + D】组合键取消选区，效果如图16-40所示。

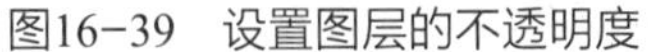

图16-39　设置图层的不透明度

图16-40　取消选区

步骤 13　选择“图层2”图层，单击“选择”|“色彩范围”命令，弹出“色彩范围”对话框，如图16-41所示。

步骤 14　运用吸管工具单击图像中黑色的暗部，选择颜色范围，如图16-42所示。

图16-41　弹出“色彩范围”对话框

图16-42　选择颜色范围

步骤 15　单击“确定”按钮，即可选中图像中的黑色部分，如图16-43所示。

步骤 16　在“图层3”图层上方新建一个“曲线2”调整图层，如图16-44所示。

图16-43　创建颜色选区

图16-44　新建“曲线2”调整图层

步骤 17　在“属性”面板中的网格上单击鼠标左键，建立坐标点，设置“输出”为225、“输入”为193，如图16-45所示。

步骤 18　在曲线上再添加一个坐标点，设置“输出”为153、“输入”为151，调整图像的亮调光影，效果如图16-46所示。

图16-45　调整RGB通道（1）

图16-46　调整RGB通道（2）

步骤 19　在曲线上添加第3个坐标点，设置“输出”为53、“输入”为88，加强图像中黑色部分的色彩对比效果，如图16-47所示。

步骤 20　选择“图层2”图层，单击“选择”|“色彩范围”命令，弹出“色彩范围”对话框，运用吸管工具单击图像中的蓝色气球部分，选择颜色范围，如图16-48所示。

步骤 21　选取添加到取样吸管工具，单击天空中的蓝色部分，添加颜色范围，效果如图16-49所示。

步骤 22　单击“确定”按钮，即可选中图像中的蓝色部分，如图16-50所示。

步骤 23　在“图层”面板中，新建“曲线3”调整图层，如图16-51所示。

步骤 24　在“属性”面板中的网格上单击鼠标左键，建立坐标点，设置“输出”为231、“输入”为209，如图16-52所示。

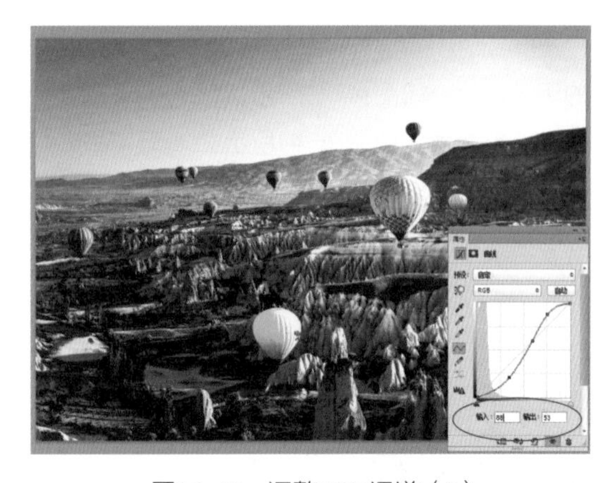

图16-47　调整RGB通道（3）

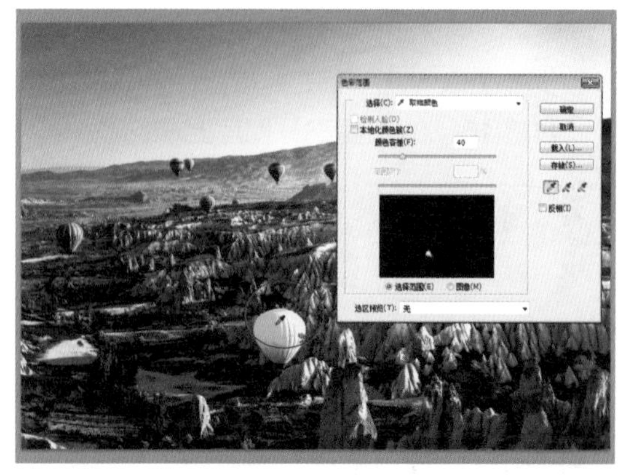

图16-48　选择颜色范围

图16-49　添加颜色范围

图16-50　创建颜色选区

图16-51　新建“曲线3”调整图层

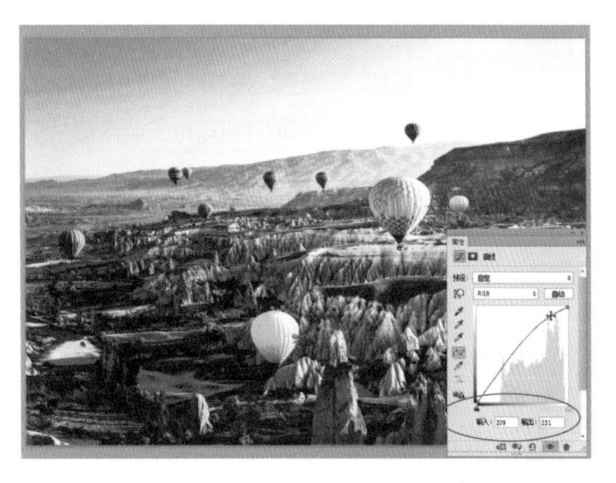

图16-52　调整RGB通道（1）

步骤 25　在曲线上再添加一个坐标点，设置“输出”为95、“输入”为105，调整暗调部分的蓝色，效果如图16-53所示。

步骤 26　然后再次应用“应用图像”命令来增加图像的反差和层次，按【Ctrl + Alt + Shift + E】组合键盖印图层，得到“图层4”图层，如图16-54所示。

图16-53　调整RGB通道（2）

图16-54　盖印图层

步骤 27　单击“图像”|“应用图像”命令，弹出“应用图像”对话框，在“混合”列表框中选择“颜色减淡”选项，如图16-55所示。

步骤 28　在“应用图像”对话框中，设置“不透明度”为80%，效果如图16-56所示。

图16-55　选择“颜色减淡”选项

图16-56　设置“不透明度”参数

步骤 29　单击“确定”按钮，创建特殊的图像合成效果，如图16-57所示。

步骤 30　设置“图层4”图层的“混合模式”为“滤色”、“不透明度”为30%，效果如图16-58所示。

图16-57　创建图像合成效果

图16-58　设置图层属性

步骤 31　在“图层”面板中，新建“通道混合器1”调整图层，如图16-59所示。

步骤 32　在“属性”面板中，设置“输出通道”为“红”，在参数选项区中设置“红色”为77%，效果如图16-60所示。

图16-59　新建“通道混合器1”调整图层

图16-60　设置“红”通道参数

步骤 33　设置“输出通道”为“绿”，在参数选项区中设置“绿色”为115%，效果如图16-61所示。

步骤 34　设置“输出通道”为“蓝”，在参数选项区中设置“蓝色”为80%，效果如图16-62所示。

图16-61　设置“绿”通道参数

图16-62　设置“蓝”通道参数

步骤 35　设置“通道混合器1”调整图层的“混合模式”为“柔光”、“不透明度”为60%，效果如图16-63所示。

步骤 36　在“图层”面板中，新建“选取颜色1”调整图层，如图16-64所示。

步骤 37　在“属性”面板中，设置“颜色”为“白色”，在参数选项区中设置“青色”为51%、“黄色”为68%，效果如图16-65所示。

步骤 38　最后还需要对照片进行锐化，首先按【Ctrl + Alt + Shift + E】组合键盖印图层，得到“图层5”图层，如图16-66所示。

步骤 39　将图像放大到100%显示，可以发现画面存在由于航拍时气球运动而造成的手抖模糊，如图16-67所示。

步骤 40　在菜单栏中，单击“滤镜”|“锐化”|“防抖”命令，如图16-68所示。

图16-63　设置图层属性

图16-64　新建“选取颜色1”调整图层

图16-65　设置“白色”参数

图16-66　盖印图层

图16-67　放大图像

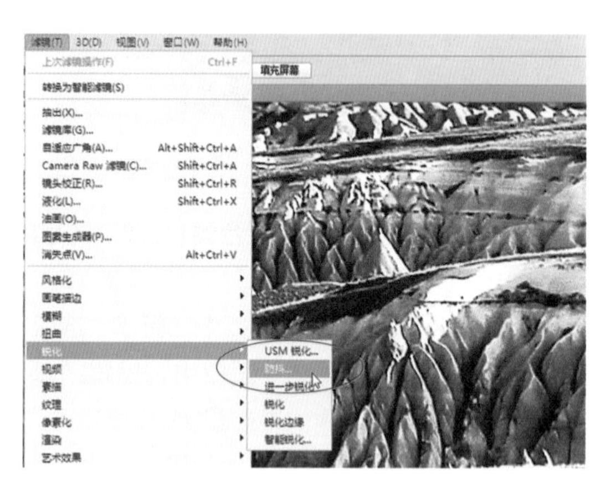
图16-68　单击“防抖”命令

步骤 41　弹出“防抖”对话框，设置“模糊描摹边界”为50像素，如图16-69所示。

步骤 42　单击“确定”按钮，图像立即清晰了很多，效果如图16-70所示。

步骤 43　虽然锐化得比较彻底，但照片中的噪点也明显增多，可以单击“编辑”|“渐隐防抖”命令，弹出“渐隐”对话框，设置“不透明度”为60%、“模式”为“明度”，如图16-71所示。

步骤 44　单击“确定”按钮，消除照片中的噪点，效果如图16-72所示。

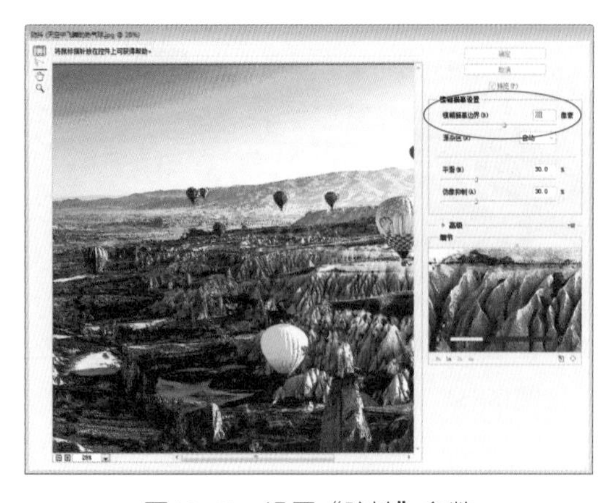
图16-69　设置“防抖”参数

图16-70　锐化图像

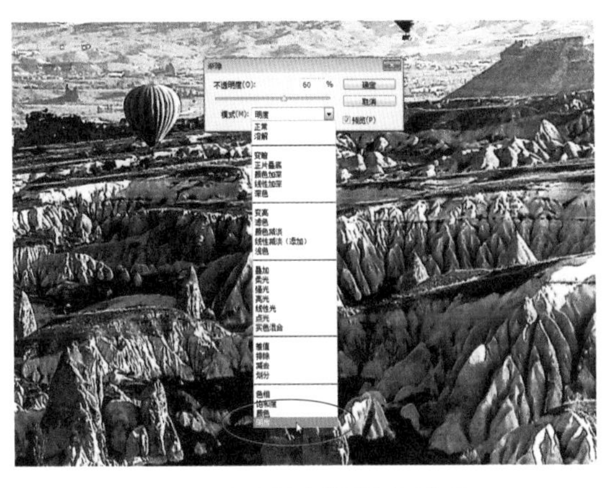

图16-71　设置“渐隐”选项

图16-72　消除画面噪点

专家提醒

在“防抖”滤镜对话框中，“模糊临摹边界”选项算得上是整个处理的最基础锐化，即先由它勾出大体轮廓，再由其他参数辅助修正。“模糊临摹边界”的取值范围是10～199，数值越大锐化效果越明显，如图16-73所示。

“模糊临摹边界”的参数值为10

“模糊临摹边界”的参数值为199

图16-73　不同的“模糊临摹边界”参数值所产生的对比效果

当该参数值较高时，图像边缘的对比会明显加深，并会产生一定的晕影，这是很明显的锐化效应。因此，在取值时除了要保证画面足够清晰外，还要尽可能避免产生明显的晕影。

第17章

展现深远的高空航拍

通常情况下，一张好的风景照片不仅不能过于平淡，还应具备空间深度感。尤其是那些从高处向地处俯拍的照片，如航拍的照片，一定要具备“深远”的特征，强调风景的广阔和深度。

本章知识提要

- 核心1：完善构图
- 核心2：瑕疵修补
- 核心3：局部精修
- 核心4：影调调整
- 核心5：色彩处理

本实例是一张在高空俯拍的照片，由于最近的景物都距离拍摄点较远，因此画面整体显得十分灰暗，缺少层次感。

在后期中用Photoshop CC改变照片的构图，使主体更加突出，同时增强影调和色彩，使照片自身的视觉张力更强，获得更加深远的空间深度感，这样不仅能把被摄对象宽阔的气势呈现出来，而且还给整个画面带来舒展、稳定的视觉效果。本实例最终效果如图17-1所示。

图17-1　实例效果

5项核心技法 完善构图 瑕疵修补 局部精修 影调调整 色彩处理

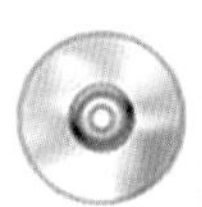

素材文件	光盘\素材\第17章\展现深远的高空航拍.CR2
效果文件	光盘\效果\第17章\展现深远的高空航拍.psd、展现深远的高空航拍.jpg
视频文件	光盘\视频\第17章\第17章　展现深远的高空航拍.mp4

◆ 核心 1：完善构图

关键技术 | 拉直工具

实例解析 | 在拍摄这张照片时，由于拍摄者是运动的，很难找到最佳的拍摄位置，因此画面中的主体不够突出。没有关系，我们可以通过后期裁剪照片来完善构图。

步骤 1　单击“文件”|“打开”命令，在Camera Raw对话框中打开一张RAW格式的照片，如图17-2所示。

步骤 2　选取工具栏中的拉直工具，拖曳鼠标，在图像上绘制一条直线，如图17-3所示。

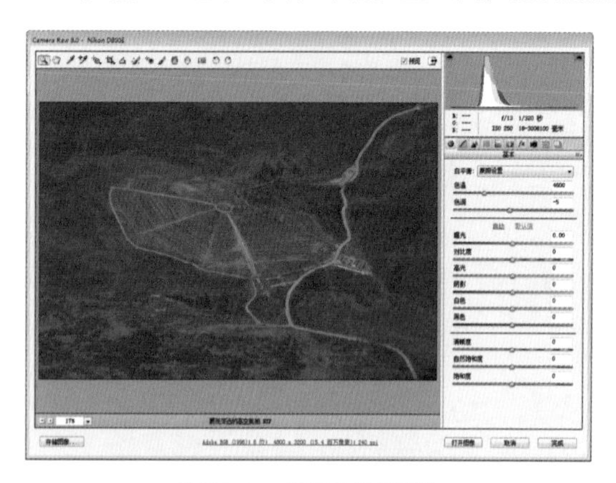

图17-2　打开素材图像

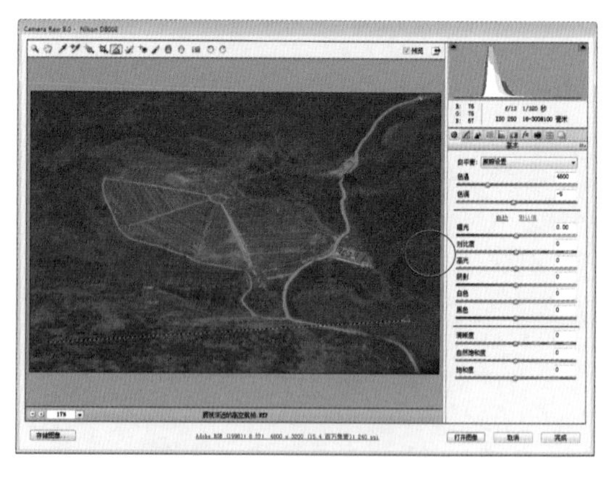

图17-3　绘制一条直线

步骤 3　松开鼠标按键后，即可调出裁剪控制框，适当调整其大小和位置，如图17-4所示。

步骤 4　按【Enter】键即可确认图像的裁剪，裁剪框以外的区域被裁剪，对照片进行二次构图，效果如图17-5所示。

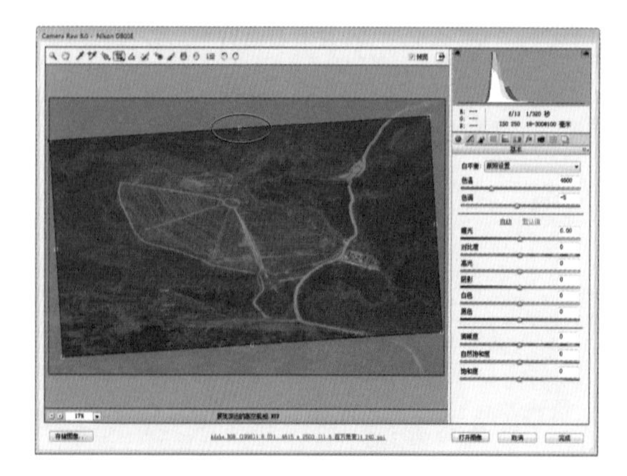

图17-4　调整裁剪控制框

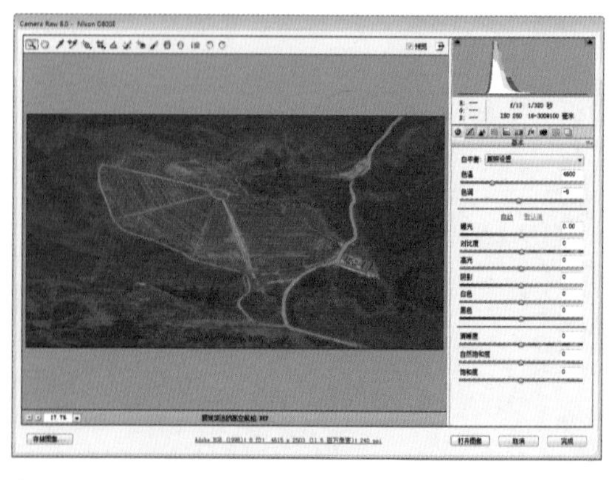

图17-5　对照片进行二次构图

◆ 核心 2：瑕疵修补

关键技术｜污点去除工具

实例解析｜很多RAW格式的数码照片由于拍摄时镜头不干净，或者画面不够简洁，因此影响到照片的美观，此时可以使用污点去除工具将照片中的污点去掉。

步骤 1　在Camera Raw对话框中，选取工具栏上的污点去除工具，设置“大小”为15，如图17-6所示。

步骤 2　在图像编辑窗口中多余景物位置单击鼠标左键，照片中会出现两个圆圈，红色的圆圈代表修复位置，绿色代表修复取样位置，如图17-7所示。

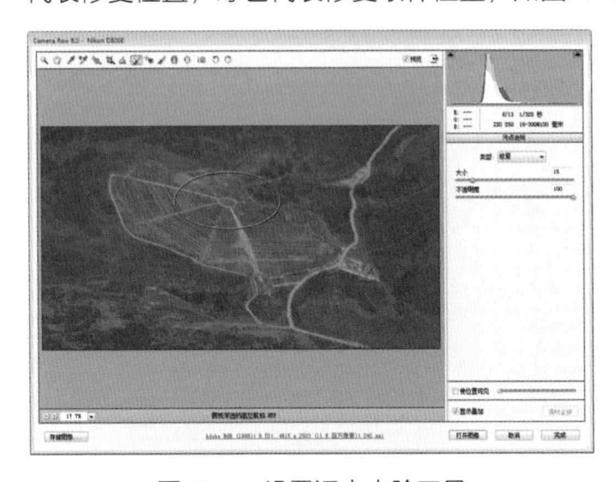

图17-6　设置污点去除工具

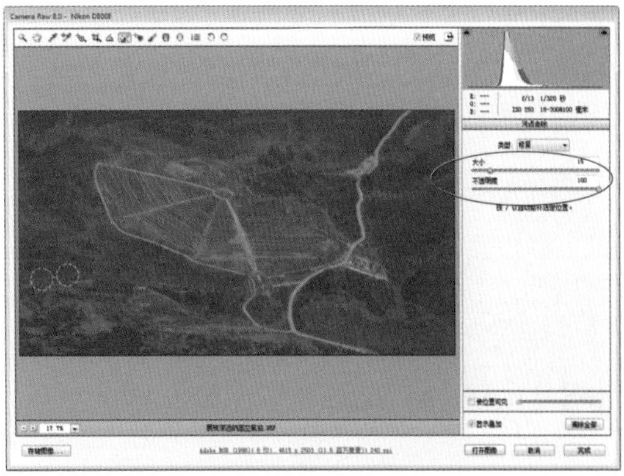

图17-7　调出污点调整工具

步骤 3　调整绿色圆圈，修复照片中的杂物，如图17-8所示。

步骤 4　运用以上同样的操作方法，修复其他区域的杂物，效果如图17-9所示。

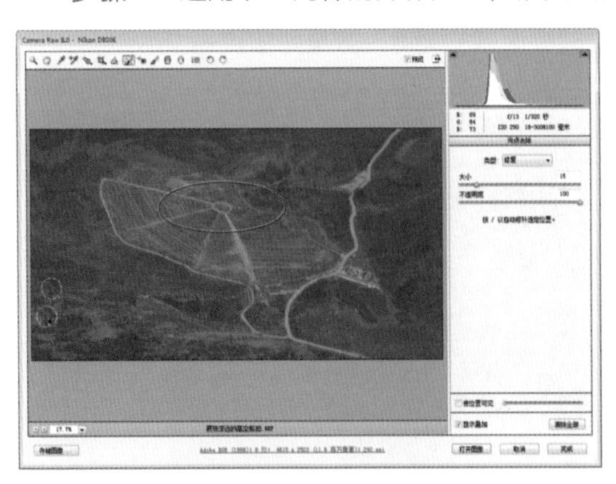

图17-8　修复照片中的杂物

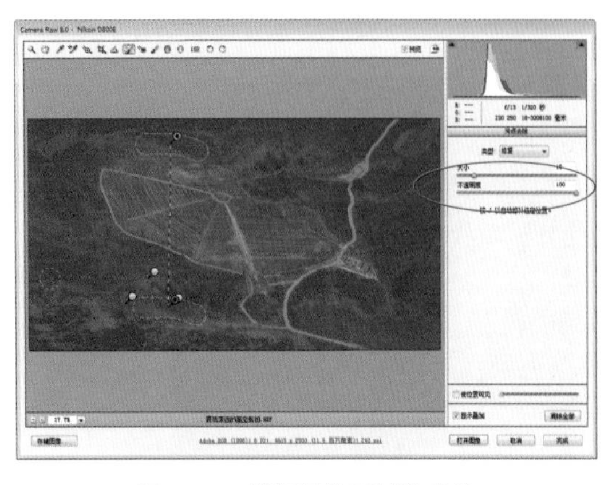

图17-9　修复其他区域的杂物

专家提醒

在照片上的污点区域单击鼠标左键，在单击处的旁边会出现一个高亮显示的圆，我们可以将污点区域的圆（红色圆圈）标记为“1”，旁边出现的圆（绿色圆圈）标为“2”，以方便讲解。

- ◆ 1号圆（红色圆圈）：要进行修改的区域，也就是有污点的地方。
- ◆ 2号圆（绿色圆圈）：取样区域，也就是将2号圆的图像取下来贴到1号圆上，并与之融合以完成修复。另外，用户还可以施动2号圆来选择最佳的取样区域，施动时可以观察1号圆内效果。

◆ 核心3：局部精修

关键技术｜调整画笔工具

实例解析｜照片四周的树林部分非常模糊，因此后期利用调整画笔工具重点调整这些地方的曝光、清晰度等参数，恢复照片的局部细节特色。

步骤1　在工具栏上选取调整画笔工具，在右侧的“调整画笔”选项面板中设置“大小”为10、“羽化”为50、“浓度”为100，选中“自动蒙版”与“显示蒙版”复选框，在图像上进行涂抹，如图17-10所示。

步骤2　在右侧的“调整画笔”面板中，取消选中“显示蒙版”复选框，将“曝光”滑块调节至0.2，增加树林区域的曝光度，效果如图17-11所示。

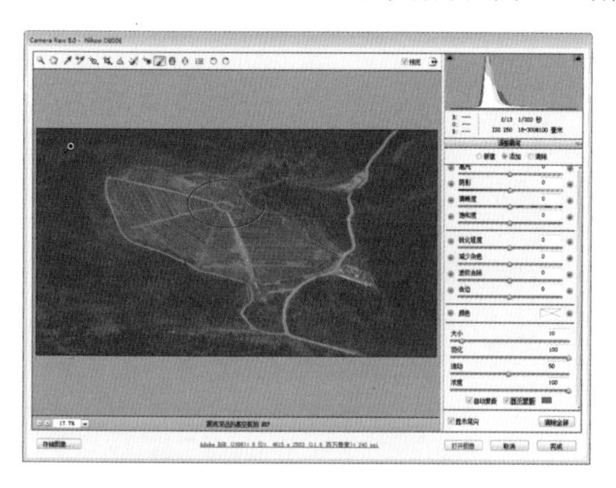

图17-10　创建蒙版区域

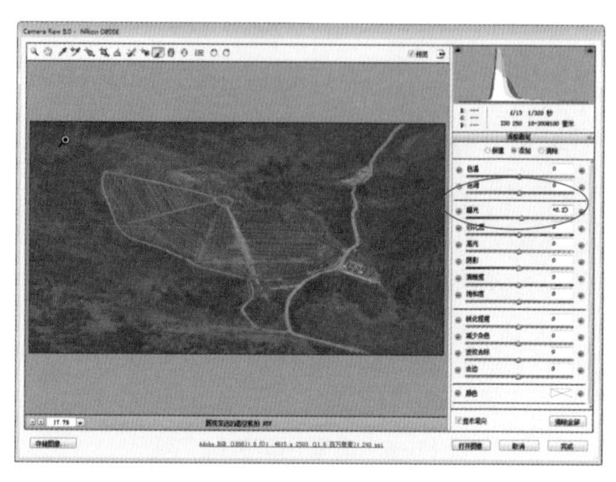

图17-11　增加树林区域的曝光度

步骤3　将“对比度”滑块调节至15，增加树林区域的对比度，效果如图17-12所示。

步骤4　将“高光”滑块调节至16，增加树林中较亮区域的亮度，效果如图17-13所示。

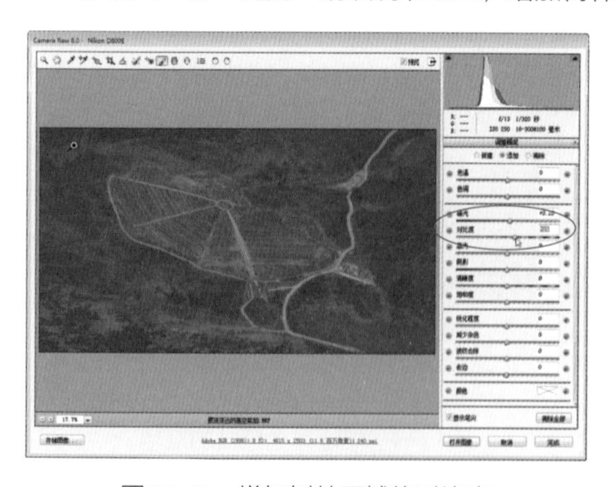

图17-12　增加树林区域的对比度

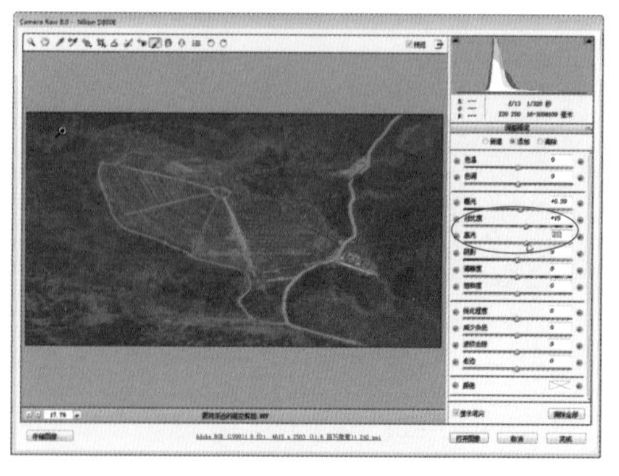

图17-13　增加树林中较亮区域的亮度

步骤5　将“阴影”滑块调节至-50，降低树林中较暗区域的亮度，进一步增加树林区域的明暗对比，效果如图17-14所示。

步骤6　将“清晰度”滑块调节至100，增加树林区域的清晰度，效果如图17-15所示。

步骤7　将“饱和度”滑块调节至50，增加树林区域的色彩饱和度，效果如图17-16所示。

步骤8　选取工具栏中的抓手工具，应用调整画笔的局部修饰效果，如图17-17所示。

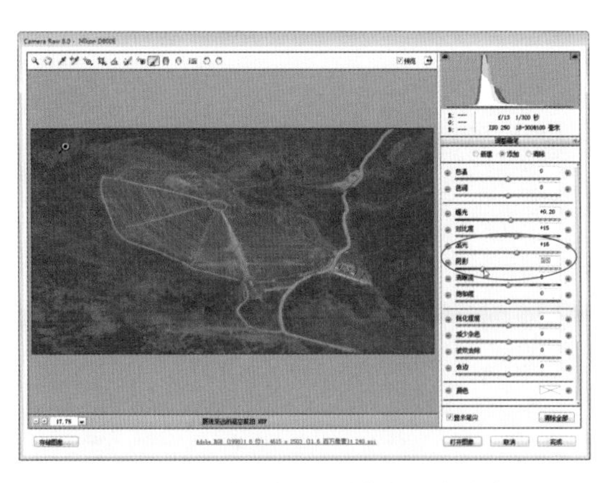

图17-14　增加树林区域的明暗对比

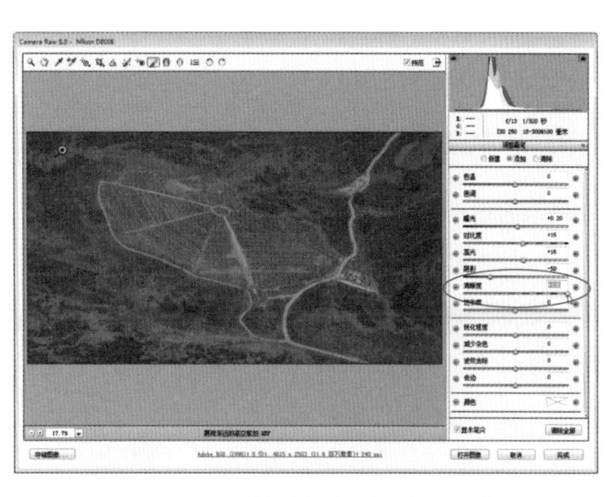

图17-15　增加树林区域的清晰度

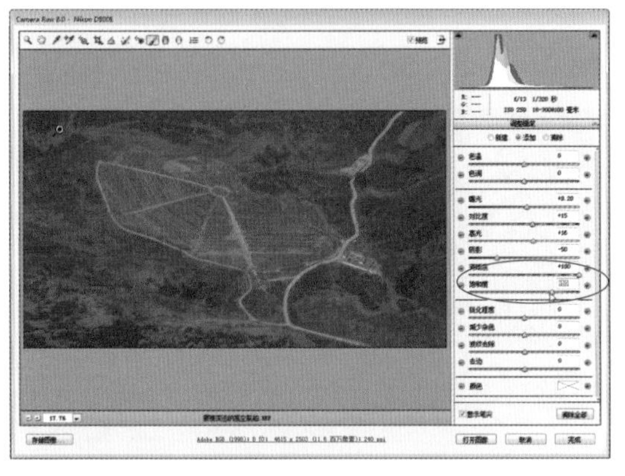

图17-16　增加树林区域的色彩饱和度

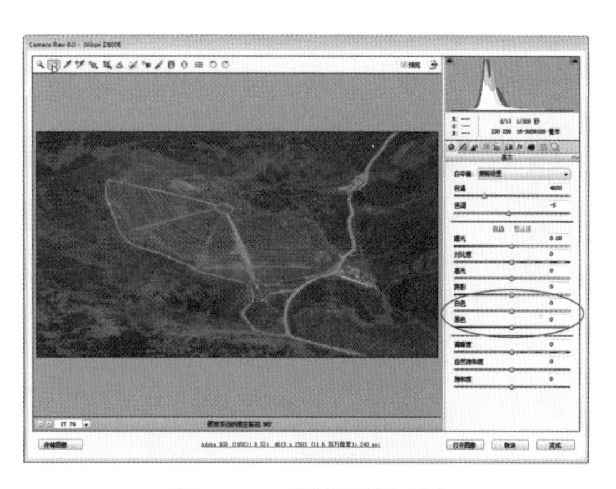

图17-17　选取抓手工具

◆ 核心 4：影调调整

关键技术 | 色调选项、“色调曲线”面板

实例解析 | 在调整照片的影调时，使用Adobe Camera Raw中的色调选项和“色调曲线”面板进行详细调整，并提升路面的亮度，使画面的空间深度和立体感更强。

步骤 1　切换至“基本”面板，将“曝光”滑块调节至0.3，增加照片的整体曝光度，让细节更加清晰，效果如图17-18所示。

步骤 2　将“对比度”滑块调节至30，增加画面的整体对比度，效果如图17-19所示。

步骤 3　将“高光”滑块调节至100，增加画面中的马路亮度，效果如图17-20所示。

步骤 4　将“阴影”滑块调节至-23，可以看到画面中马路的亮度基本上没有变化，而树林中比较暗的区域变得更暗，效果如图17-21所示。

步骤 5　将“白色”滑块调节至57，画面中的路面等白色部分被大幅提亮，效果如图17-22所示。

步骤 6　将“黑色”滑块调节至-59，增加画面的黑色效果，提升层次感，效果如图17-23所示。

步骤 7　切换至“色调曲线”面板的“参数”选项卡，将“高光”滑块调节至23，增加画面中的高光部分亮度，效果如图17-24所示。

步骤 8　将“亮调”滑块调节至18，进一步提亮图像中较亮的部分，效果如图17-25所示。

步骤 9　将“暗调”滑块调节至-6，图像中的暗部部分变得更暗，效果如图17-26所示。

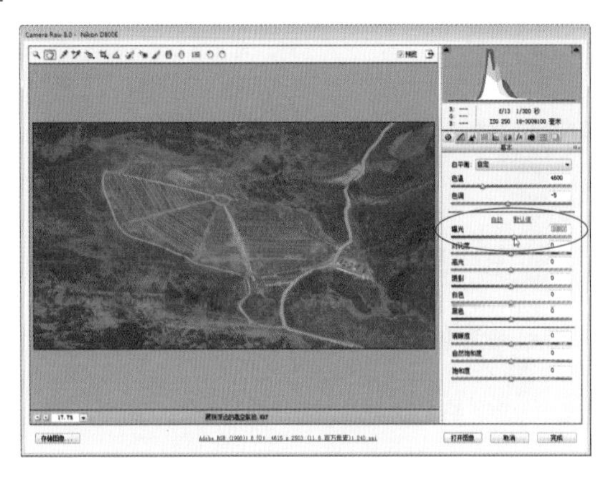

图17-18　增加曝光度

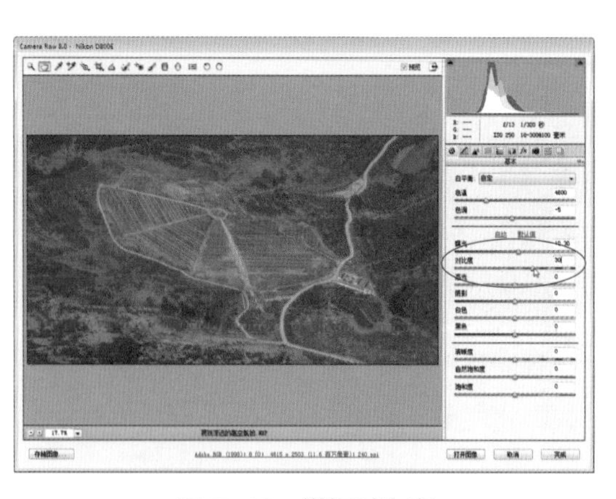

图17-19　增加对比度

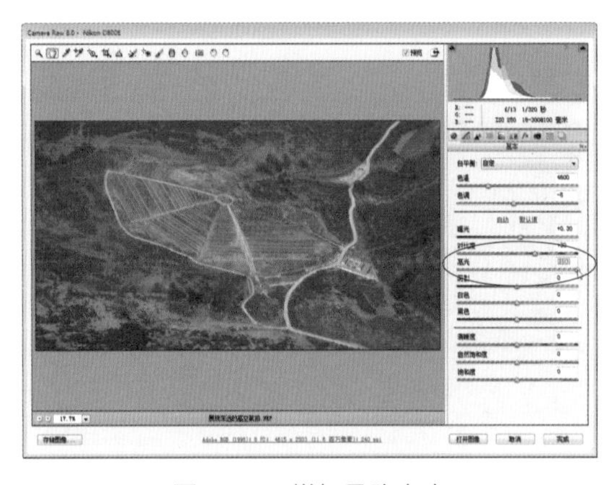

图17-20　增加马路亮度

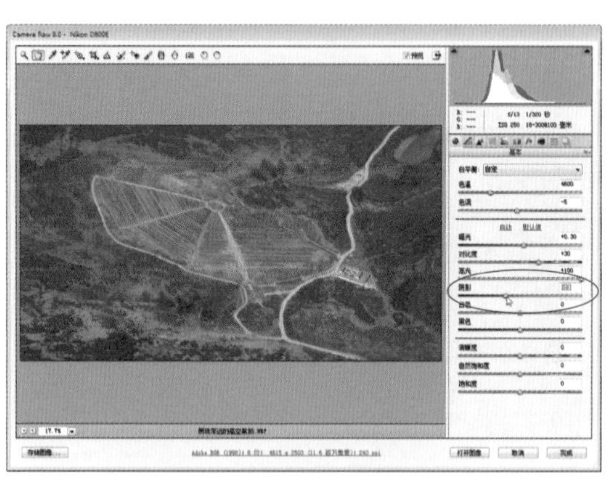

图17-21　降低较暗区域的亮度

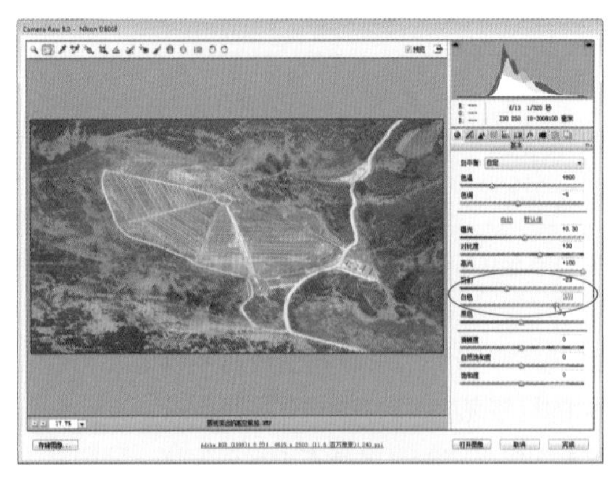

图17-22　大幅提亮白色部分

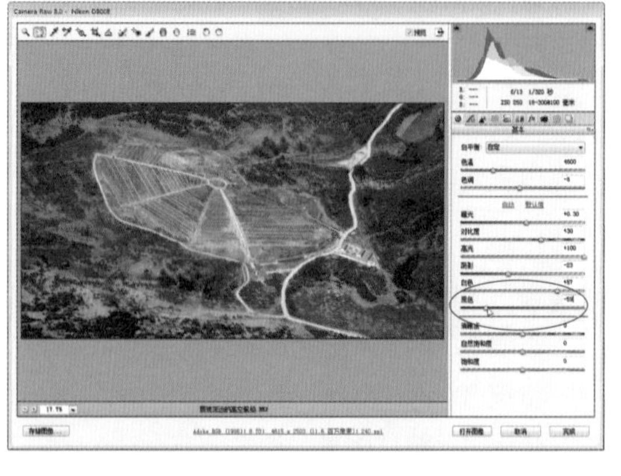

图17-23　增加画面的黑色

步骤 10　将“阴影”滑块调节至-15，图像中的阴影部分变得更暗，通过参数曲线的调整，使画面的明暗对比更加鲜明，效果如图17-27所示。

步骤 11　切换至“点”选项卡，在RGB通道中，为曲线添加一个坐标点，设置“输入”和“输出”分别为208、216，加强高光部分的影调，效果如图17-28所示。

步骤 12　在曲线上再添加一个坐标点，设置“输入”和“输出”分别为96、90，降低暗调部分的影调，加强画面反差，效果如图17-29所示。

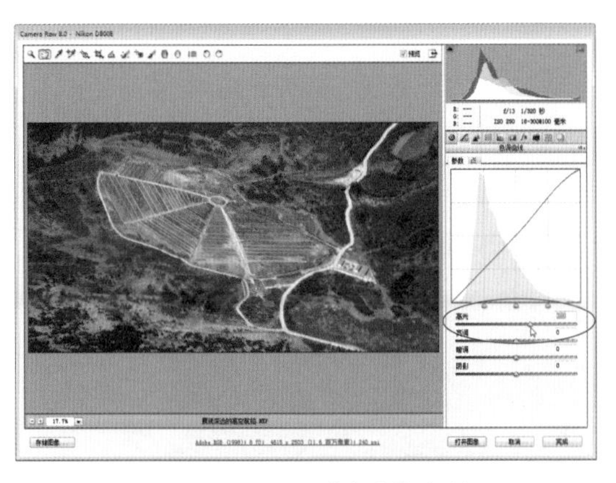

图17-24　设置“高光”参数

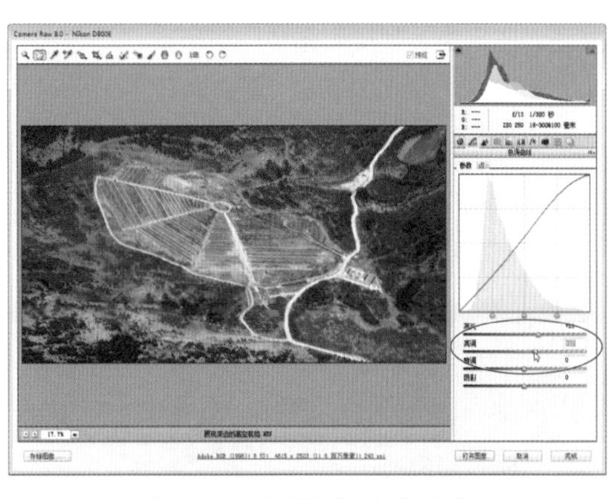

图17-25　设置“亮调”参数

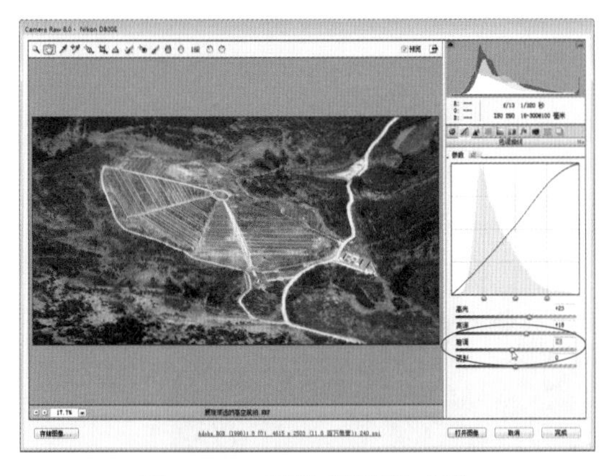

图17-26　设置“暗调”参数

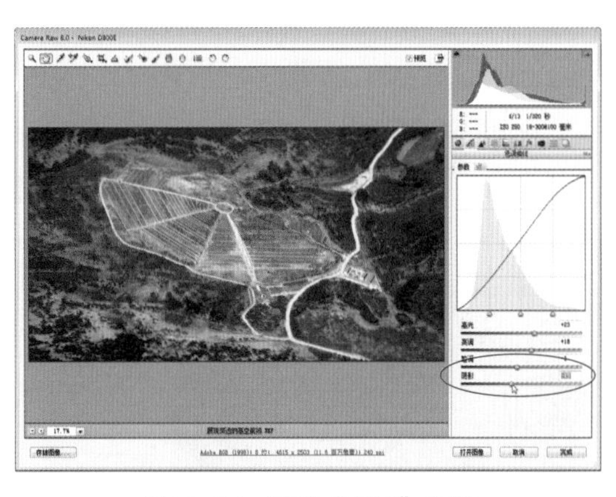

图17-27　设置“阴影”参数

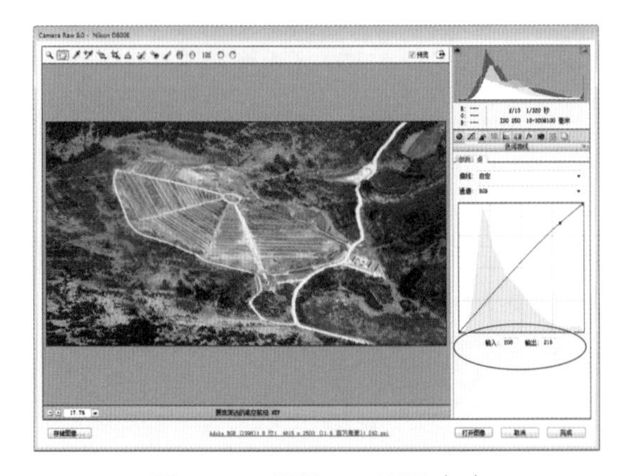

图17-28　调整RGB影调（1）

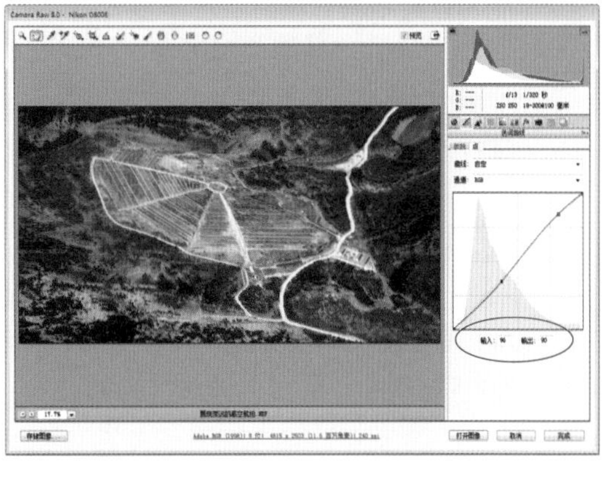

图17-29　调整RGB影调（2）

◆ 核心 5：色彩处理

关键技术 | “基本”面板、“HSL/灰度”面板、“替换颜色”命令

实例解析 | 最后使用Photoshop对照片进行校色，对白平衡、清晰度、饱和度、单个颜色等参数进行精心调整，尽可能地还原照片的准确色彩。

步骤 1　切换至“基本”面板，在“白平衡”选项区中设置“色温”为4200、“色调”为0，调整画面白平衡，效果如图17-30所示。

步骤 2　将“清晰度”滑块调节至60，对照片进行基本的锐化处理，效果如图17-31所示。

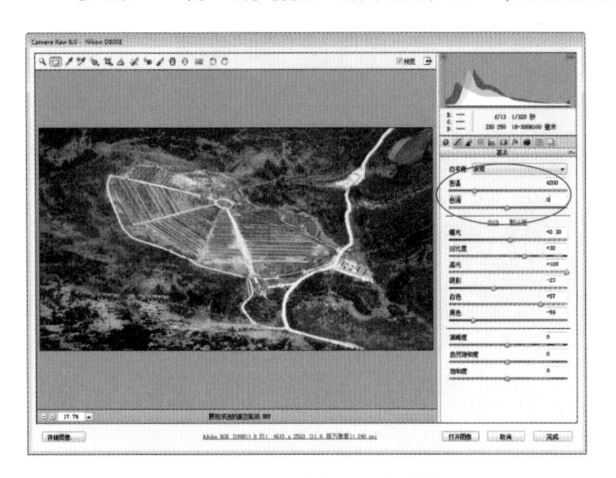

图17-30　调整画面白平衡

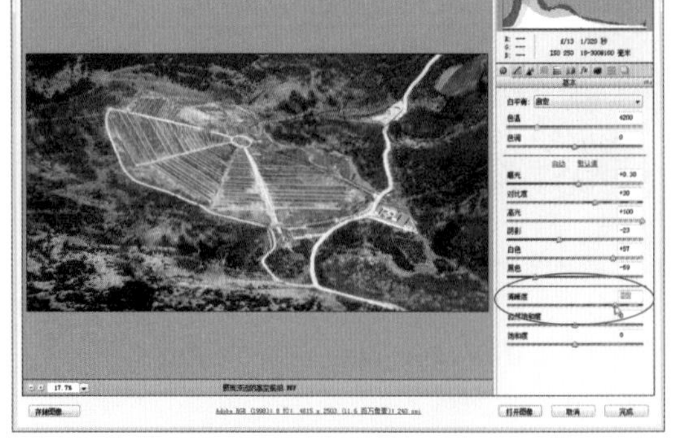

图17-31　加强画面清晰度

步骤 3　将“自然饱和度”滑块调节至26，增加低饱和度颜色的饱和度，效果如图17-32所示。

步骤 4　将“饱和度”滑块调节至8，增加整体画面的色彩饱和度，效果如图17-33所示。

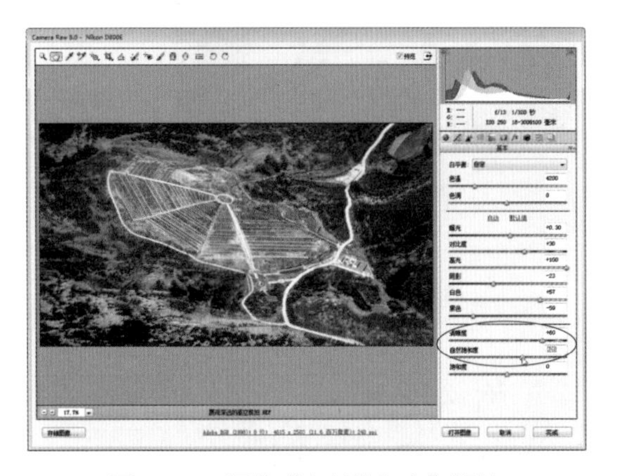

图17-32　调整“自然饱和度”滑块

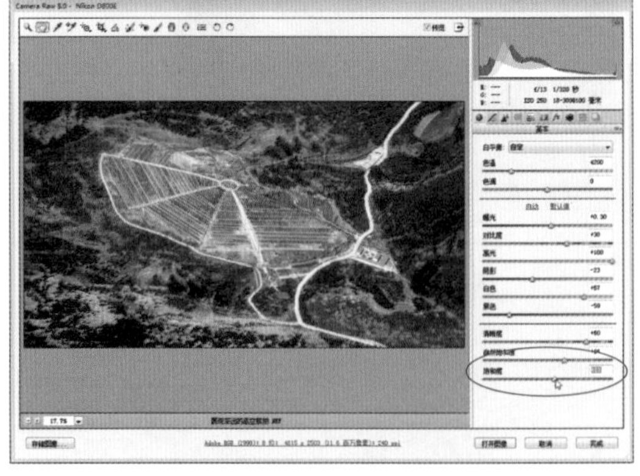

图17-33　调整“饱和度”滑块

专家提醒

可以将HSL看作为一种选择性调整工具，其选择的对象是色彩。在HSL工具中，色彩范围是由Camera Raw为用户定义的。在本实例照片中，红色的土壤部分色相有些不准确，因此重点调整“色相”选项卡中的“红色”和“橙色”滑块。

步骤 5　切换至“HSL/灰度”面板的“色相”选项卡，将“红色”滑块调节至-16，修正图像中的红色色相，效果如图17-34所示。

步骤 6　将“橙色”滑块调节至-8，修正图像中的橙色色相，效果如图17-35所示。

步骤 7　将“浅绿色”滑块调节至100，修正图像中的浅绿色色相，效果如图17-36所示。

步骤 8　切换至“HSL/灰度”面板的“饱和度”选项卡，将“红色”滑块调节至8，加深图像中的红色饱和度，效果如图17-37所示。

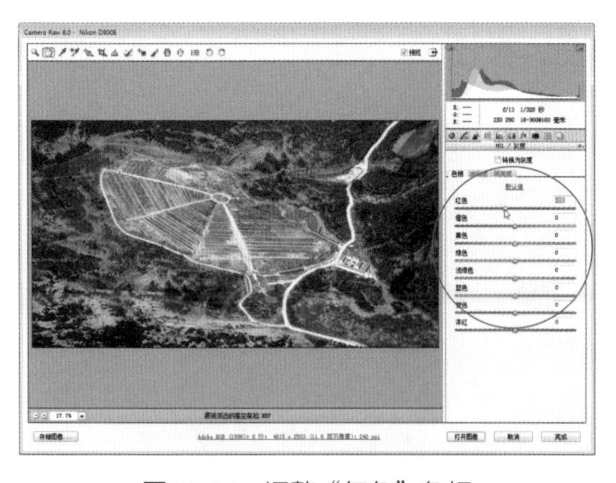

图17-34 调整“红色”色相

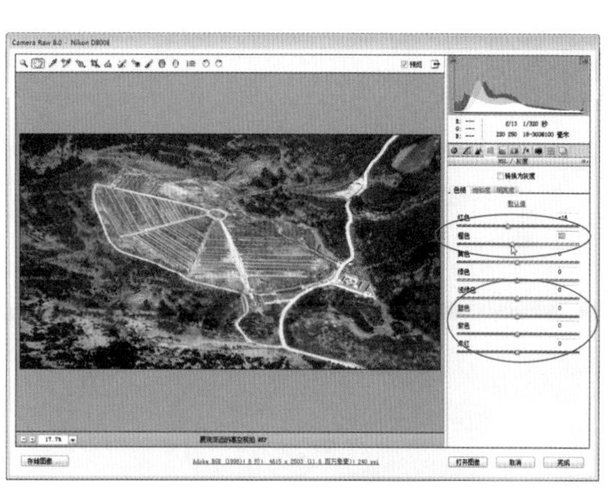

图17-35 调整“橙色”色相

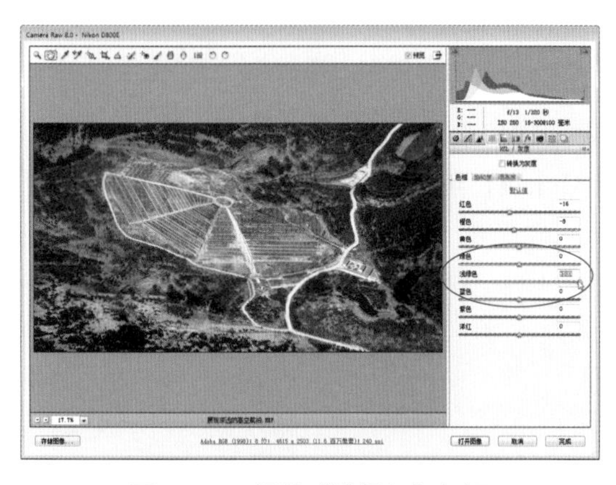

图17-36 调整“浅绿色”色相

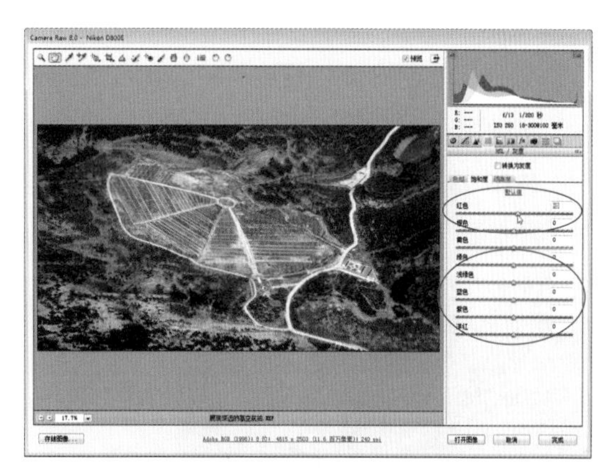

图17-37 调整“红色”饱和度

步骤 9 切换至“HSL/灰度”面板的“明亮度”选项卡，调整单个颜色的图像亮度，将“红色”滑块调节至-22，调整画面中的土壤颜色亮度，效果如图17-38所示。

步骤 10 将“黄色”滑块调节至-30，降低画面中的黄色亮度，效果如图17-39所示。

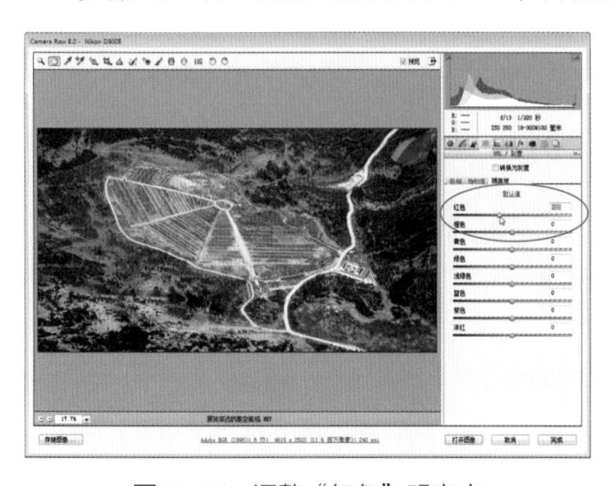

图17-38 调整“红色”明亮度

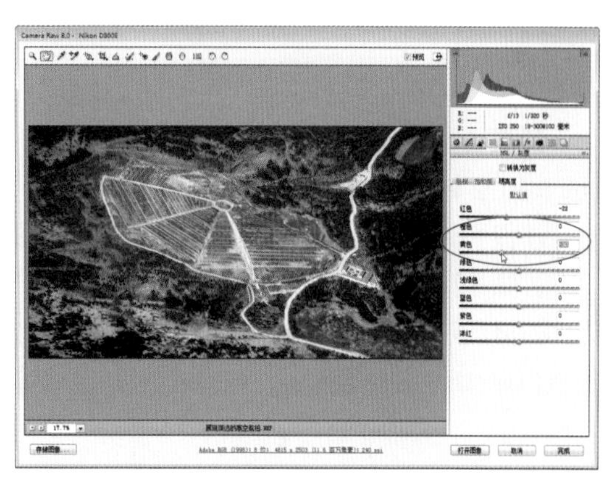

图17-39 调整“黄色”明亮度

步骤 11 切换至“细节”面板，在左下角的“选择缩放级别”列表框中选择100%视图级别，放大图像，便于观察调整的细节，如图17-40所示。

步骤 12　在“锐化”选项区中，向右调节“数量”滑块至90，增强锐化效果，可以看到画面上的颗粒感也明显增加，效果如图17-41所示。

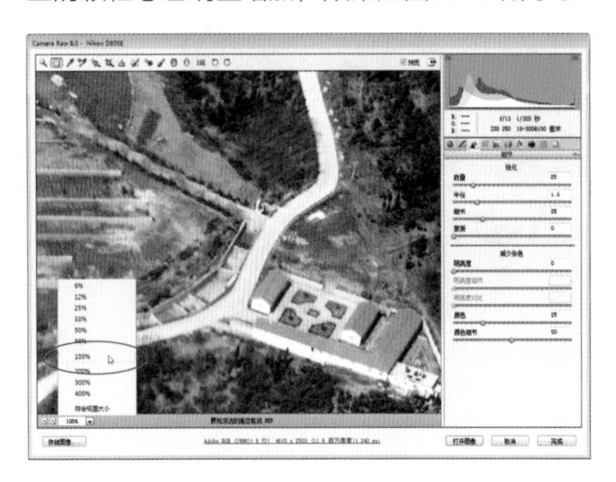

图17-40　放大图像

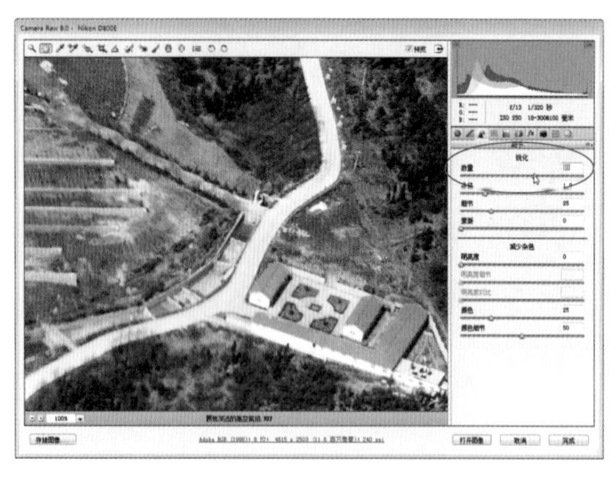

图17-41　增强锐化效果

步骤 13　向右调节“半径”滑块至1.5，对画面锐度进行改善，效果如图17-42所示。

步骤 14　按住调整“细节”滑块的同时按下【Alt】键，向右调节“细节”滑块至51，增加照片的颗粒感，效果如图17-43所示。

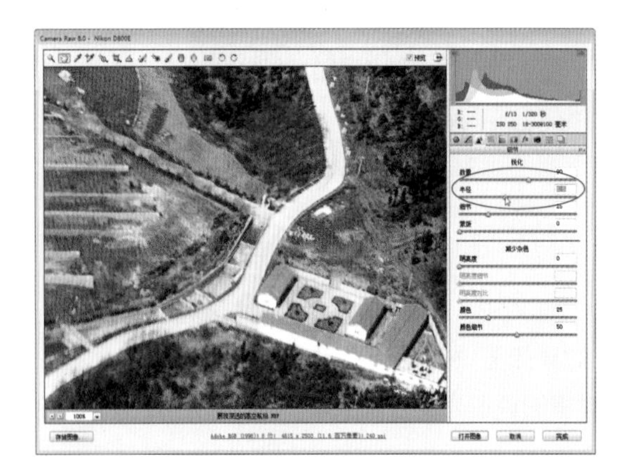

图17-42　改善画面锐度

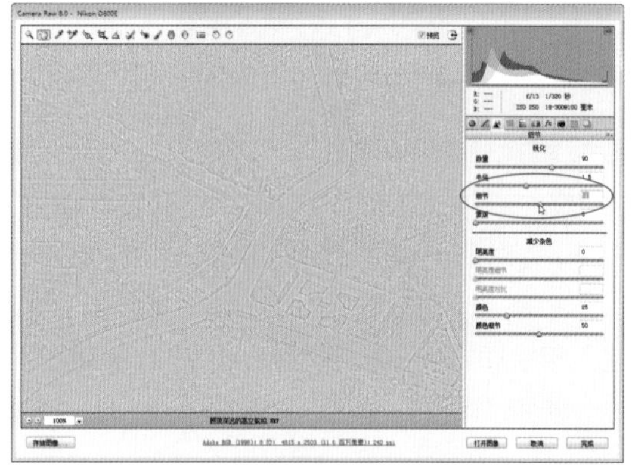

图17-43　增加照片的颗粒感

步骤 15　按住调整“蒙版”滑块的同时按下【Alt】键，向右调节“蒙版”滑块至80，调整画面的锐化区域大小，如图17-44所示。

步骤 16　执行操作后，即可完成锐化图像的操作，效果如图17-45所示。

步骤 17　在“减少杂色”选项区中，设置“明亮度”为30、“明亮度细节”为50、“明亮度对比”为80，降低照片的灰度噪点，如图17-46所示。

步骤 18　在左下角的“选择缩放级别”列表框中选择“符合视图大小”选项，效果如图17-47所示。

步骤 19　单击“打开图像”按钮，完成Camera Raw滤镜的编辑操作，并在Photoshop中打开编辑后的RAW格式照片文件，效果如图17-48所示。

步骤 20　按【Ctrl＋J】组合键复制“背景”图层，得到“图层1”图层，并设置其“混合模式”为“叠加”、“不透明度”为30%，增加画面层次感，效果如图17-49所示。

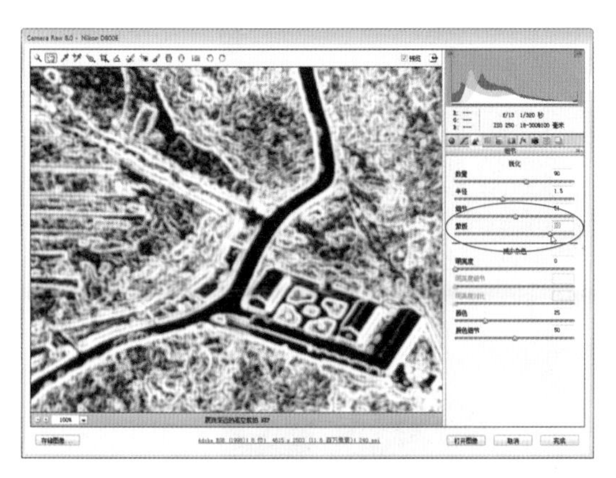

图17-44　调整“蒙版”滑块

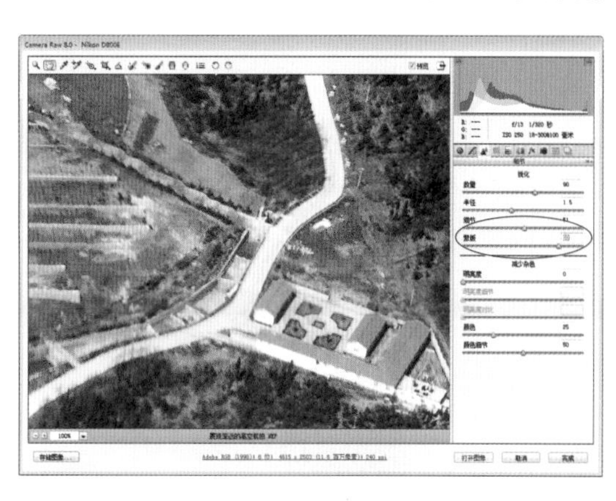

图17-45　锐化图像

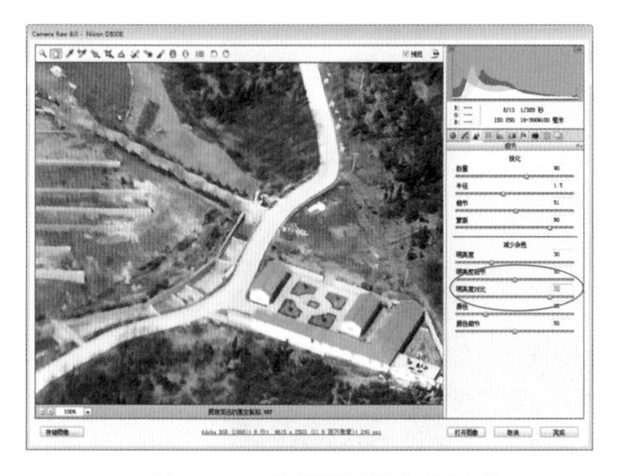

图17-46　降低照片的灰度噪点

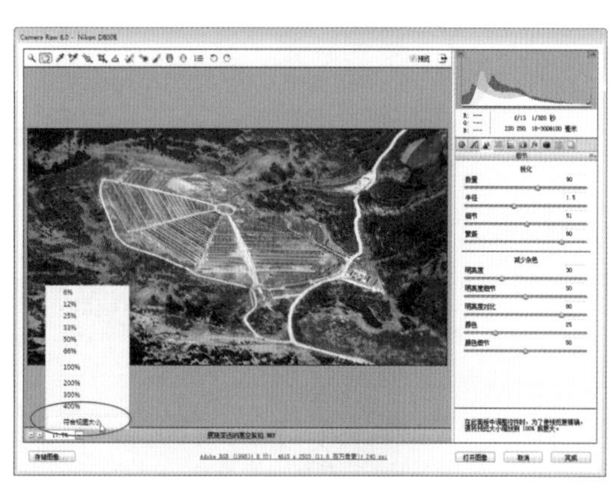

图17-47　选择缩放级别

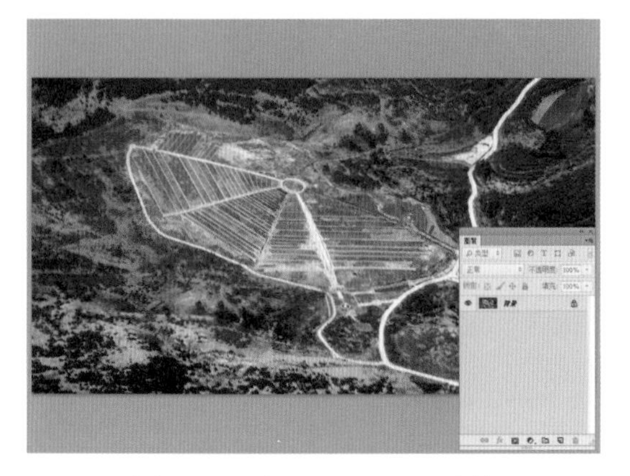

图17-48　应用Camera Raw滤镜

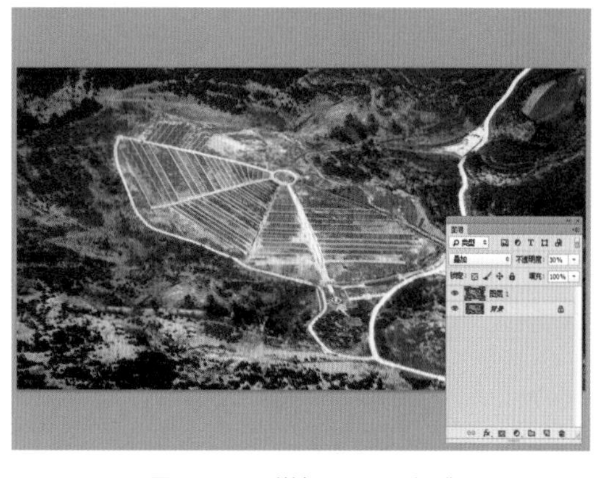

图17-49　增加画面层次感

步骤 21　单击“图像”|“调整”|“替换颜色”命令，弹出“替换颜色”对话框，运用吸管工具选择道路图像，并设置“明度”为100，如图17-50所示。

步骤 22　单击“确定”按钮，即可增加道路图像的亮度，效果如图17-51所示。

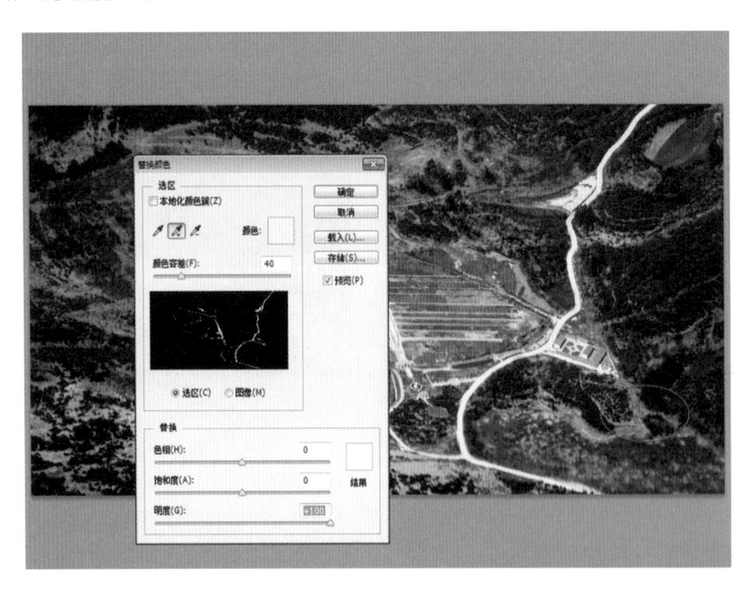

图17-50　设置“替换颜色”参数

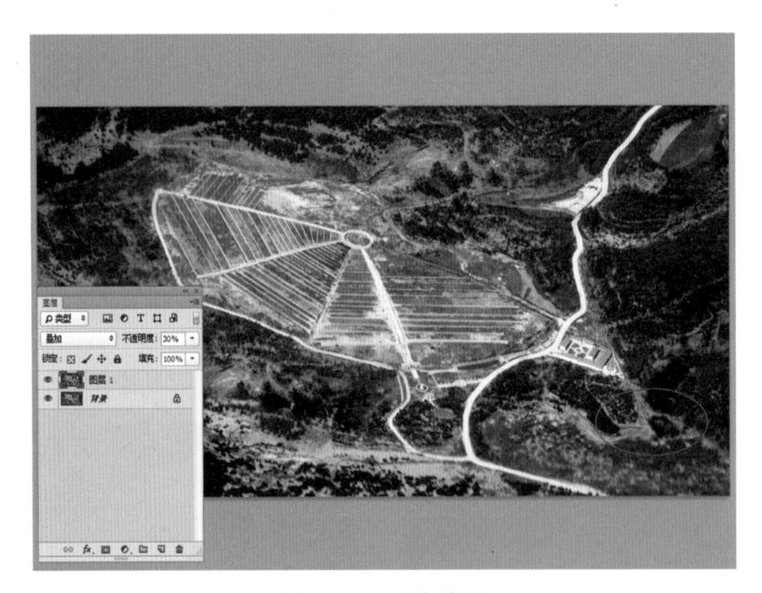

图17-51　最终效果